ASSOCIATION FRANÇAISE

POUR

L'AVANCEMENT DES SCIENCES

ASSOCIATION FRANÇAISE

POUR

L'AVANCEMENT DES SCIENCES

FUSIONNÉE AVEC

L'ASSOCIATION SCIENTIFIQUE DE FRANCE

(Fondée par Le Verrier, en 1864)

Reconnue d'utilité publique

CONFÉRENCES FAITES EN 1918

PARIS

AU SECRÉTARIAT DE L'ASSOCIATION

Rue Serpente, 28

ET CHEZ MM. MASSON ET Cie, LIBRAIRES DE L'ACADÉMIE DE MÉDECINE

Boulevard Saint-Germain, 120

1918

LISTE DES CONGRÈS ET DE LEURS PRÉSIDENTS
— VOLUMES —

ANNÉES		VILLES			PRÉSIDENTS	
1872	1re Session.	Bordeaux	1 volume.		Claude Bernard	(Décédé.)
1873	2e —	Lyon	1 —		de Quatrefages	(Décédé.)
1874	3e —	Lille	1 —		Adolphe Wurtz	(Décédé.)
1875	4e —	Nantes	1 —		Adolphe d'Eichthal	(Décédé.)
1876	5e —	Clermont-Ferrand.	1 —		J.-B. Dumas	(Décédé.)
1877	6e —	Le Havre	1 —		Paul Broca	(Décédé.)
1878	7e —	Paris	1 —		Edmond Frémy	(Décédé.)
1879	8e —	Montpellier	1 —		Agénor Bardoux	(Décédé.)
1880	9e —	Reims	1 —		J.-B. Krantz	(Décédé.)
1881	10e —	Alger	1 —		Auguste Chauveau	(Décédé.)
1882	11e —	La Rochelle	1 —		Jules Janssen	(Décédé.)
1883	12e —	Rouen	1 —		Frédéric Passy	(Décédé.)
1884	13e —	Blois	2 volumes (1).		Anatole Bouquet de la Grye.	(Décédé.)
1885	14e —	Grenoble	2 —	»	Aristide Verneuil	(Décédé.)
1886	15e —	Nancy	2 —	»	Charles Friedel	(Décédé.)
1887	16e —	Toulouse	2 —	»	Jules Rochard	(Décédé.)
1888	17e —	Oran	2 —	»	Aimé Laussedat	(Décédé.)
1889	18e —	Paris	2 —	»	Henri de Lacaze-Duthiers.	(Décédé.)
1890	19e —	Limoges	2 —	»	Alfred Cornu	(Décédé.)
1891	20e —	Marseille	2 —	»	P.-P. Dehérain	(Décédé.)
1892	21e —	Pau	2 —	»	Édouard Collignon	(Décédé.)
1893	22e —	Besançon	2 —	»	Charles Bouchard	(Décédé.)
1894	23e —	Caen	2 —	»	É. Mascart	(Décédé.)
1895	24e —	Bordeaux	2 —	»	Émile Trélat	(Décédé.)
1896	25e —	Tunis	2 —	»	Paul Dislère.	
1897	26e —	Saint-Étienne	2 —	»	J.-E. Marey	(Décédé.)
1898	27e —	Nantes	2 —	»	Édouard Grimaux	(Décédé.)
1899	28e —	Boulogne-sur-Mer.	2 —	»	Paul Brouardel	(Décédé.)
1900	29e —	Paris	2 —	»	Hippolyte Sebert.	
1901	30e —	Ajaccio	2 —	»	E.-T. Hamy	(Décédé.)
1902	31e —	Montauban	2 —	»	Jules Carpentier.	
1903	32e —	Angers	2 —	»	Émile Levasseur	(Décédé.)
1904	33e —	Grenoble	1 volume (2).		C.-A. Laisant.	
1905	34e —	Cherbourg	1 — (2).		Alfred Giard	(Décédé.)
1906	35e —	Lyon	2 volumes (1).		Gabriel Lippmann.	
1907	36e —	Reims	2 — (1).		Henri Henrot.	
1908	37e —	Clermont-Ferrand.	1 volume (3).		Paul Appell.	
1909	38e —	Lille	1 — (4).		Louis Landouzy.	
1910	39e —	Toulouse	1 — (5).		C.-M. Gariel.	
1911	40e —	Dijon	1 — (5).		S. Arloing	(Décédé.)
1912	41e —	Nîmes	1 — (4).		Charles Lallemand.	
1913	42e —	Tunis	1 — (4).		Émile Haug.	
1914	43e —	Le Havre	1 — (6).		Armand Gautier.	
1915-1916 (Conférences)			1 — (7).		Albert Calmette.	
1916-1917 (—)			1 —	»		
1918 (—)			1 —	»		

(1) Les Tomes I et II sont reliés séparément.

(2) Pour la 33e Session, Grenoble 1904, et la 34e Session, Cherbourg 1905, le Tome I a été remplacé par un Bulletin mensuel dont les numéros 8 et 9 de chaque année ont été consacrés aux comptes rendus des séances générales et aux procès-verbaux des Sections.

(3) Le Tome I a été remplacé par deux brochures parues en 1908.

(4) Le Tome I a été remplacé par une brochure parue dans l'année où a eu lieu le Congrès.

(5) Le Tome I a été remplacé par une brochure parue dans l'année où a eu lieu le Congrès. Le volume des Notes et Mémoires existe, divisé en quatre Tomes, dont chacun comprend sa Table des matières et sa Table analytique par ordre alphabétique.

(6) Le Tome I a été remplacé par une brochure parue en mai 1915.

(7) En 1915, 1916, 1917 et 1918, il n'y a pas eu de Congrès.

AVANT-PROPOS

Comme les deux années précédentes, l'Assemblée Générale de l'Association, tenue à Paris, le 31 Octobre 1917, sous la présidence de M. le Général Sébert, Membre de l'Institut, ancien Président de l'Association, a décidé d'instituer, pour 1918, une nouvelle série de conférences. De même, le Conseil de l'Association a rencontré les concours les plus dévoués de la part des Municipalités et des Universités, de la part des organisateurs et des conférenciers. Aussi, est-ce le même témoignage de sincère gratitude qu'il est heureux d'adresser à tous ses collaborateurs. pour l'empressement avec lequel ils ont bien voulu répondre à son appel.

ASSOCIATION FRANÇAISE

POUR

L'AVANCEMENT DES SCIENCES

ASSEMBLÉE GÉNÉRALE DES MEMBRES DE L'ASSOCIATION

TENUE A PARIS LE 31 OCTOBRE 1917

ALLOCUTION DE M. LE GÉNÉRAL SEBERT,
Membre de l'Institut, ancien Président.

MES CHERS COLLÈGUES,

Le privilège de l'âge me vaut aujourd'hui l'honneur d'être appelé à présider cette séance, à la place de notre Président, le Docteur CALMETTE, toujours retenu à Lille par l'invasion et en l'absence de notre Vice-Président, M. Émile PICARD, qui se trouve dans l'impossibilité de le remplacer.

Mon premier devoir est d'envoyer à notre Président, au vaillant pionnier de la science, qui a tenu à rester au poste périlleux où son devoir l'appelait, le salut de notre Association et les vœux que, pour la troisième année, nous formons, pour que nous puissions bientôt le voir reprendre sa place parmi nous et venir nous parler des terribles événements dont il a été le témoin courageux.

Je veux aussi envoyer, au nom de notre Association, un salut collectif à tous ceux de nos collègues qui, comme notre Président, sont restés en pays envahis, regrettables victimes de la barbarie d'un ennemi implacable et odieux.

Nous avons encore à adresser nos vœux à tous ceux qui sont en service aux armées, à envoyer nos félicitations à ceux qui ont obtenu des distinctions honorifiques ou de l'avancement, mais aussi, hélas! à déplorer beaucoup de pertes et de deuils et à adresser des condoléances à des familles cruellement éprouvées, qui ne peuvent trouver de consolations que dans les conditions glorieuses des sacrifices qu'elles ont faits à la patrie.

Notre Secrétaire général s'est donné la tâche de vous en rappeler les noms et je ne puis que lui en laisser le soin.

Depuis plus de trois ans, nous assistons à des événements sans précédent, que la raison se refusait à concevoir et qui sont certainement le prélude d'une ère nouvelle qui peut amener une transformation complète de l'organisation sociale.

Ainsi que l'a dit le Président du Conseil, M. PAINLEVÉ, dans l'un de ses derniers discours à la Chambre des Députés, « ce serait une singulière illusion de s'imaginer qu'après ce terrible cataclysme la face du monde ne sera pas changée. C'est, dit-il, une humanité nouvelle qui s'enfante dans la douleur et le sang. »

Il ajoute que la France blessée et sanglante, mais invincible, doit savoir s'élever au-dessus de ses souffrances et de ses deuils pour deviner à l'horizon le jour nouveau dont s'annonce l'aurore.

Ce jour nouveau qui ne pourra luire qu'après la victoire que tous nos efforts doivent, avant tout, chercher à obtenir, ce sera le jour de la Paix et l'on peut dire que cette paix, pour être une paix durable et même perpétuelle, devra être une *paix scientifique.* C'est l'expression que l'on a pu déjà trouver dans la presse pour la désigner par avance, et cela se conçoit, car il est clair qu'il faut aller au fond des choses pour établir les réels motifs des événements actuels, et trouver les raisons qui ont fait échouer les efforts faits, depuis si longtemps, par tant de généreux esprits, pour faire disparaître les causes de conflits entre les peuples et assurer la permanence de la paix dans le monde.

On pouvait croire que la diffusion des connaissances scientifiques, dans tous les pays et dans tous les milieux, devait contribuer à écarter les germes de guerre, elle devait montrer aux hommes les moyens d'arriver au bien-être, en évitant des luttes fratricides, et leur faire voir aussi l'immensité des désastres qu'entraînerait, dans l'état actuel de l'humanité, un état de guerre entre les grandes nations civilisées, disposant en abondance des ressources de la science et de l'industrie.

C'était un des résultats que pouvait espérer obtenir notre Association pour l'avancement des Sciences et ce fut certainement, pour beaucoup de ses membres, une surprise profonde de voir l'extension prise par cette guerre mondiale, dont déjà l'éclosion imprévue avait pu, si justement, surprendre la majorité des Français.

Mais, puisque cette guerre n'a pu être évitée et que le fonctionnement de notre Association s'en trouve fortement troublé, nous avons à nous demander quel est le rôle qu'elle peut encore utilement jouer, au milieu du cataclysme que nous traversons, pour continuer à remplir la mission qu'elle s'est donnée.

Nous sommes ainsi conduits à examiner ce qu'elle a fait déjà depuis la déclaration de la guerre actuelle et à chercher ce qu'elle devra faire encore pour contribuer, de son côté, au relèvement de notre pays, après la cessation des hostilités, relèvement dont tant de personnes se préoccupent, dans le but d'assurer, alors, la reprise de notre activité sociale et le développement de notre industrie menacée.

Les fondateurs de notre Association, lorsqu'ils en ont préparé les statuts, après nos désastres de 1870, se trouvaient dans une situation analogue à celle dans laquelle nous nous trouvons aujourd'hui.

Ils s'étaient rendu compte du rôle qu'elle devait être appelée à jouer aussi dans le développement de notre puissance industrielle, si nous voulions pouvoir lutter, avec nos rivaux, pour le développement économique de notre pays, développement qui allait se trouver entravé par les traités que nos vainqueurs nous avaient imposés.

Pour éviter le retour de revers comme ceux que nous avions éprouvés, pour pouvoir reconquérir, par les œuvres de la paix, notre situation ébranlée, il nous fallait pouvoir mettre les ressources de la science française au service de nos armes, si nous devions être appelés, un jour, à combattre, de nouveau, pour l'intégrité de notre territoire ou pour la sauvegarde de notre indépendance et de notre droit. Il nous fallait aussi pouvoir les mettre au service de notre industrie, si nous voulions arriver, un jour, à voir le règne de la paix s'établir sur le monde, par la seule force du droit et de la civilisation et effacer, sans luttes nouvelles, les traces des violations commises.

Pour assurer ce résultat, nos statuts précisaient que notre Association, en se donnant pour but exclusif de favoriser, par tous les moyens en son pouvoir, le progrès et la diffusion de la science, le faisait au double point de vue de la théorie pure et du développement des applications pratiques.

Elle faisait appel au concours de tous ceux qui considèrent la culture des sciences comme nécessaire à la grandeur et à la prospérité du pays.

Pour contribuer à répandre, dans toutes les classes de la société, les idées qui avaient inspiré la création de l'Association, ses fondateurs avaient eu soin, d'ailleurs, de prévoir la tenue de congrès et de conférences, afin de porter la bonne parole dans toutes les régions de la France et dans tous les milieux utiles à atteindre. La création des nombreuses sections prévues pour l'organisation des travaux de l'Association facilitait et assurait la diffusion, dans tous ces milieux, des connaissances à répandre et des progrès à réaliser.

Les minutieuses dispositions prévues par notre règlement, pour l'organisation des sessions des Congrès, et pour celle des excursions, ainsi que pour la rédaction des comptes rendus et des publications, montraient bien ce souci constant d'assurer la réalisation des pensées intimes de nos fondateurs.

A la même époque, les lois organiques qui reconstituaient, sur des bases nouvelles, les forces militaires de la France, édictaient des dispositions de nature à augmenter la valeur scientifique de nos armées et à faciliter l'introduction des progrès réalisés dans la science et dans l'industrie pour le perfectionnement de notre matériel et de nos méthodes de guerre. Dans ce but, elles admettaient notamment l'introduction, en qualité d'officiers, dans les États-majors de nos armes spéciales, des ingénieurs sortis de nos écoles techniques supérieures, en même temps qu'elles levaient l'interdiction qui avait, pendant longtemps, été imposée à l'industrie française, de concourir à la création et à la fabrication du matériel de guerre et notamment du matériel d'artillerie.

Ces dispositions avaient été prises à l'instigation de deux savants officiers généraux des armes spéciales, le Général FREBAULT et le Général DUBOYS-FRESNEY qui, en reconnaissance du brillant rôle qu'ils avaient joué pendant le siège de Paris, avaient été nommés membres de l'Assemblée nationale. Ils agissaient en communauté de vues avec le grand Marcelin BERTHELOT qui, en même temps, était appelé à continuer, à la tête de la Commission des substances explosives, le rôle qu'il avait joué aussi, pendant le siège, en dirigeant les travaux de cette Commission des inventions, qui fut l'embryon de celle que nous avons vu prendre un si grand développement au cours de la guerre actuelle.

Les lois votées avaient eu pour but de faire participer, en cas de guerre, toutes les forces vives de la nation à la défense de la Patrie et de préparer, dès le temps de paix, l'élite intellectuelle de notre pays au rôle qu'elle aurait à remplir.

S'il avait été donné suite, sans défaillances, aux idées qui avaient inspiré ces organisateurs de nos forces militaires et, si malgré les avertissements répétés de certains esprits clairvoyants, des idées préconçues ou des partis pris irréfléchis n'avaient pas opposé trop d'obstacles à leur application, nos établissements militaires auraient pu ainsi assurer, en temps de paix, le recrutement d'un personnel de direction qui se serait trouvé prêt à remplacer immédiatement, lors de la mobilisation, les officiers de l'armée active, normalement attachés à ces établissements. Nous ne nous serions pas trouvés ainsi pris au dépourvu, sous certains rapports, comme cela nous est arrivé, lors de la brusque agression de nos ennemis.

Le moment n'est pas venu de rechercher les motifs de cet oubli des principes qui auraient dû nous diriger; mais ce qui est consolant et réconfortant, c'est de constater la façon dont, après un moment de surprise et de tâtonnements, notre nation s'est ressaisie et comment se sont improvisés les établissements, les ateliers et les services spéciaux destinés à coopérer à la défense nationale, en y faisant contribuer toutes les ressources du pays.

Nous avons vu ainsi, sous l'ardente impulsion du mathématicien que les événements ont porté jusqu'à la direction du Gouvernement, s'organiser cette Commission supérieure des inventions, dont le rôle s'est agrandi successivement et dans laquelle tant d'hommes de science et de membres de l'Université ont trouvé le moyen d'apporter leur précieux concours.

La création du Ministère spécial des Armements et des Fabrications de guerre, centralisant la direction des usines qui ont dû être créées, de tous côtés, pour suffire à l'intense production du matériel nécessaire, a imprimé une vive impulsion à la coopération scientifique de tous les hommes suceptibles d'intervenir dans la création ou dans la construction de ce matériel.

C'est ainsi que nous avons vu faire appel à nos savants, à nos chimistes et à nos industriels, des spécialités les plus variées, pour arriver à opposer des inventions susceptibles de répondre victorieusement aux nouveaux engins, de toute nature, que nos ennemis n'ont pas hésité à adopter comme armes de guerre.

Quand on réfléchit à cette situation, quand on en rapproche ce qui se passe chez nos alliés et que l'on voit comment les Anglais et les Américains, qui nous apportent leur concours, ont, dès le début, fait appel à leurs Associations scientifiques, pour organiser leurs moyens d'action, alors que leurs armées n'étaient pas précédemment organisées pour des luttes comme celles dans lesquelles ils n'ont pas hésité à s'engager, on est amené naturellement à reconnaître que c'est véritablement dans une puissante organisation scientifique des forces vives d'un pays comme le nôtre, que pouvaient se trouver les garanties de son indépendance et de sa tranquillité dans l'avenir, quand, à côté de lui, se préparait, en secret, une nation de proie, dont toutes les pensées sont dirigées vers des prétentions à l'hégémonie, qui met au dessus de tout sa prétendue culture et qui donne l'exemple d'une organisation remarquablement conçue en vue de réaliser ses conceptions véritablement diaboliques.

Le rôle de notre Association est tout indiqué, pour coopérer à une organisation de ce genre, c'est ce qu'avaient eu en vue ses fondateurs et si les événements du passé n'ont pas permis de réaliser entièrement leur programme, il nous appartient de chercher à réussir à le mieux appliquer pour l'avenir.

Il nous faut, pour cela, malgré les difficultés de l'heure présente, malgré l'absence de ceux de nos membres qui sont mobilisés, chercher à développer l'action de notre Association, dans les sphères où elle peut s'exercer.

C'est ce dont notre Conseil s'est déjà préoccupé depuis deux ans et vous savez que, dans l'impossibilité d'organiser, pendant la guerre, des sessions régulières de nos congrès, il s'est attaché à faire une active propagande, en faveur du programme de notre Association, par des conférences faites en province et demandées à ceux de nos membres qui sont les plus susceptibles d'obtenir des adhésions et de précieux concours.

Un coup d'œil rapide, jeté sur les résultats obtenus, est de nature à nous fournir d'utiles enseignements et à nous donner satisfaction.

Ce sont les conférences qui ont porté sur des sujets industriels, qui ont obtenu le plus de succès et réuni le plus d'auditeurs. Ce fait avait été constaté déjà en 1916, il s'est trouvé confirmé pour les conférences de 1917. Ces dernières ont été au nombre de douze. Sept ont eu lieu à Paris et cinq en province.

Bien que relatifs à des questions posées par les événements actuels, les sujets en ont été des plus variés. L'expérience déjà faite au cours de deux années, montre que ces conférences constituent un des meilleurs procédés de propagande que l'on puisse employer. Les villes de province, en effet, surtout celles où il n'y a pas eu encore de congrès, ainsi que celles où nous ne pouvons pas espérer en tenir jamais, connaissent très peu notre Association. L'exposé qui est fait de son histoire et de son rôle, par un délégué de notre Conseil, avant chaque conférence, atteint précisément le but que nous visons et qui est de faire connaître le rôle de l'Association et de lui amener des adhésions.

Les témoignages de ceux de nos collègues qui, dans chaque ville, facilitent notre tâche, pour l'organisation de ces conférences, de même que les résultats de la mise en vente des tirés à part et les adhésions nouvelles qui nous parviennent, malgré les conditions défavorables créées par la guerre, montrent bien que ce sont les industriels qui écoutent le plus volontiers notre appel.

Nous arrivons donc ainsi au résultat que nous cherchons, et l'on ne saurait s'en étonner, car les besoins créés par la guerre ont provoqué déjà un développement considérable de nos usines. Ils ont mis ainsi en évidence, mieux que toute campagne de parole ou de presse, les ressources de notre pays pour l'accroissement de sa fortune commerciale.

Tous ceux qui, au cours de ces trois dernières années, ont été appelés à travailler dans nos usines de guerre, ont pu voir de quel puissant secours peuvent être, au moment voulu, des données scientifiques, même lorsqu'elles ne sont étayées que sur de modestes expériences de laboratoires.

Elles suffisent souvent pour augmenter, pour décupler parfois, le rendement des installations industrielles.

C'est la confirmation de l'efficacité du programme que notre Association s'est donné depuis sa fondation et de l'utilité des efforts qu'elle fait, par ses congrès notamment, pour assurer la collaboration nécessaire des savants et des industriels.

Elle constitue un des milieux les plus favorables à cette collaboration. En permettant aux savants et aux industriels de se rencontrer, de nouer des relations, de discuter sur les questions directrices et les méthodes qui en découlent, nos sessions peuvent contribuer puissamment au développement de notre industrie nationale. Il convient donc d'en conserver soigneusement la tradition, pour coopérer, le plus efficacement possible, à l'œuvre de reconstitution des forces économiques de notre pays, car cette œuvre constitue l'un des problèmes les plus angoissants de l'après-guerre.

Par la diversité des spécialistes qui sont enrôlés dans nos sections, par la variété des relations que nos sessions permettent d'établir entre eux, en dirigeant leur attention sur les régions les plus variées de la France, nous pouvons espérer apporter un concours efficace à la réussite des efforts qui se préparent, de toutes parts, dans notre pays, pour assurer le relèvement rapide de notre industrie après la guerre.

Nous n'avons, pour cela, qu'à maintenir nos traditions d'avant-guerre, qu'à continuer nos conférences, en attendant que nous puissions reprendre la série de nos congrès, et à en publier les comptes rendus pour remplacer provisoirement la distribution des mémoires qui étaient présentés dans ces congrès.

Ainsi nous resterons fidèles à notre devise : « Par la Science pour la Patrie » et nous continuerons à rendre service à notre pays.

Mais il est encore un point sur lequel peut aussi s'exercer utilement notre action et que je voudrais, en terminant, signaler à votre attention.

Cette guerre, qui nous a apporté tant d'enseignements, a mis en évidence l'un des points faibles de notre organisation, comparée à celle de nos ennemis, et même à celle de nos alliés qui peuvent être nos rivaux en industrie. Ce fait, c'est que nos industriels se sont, jusqu'ici, tenus trop peu au courant de ce qui se passe, à côté d'eux, dans les sciences qui peuvent les intéresser et qu'ils ont trop négligé de se documenter sur les progrès dont ils pouvaient bénéficier ou dont leurs rivaux avaient déjà pris possession, en les devançant dans leur emploi.

Cette question de l'utilité de la documentation scientifique, en matière technique et industrielle, n'est pas nouvelle pour notre Association qui a toujours montré l'intérêt qu'elle portait aux efforts qui ont été faits, tant dans notre pays qu'à l'étranger, pour organiser systématiquement les sources d'information et de renseignement à mettre à la disposition des travailleurs, sur les publications et documents de toute espèce qui peuvent leur être utiles.

Notre Association a été, en effet, une des premières à patronner l'introduction, dans notre pays, des méthodes perfectionnées de bibliographie de l'Institut international de Bruxelles, et elle a soutenu, dès l'origine, le Bureau bibliographique de Paris, qu'elle a contribué à créer.

Mais jusqu'en ces derniers temps, ces institutions n'avaient pas reçu, chez nous, les encouragements qu'elles méritaient. Malgré l'appui que leur avait donné, après nous, plusieurs sociétés savantes et notamment la Société d'encouragement pour l'Industrie nationale, on ne s'était pas rendu assez compte de l'utilité de leur rôle et de l'importance qu'il y avait à constituer spécialement, à l'usage de nos diverses industries, des centres d'information et de renseignement, accessibles à tous ceux qui peuvent avoir besoin de se documenter, pour contribuer au fonctionnement et au développement de ces industries.

On ne s'était pas préoccupé suffisamment de l'intérêt qu'il y a à mettre nos industriels et nos ingénieurs en mesure de recevoir régulièrement les documents qui peuvent leur être nécessaires, pour se tenir au courant des progrès réalisés dans les sciences dont ils ont à faire l'application et des perfectionnements apportés dans ces applications, aussi bien à l'étranger que dans notre pays.

Nous nous trouvons, sous ce rapport, dans un état d'infériorité réel vis-à-vis de nos rivaux étrangers ; mais la guerre, par les conséquences qu'elle entraîne et les préoccupations qu'elle cause, pour l'avenir industriel de notre pays, a appelé l'attention sur ce point et a provoqué les mesures propres à faire disparaître ces défectuosités.

La Société d'encouragement pour l'Industrie nationale a pris l'initiative d'une campagne pour la création d'offices de documentation, auprès de chacun des centres scientifiques qui sont constitués par les sociétés savantes, par les écoles techniques ou par les établissements publics et même les institutions privées, qui possèdent des bibliothèques et des archives, susceptibles d'être utilisées pour la documentation en matière technique et industrielle.

Elle a demandé, à ce sujet, une conférence de M. Paul OTLET, le Secrétaire général de l'Institut international de Bibliographie de Bruxelles, en ce moment réfugié à Paris. Elle a fait appel, pour appuyer ses efforts, aux organisateurs du Congrès du Livre et à ceux du Congrès général du Génie civil en préparation.

Cette campagne aboutira vraisemblablement à la constitution à Paris d'un Bureau central, chargé de coordonner l'action de tous ces offices de documentation partielle, en établissant un répertoire bibliographique général des documents qu'ils possèdent et qu'ils peuvent mettre à la disposition des travailleurs et des industriels et en prenant des dispositions pour faciliter l'envoi des renseignements qui peuvent leur être utiles, aux ingénieurs en service dans les usines ou à tous ceux qui peuvent désirer se tenir au courant des progrès de la science.

Nos descendants verront peut-être, un jour, près de notre ancien Champ-de-Mars, sur l'emplacement d'anciens établissements militaires désaffectés qui retrouveraient ainsi une utilisation plus proche de celle de leur destination première, s'élever un ensemble de bâtiments appelés à abriter les institutions destinées à garantir la durée de la « Paix scientifique ». Parmi ces bâtiments et avec le musée et les archives historiques de la grande guerre se trouvera le siège du *Conseil national de Recherches scientifiques* qui aura pu succéder à notre Commission supérieure des Inventions et qui aura près de lui l'*Office général de Documentation*, reliant et coordonnant l'action des centres de documentation partielle des diverses institutions scientifiques de Paris et contenant le catalogue collectif de leurs bibliothèques techniques. Mais en attendant une création de ce genre qu'un avenir encore lointain peut seul permettre de réaliser, le Conservatoire des Arts et Métiers est tout indiqué pour être, au moins à titre provisoire, le siège du Bureau central destiné à assurer cette liaison et cette coordination des offices de documentation partielle de Paris.

Notre Association, par la collection précieuse de ses publications, et de ses archives, constitue un des centres d'informations dont il y a lieu de chercher à utiliser les ressources.

Elle a déjà fait beaucoup pour aider, de cette façon, à la diffusion des informations bibliographiques et elle pourra facilement répondre à l'appel qui lui sera certainement adressé pour coopérer à l'organisation de cet Office central de Documentations technique et industrielle, dont la création est projetée à Paris.

En répondant à cet appel, en faisant, au besoin, de nouveaux sacrifices, pour développer davantage ce service spécial, auquel elle a déjà généreusement accordé son appui, elle apportera une nouvelle contribution à l'œuvre de l'organisation scientifique de notre pays qui lui doit tant déjà. Elle aura, en contribuant ainsi à l'établissement de la « Paix scientifique », travaillé encore une fois :

« Par la Science, pour la Patrie. »

CONFÉRENCE FAITE A ANGERS

La réunion a eu lieu à 20 heures et demie, dans la grande salle des Fêtes de l'Hôtel de Ville, sous la présidence de M. Bernier, Maire adjoint d'Angers.

M. Bouju, Préfet de Maine-et-Loire, a bien voulu témoigner de l'intérêt qu'il porte à notre œuvre, en acceptant d'assister à la Conférence et de prendre place aux côtés de M. le Maire.

Allocution de M. BERNIER

Mesdames, Messieurs,

Tous nos concitoyens, et plus particulièrement toutes les personnalités angevines du monde scientifique, des lettres, de la magistrature, du barreau, du commerce et de l'industrie, se souviennent du grand succès qu'obtint à Angers le Congrès de l'Association Française pour l'Avancement des Sciences, qui, du 5 au 10 août 1903, fit rayonner autour de notre Cité l'auréole du progrès.

Aussi m'est-il très agréable, en ouvrant cette séance, de saluer et de remercier, au nom de la Ville d'Angers, les deux éminents conférenciers, véritables missionnaires de propagande, MM. Desgrez et Chudeau, qu'il serait d'ailleurs superflu de présenter très longuement.

M. le Dr Desgrez, le savant professeur de la Faculté de Médecine de Paris, Secrétaire général du Conseil de l'Association, qui, en de multiples congrès, a fait entendre sa parole intéressante et persuasive, et qui, hier encore, venait présider les examens de l'École de Médecine et de Pharmacie d'Angers.

M. Chudeau, docteur ès sciences, dont le nom sonne agréablement à nos oreilles, puisqu'il cache un angevin qui honore grandement notre Cité et qui allie à ses grandes qualités une modestie et une timidité spéciales aux savants.

Tous deux, avec la haute autorité qui s'attache à leur nom, viennent, dans les moments tragiques que nous traversons, nous apporter, en même temps que les encouragements de leur parole, les enseignements que nous devons tirer de leur expérience pour préparer l'avenir de notre Pays.

Notre belle France, qui sera victorieuse demain, aura beaucoup à gagner à l'extension des travaux de l'Association Française pour l'Avancement des Sciences, le progrès industriel, source de richesse, étant intimement lié au progrès scientifique.

Et puis, n'est-il pas réconfortant, au moment où quelques esprits chagrins nous font miroiter le colossal de l'organisation germanique, de lui opposer la finesse, l'originalité de notre esprit latin.

Comme l'a fort bien dit le professeur FERRERO, nous luttons pour l'esprit de qualité contre l'esprit de quantité.

De tout temps il a été reconnu que la France fait rayonner son génie sur le monde.

Elle ne pourrait pas, dans l'avenir, se servir de la science pour perfectionner, si je puis m'exprimer ainsi, la barbarie et le vandalisme ; au contraire, tous ses efforts tendront à diriger le progrès vers le bien de l'Humanité, vers le Droit et la Justice.

Plus que jamais, notre Pays semble être le phare lumineux vers lequel convergent toutes les âmes mondiales et nous devons en ressentir une noble fierté.

Avant de terminer, je tiens à remercier l'assistance d'élite de l'honneur qu'elle fait aux éminents conférenciers à qui je me permets d'adresser la supplique suivante :

« Continuez à faire resplendir et à répandre dans vos conférences cette lumière si vive, si pénétrante, qui bientôt, j'espère, brillera de nouveau dans vos congrès.

» Variez-en les couleurs, suivant que votre goût, si délicat et si sûr, éprouvera le besoin d'en changer les nuances. »

Pour nous, Messieurs, nous saurons toujours l'apprécier et reconnaître vos efforts, et, toutes les fois qu'un nouveau rayon lumineux viendra nous réchauffer et nous éblouir, nous le saluerons comme une promesse nouvelle de progrès, de fécondité et de vie.

Que votre merveilleux organisme scientifique qui constitue votre Association, continue à justifier votre devise : « Par la Science, pour la Patrie ».

M. René CHUDEAU,

Docteur ès Sciences, Chargé de Missions en Afrique-Occidentale française.

LE ROLE ÉCONOMIQUE DE NOS COLONIES PENDANT ET APRÈS LA GUERRE.

Monsieur le Maire,
Mesdames, Messieurs,

Le sujet que j'ai entrepris de traiter devant vous est extrêmement vaste et fort complexe ; il est, de plus, aride et les chiffres y abondent : aussi bien le temps n'est pas aux discours d'apparat, mais bien plutôt au travail.

Les difficultés de ravitaillement que nous rencontrons en ce moment, ont attiré l'attention de tous sur ce grave problème ; nous tirons habituellement du dehors beaucoup de matières premières qui se font rares actuellement ; c'est d'abord ce point qu'il importe de préciser.

Nos importations en matières nécessaires à l'alimentation et à l'industrie ont une valeur moyenne d'environ 6 milliards (sur 8 milliards d'importation totale) ; les 9/10 en viennent de l'étranger, 1/10 seulement de nos colonies. Les produits alimentaires représentent en chiffres ronds 2 milliards, les produits industriels 4.

Le tableau suivant, relatif à quelques-unes de ces matières premières, les plus importantes, précisera ces chiffres pour l'année 1913.

Avec les produits secondaires, la valeur totale de nos importations de matières premières a atteint 6.123 millions en 1913, dont 693 millions (11,3 0/0) provenant de nos colonies. Nous dépendons de l'étranger dans une trop forte mesure.

Il est bien clair que nous ne pouvons pas demander à nos colonies tout ce dont nous avons besoin : pour la houille (1) par exemple, nous serons longtemps encore tributaires de l'Angleterre.

____

(1) En Indo-Chine, au Tonkin, on extrait en moyenne (1908-1912) 409.000 tonnes de houille, dont 235.000 sont exportées.

Importations en 1913.

	QUANTITÉ en TONNES	VALEUR TOTALE	VALEUR (COLONIES)	0/0 (COLONIES)
Laine	285.000	702.000.000	14,4	2
Houille.	22.866.000	583.000.000	»	»
Coton	329.000	578.000.000	1,2	0,2
Jute	122.000	73.000.000	0,05	»
Caoutchouc.	15.000	123.000.000	19	15
Bois commun.	2.033.000	210.000.000	5	2,4
Bois exotique.	165.000	26.000.000	7	26
Pâte de cellulose . . .	465.000	67.000.000	1	7,5
Céréales	2.928.000	565.000.000	85	15
Millet	6.000	1.700.000	0,07	»
Riz.	262.000	65.000.000	57	87,7
Graines oléagineuses. . .	963.000	387.000.000	102	26,5
Huile	31.000	27.000.000	11	40
Huile d'olive	14.000	18.000.000	14	77
Graisses	27.000	26.000.000	1,5	6
Cacao	29.000	54.000.000	1,2	2,2
Café.	115.000	207.000.000	1,9	0,9
Sucre	115.000	34.000.000	29	85
Bétail	58.000	48.000.000	40	85
Viande.	13.000	41.000.000	6	14
Peaux brutes.	75.000	249.000.000	24	10
Peaux préparées, cuirs. .	8.000	71.000.000	0,4	0,5
Poissons de mer.	262.000	63.000.000	57	87,7

Mais, pour les produits de la culture et de l'élevage surtout, nous pouvons et nous devons tirer un meilleur parti de notre domaine d'outre-mer. L'effort ne paraît pas très considérable : à la Conférence coloniale qui s'est tenue à Paris en juillet 1917 (1), il a été établi qu'il suffirait de cultiver 1 million d'hectares (10.000 kilomètres carrés) pour récolter dans nos colonies les matières alimentaires qui nous font défaut. Si l'on veut avoir en outre le coton, il faut plus que doubler ce chiffre.

La surface à mettre ainsi en valeur représente le vingtième de la France, soit quatre ou cinq départements et, si on laisse de côté le coton, à peine le cinquantième, soit la valeur de deux départements.

Colonies principales. — L'étendue de nos diverses colonies que l'on trouvera indiquée dans le tableau ci-après montre qu'elles sont assez vastes pour loger facilement une surface aussi faible.

---

(1) *Conférence coloniale instituée par M. A. Maginot, Ministre des Colonies*, 1 ol., Paris 1917.

Surfaces à cultiver aux colonies pour assurer nos importations de quelques produits importants.

	IMPORTATIONS NÉCESSAIRES en tonnes	PRODUCTION A L'HECTARE en tonnes	SURFACES A CULTIVER en kilomètres carrés
Maïs	590.000	3	1.970
Riz.	262.000	2	1.310
Manioc	20.000	6	65
Café	115.000	0,5	2.300
Cacao.	29.000	0,6	5 0
Arachides.	493.000	2	2.460
Sucre.	115.000	4	290
Amandes de palmier .	30.000	1	300
Huile.	15.800	1	158
Légumes	34.000	1	340
Caoutchouc	15.000	0,4	370
Coton.	328.860.000	0,2	16.444
		TOTAL. .	26.501

Superficie et population des colonies principales.

	SUPERFICIE en KILOM. CARRÉS	POPULATION	DENSITÉ par KILOM. CARRÉ
France	536.463	39.600.000	74
Afrique du Nord (moins le Sahara)	1.100.000	10.500.000	9,4
Afrique équatoriale française . . .	1.461.000	8.900.000	6
Afrique occidentale française . . .	3.913.250	11.626.000	4
Indo-Chine	801.000	16.990.000	21
Madagascar	585.500	3.100.000	5
Mayotte et Comores	2.168	97.700	45
Réunion.	2.400	173.800	72
Guadeloupe et dépendances	1.780	212.400	119
Martinique	987	184.000	187
Guyane.	88.000	49.000	0,6
Inde française.	513	282.000	550
Établissements de l'Océanie. . . .	4.393	31.500	7
Nouvelle-Calédonie et dépendances.	18.653	50.700	2,7
Saint-Pierre-et-Miquelon	241	4.600	19
Kerguélen, Saint-Paul, Amsterdam, Crozet	3.740	»	»
TOTAL pour les colonies. .	8.100.000	52.500.000	»

Mais, en l'espèce, il ne s'agit pas d'une simple question de géométrie ; les questions de climat, de main-d'œuvre et de transports ont une importance primordiale.

Dans l'examen, que nous sommes obligés de faire rapide, de ces divers sujets, nous laisserons de côté l'Afrique du Nord ; aussi bien la *Tunisie*, l'*Algérie*, le *Maroc* appartiennent au domaine méditerranéen et présentent à l'égard du climat les mêmes caractères à peu près que la Provence ; leur proximité de la Métropole permet presque de les assimiler à des départements français.

Saint-Pierre-et-Miquelon et les îles *Kerguélen*, avec leurs voisines du sud de l'océan Indien, situées dans les régions froides du globe, n'intéressent que les pêcheries. Malgré l'importance de la morue pour l'alimentation et des cétacés pour l'industrie, nous les négligerons.

Toutes nos autres colonies sont situées dans la zone tropicale et se prêtent à des cultures variées, lorsque l'on dispose d'eau en quantité suffisante : les basses températures et les gelées n'y sont pratiquement jamais à craindre.

A part la *Guyane*, le groupe dit des *anciennes colonies* ne comporte que des îles d'étendue restreinte. La plus grande de beaucoup, la *Nouvelle-Calédonie* a 300 kilomètres de long et 50 de large ; par sa superficie, elle représente à peine deux fois la Corse.

Comme dans toutes les îles, le climat des anciennes colonies est tempéré (1) ; il n'y fait jamais très chaud, l'atmosphère est suffisamment humide ; les pluies sont abondantes et quoique les saisons sèches y soient bien reconnaissables, il y pleut tous les mois.

Dans presque toutes, la densité de la population est satisfaisante ; il reste encore dans toutes les anciennes colonies de grands progrès à réaliser, mais c'est surtout dans nos nouvelles colonies que l'effort à accomplir est considérable. Aussi nous arrêteront-elles un peu plus longtemps.

La *presqu'île indo-chinoise* est parcourue par plusieurs chaînes de montagnes qui, détachées de l'extrémité orientale des hauteurs du Tibet, se dirigent, en divergeant, sur le sud-est. Elles partagent la péninsule en vallées longitudinales progressivement élargies et qui communiquent difficilement entre elles. De l'ouest à l'est, on rencontre d'abord les chaînes de Birmanie et de la presqu'île de Malacca dont la majeure partie est politiquement rattachée à l'empire britannique. A l'est de ces montagnes, les vallées du Ménan et du Mékong sont séparées par une suite de hauteurs (Phou-Khiaou, Kampeng-Muang), dont quelques sommets dépassent 1.000 mètres. Le bassin moyen du Mékong correspond au plateau du Laos

---

(1) A Fort-de-France (Martinique), la température moyenne est voisine de 25°, avec comme extrêmes 16°5 et 32° ; au Morne-des-Cadets (altitude 54 mètres), la moyenne est 23°, la température varie de 16 à 31°. A Païta (Nouvelle-Calédonie, au nord-ouest de Nouméa) l'amplitude des variations est relativement considérable (6°8 à 17°), moyenne 21°. La valeur des précipitations annuelles est rarement inférieure à 1 mètre et souvent beaucoup plus élevée (Morne-des-Cadets, 3^m,10).

(500 mètres) dont la majeure partie appartient au Siam, comme le bassin du Ménan. La plaine qui, au sud, fait suite au Laos correspond au Cambodge, placé sous notre protectorat ; notre colonie de Cochinchine n'est que le delta du Mékong. Plus à l'est encore, la cordillère annamitique s'étend entre le fleuve et la mer de Chine ; quelques sommets dépassent 2.000 mètres ; un petit nombre de cols seulement sont au-dessous de 500 mètres (Meugia, 418 ; Aïlao, 410). Le versant oriental de cette cordillère forme l'Annam. Une autre chaîne moins importante limite à l'est le Tonkin, arrosé par le fleuve Rouge, dont le delta constitue le bas Tonkin (fig. 3).

La partie orientale de la péninsule qui constitue l'Indo-Chine française (1) s'étend en latitude, de 8°45′ L. N. à 23° L. N., sur une longueur de 1.800 kilomètres ; elle présente une assez grande variété de climats. Dans le haut Tonkin, on observe des températures assez basses : à Chapa (22°30′ L. N., altitude 1.600 mètres, à 25 kilomètres S. W. de Laokay), la température ne dépasse pas 23 degrés en été et descend à 0 en hiver ; à Xieng-Khouang (19° L. N., altitude 1.250 mètres, plateau de Tran-Ninh, Laos), à 170 kilomètres au sud-est de Luang-Prabang, la moyenne (5 années) de décembre est 15 degrés ; celle d'août, de 23 degrés ; on y a observé 7 degrés en janvier et 28 degrés en mars-avril. Sur le littoral, l'amplitude des variations est encore moindre ; à Saïgon (10°47′ L. N.), la moyenne annuelle est 26°9 ; les moyennes mensuelles varient de 25 degrés en décembre à 30 degrés en avril et mai ; les températures les plus basses sont de 17 degrés en janvier (moyenne des minima, 20 degrés) ; les plus hautes, de 40 degrés en avril (moyenne des maxima, 35 degrés). A Hué (16°21′ L. N.) la moyenne annuelle est 24°5 ; les moyennes mensuelles varient de 20 degrés en février à 30 degrés en juin et août ; la moyenne des minima est de 15 degrés en février, celle des maxima de 37 degrés en juin et août. A Hanoï (21°2′ L. N.), 23°4 est la moyenne annuelle ; 15°5 en février, 30 degrés en juillet, avec des chiffres extrêmes de 8 degrés en février (moyenne des minima, 12°5) et de 41 degrés en août (moyenne des maxima, 35 degrés).

La pluie (2) est abondante et habituellement très supérieure à 1 mètre. Elle ne tombe au-dessous de ce dernier chiffre qu'au sud de l'Annam, au voisinage du littoral, entre le cap Saint-Jacques et le cap Padaran, ainsi que dans le Laos siamois. A l'ouest de la cordillère annamitique, la saison sèche est assez bien marquée : à Saïgon, 1ᵐ,96 par an dont seulement 26 centimètres de novembre à avril (3) ; à Battambang, 1ᵐ,27, dont seulement 22 centimètres de novembre à avril. Le long de la mer de Chine, la saison sèche est à peine marquée ; la moyenne à Hué est de 2ᵐ,80, chiffre

---

(1) H. Brenier : *Essai d'Atlas statistique de l'Indo-Chine française*, Hanoï, 1914. La plupart des chiffres relatifs à l'Indo-Chine sont empruntés à cet excellent ouvrage.

(2) Le Cadet, *Régime pluviométrique de l'Indo-Chine*, Hanoï, 1916.

(3) La moyenne annuelle à Paris est de 0ᵐ,59 ; les moyennes mensuelles varient de 4 à 6 centimètres.

maximum pour les stations de basse altitude, et dépasse 3 mètres sur les hauteurs voisines.

Notons la violence extrême de quelques averses : en juin 1915, on a recueilli à Phu-Lien (observatoire d'Hanoï) 11 centimètres de pluie en une heure et, dans la baie de Tourane, en mars 1912, 49 centimètres en dix-neuf heures. Ces grandes pluies, qui causent souvent des dégâts, sont habi-

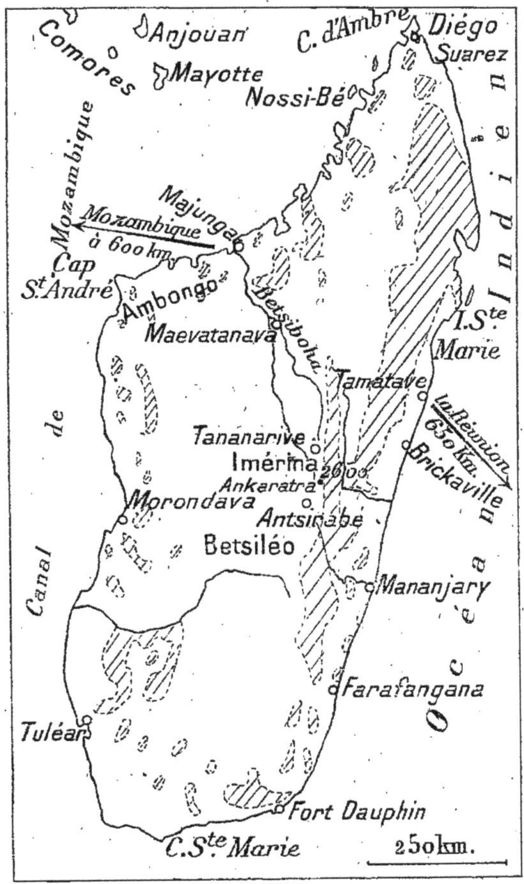

FIG. 1. — Madagascar. Les forêts en grisé.

tuellement liées aux typhons qui paraissent surtout à craindre sur la côte d'Annam, au nord de Tourane ; dans le siècle dernier (1810-1904), Hué a été ravagé par treize typhons sérieux, presque toujours en septembre et octobre.

Madagascar, située entre 12° et 26° L. S., mesure 1.600 kilomètres du nord au sud, 430 de l'est à l'ouest (fig. 1).

Sa partie orientale est bordée par une chaîne de hauteurs dont la crête se tient à 75 kilomètres en moyenne de l'océan Indien ; quelques sommets approchent de 3.000 mètres dans le nord de l'île ; beaucoup dépassent 2.000. Dans cette partie orientale, les plaines sont rares et limitées ; mais au-dessous de 200 mètres, au voisinage de la côte, se trouve une région de collines où la latérite, cette plaie des tropiques, est habituellement recouverte d'humus et se prête à de multiples cultures.

La pluie est abondante, sans saison sèche véritable (3 mètres à Tamatave (18°9' L. S.), dont 1ᵐ,9 en saison humide, 1ᵐ,1 en saison sèche) ; la température varie peu (Tamatave, moyenne annuelle 24 degrés, chiffres extrêmes 16 degrés et 35 degrés).

La partie centrale de l'île est occupée par un plateau élevé (1.200 mètres) que le massif volcanique de l'Ankaratra (2.600 mètres) sépare en deux, l'Imérina au nord, le Betsilio au sud. Ce plateau est assez stérile, sauf dans ses parties irriguées qui se prêtent à la culture du riz. La pluie est assez abondante, mais la saison sèche est bien marquée (Tananarive, altitude 1.400 mètres, 18°55' L. S., 1ᵐ,50 de pluie dont seulement 10 à 15 centimètres de juin à septembre, régime d'ailleurs très irrégulier). La température est tempérée (Tananarive, moyenne 18 degrés, extrêmes degrés et 32 degrés),

Du plateau central, le pays s'abaisse vers l'ouest par une série de gradins jusqu'au canal de Mozambique, près duquel existent de grandes plaines d'alluvions, favorables à la culture. La température est plus élevée que sur la côte orientale ; les moyennes varient de 26 à 29 degrés ; mais surtout la saison sèche est mieux marquée : à Nossi-Bé, il tombe 2ᵐ,43, dont 2 mètres pendant la saison des pluies ; à Majunga (15°43' L. S.) il tombe encore 1ᵐ,50 de novembre à avril. Ces quantités vont en décroissant vers le sud ; à Morovoay, 1ᵐ,20 pendant la saison des pluies, 6 centimètres pendant la saison sèche ; à Maevatanana, 1ᵐ,47 et 22 centimètres ; à Morondova (20°17' L. S.), 65 et 2 centimètres.

On arrive ainsi à la région méridionale de l'île qui est limitée à peu près par une ligne allant de Tuléar (23°30' L. S.) à Fort-Dauphin (25° L. S.). Les pluies y sont rares ; la végétation dominante comporte de nombreuses formes cactoïdes, accidentelles plus au nord. Cette région sud-ouest de l'île est semi-désertique ; on y a tenté, avec quelque succès, l'élevage de l'autruche.

L'*Afrique-Équatoriale française* renferme plusieurs parties fort disparates. Vers le nord, elle s'étend à travers le Sahara jusqu'à la Tripolitaine ; l'Ouadaï, le Tchad et le bassin de Chari qui, par leur structure et leur climat, appartiennent au Soudan, sont actuellement et pour longtemps encore d'accès très difficile et ne pourront, que dans un avenir éloigné, intéresser le commerce européen. Nous pouvons laisser de côté toutes ces régions et nous en tenir à celles qui appartiennent au Gabon et au bassin du Congo (fig. 2).

Le bassin du Congo présente une superficie de 4 millions de kilomètres carrés avec 18.000 kilomètres de voies navigables, dont la majeure partie appartiennent à la France et surtout à la Belgique. (1) Ce superbe bassin est malheureusement logé dans une cuvette, d'où le fleuve ne sort, en aval du Stanley-Pool et jusqu'à Matadi, que par une série de rapides qui arrêtent la navigation pendant 260 kilomètres.

La sortie des marchandises ne peut être assurée, en dehors du portage, que par le chemin de fer belge, de Matadi à Léopoldville. Deux projets français sont étudiés : Pointe-Noire à Brazzaville et Libreville à Ouesso. La réalisation du premier tout au moins est prochaine. Elle est nécessaire à l'exportation du Congo.

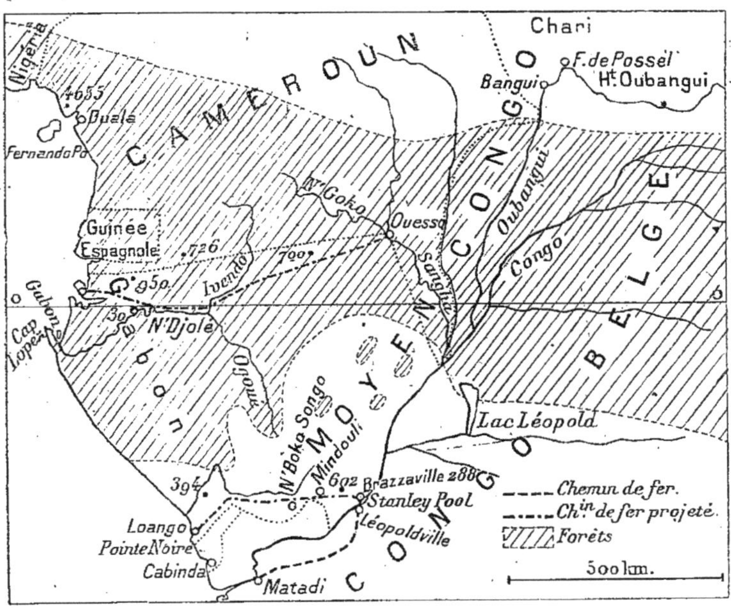

FIG. 2. — Partie méridionale de l'Afrique-Équatoriale française.
Les forêts en grisé.

Les quelques cotes portées sur la carte suffiront à indiquer l'importance des reliefs qui séparent le bassin du Congo du littoral.

L'Oubangui, puis le Congo jusqu'à Brazzaville séparent le Congo belge de l'Afrique-Équatoriale française.

La climat est régulier ; les variations de température sont faibles (Brazzaville, température moyenne 24°5 ; chiffres extrêmes 13 degrés et 39°5 ; Libreville, moyenne annuelle 25°5 ; chiffres extrêmes 16 degrés et 34°5).

---

(1) Le Congo belge a une superficie de 2.365.000 kilomètres carrés et 15 millions d'habitants.

La pluie est abondante (Brazzaville 1ᵐ,30; Libreville 2ᵐ,40). La saison sèche est bien marquée, et de juillet à septembre il pleut fort peu.

En laissant de côté la région saharienne, l'*Afrique occidentale* présente deux grandes plaines : l'une, le Sénégal, voisine du littoral est d'accès facile; l'autre, le Moyen-Niger, est comme le bassin du Congo, assez isolée de la mer par le plateau Mandingue à l'ouest, par des hauteurs et surtout par la forêt guinéenne au sud ; des chemins de fer, achevés, la relient par la Guinée, la Côte-d'Ivoire et le Dahomey à l'Atlantique ; une autre ligne dont l'achèvement est proche mettra directement en relation Bamako et Dakar (1).

Dans le sud, le climat se rapproche de celui de l'Afrique équatoriale. À mesure que l'on va vers le nord et que, à travers le Soudan, on se rapproche du Sahara, le climat devient extrême (Tombouctou, température moyenne 28°6, chiffres extrêmes 4°5 et 50 degrés); en même temps la pluie diminue d'intensité (Kayes, 14°47 L. N., 0ᵐ,71 ; Tombouctou, 16°47, 0ᵐ,19) et la saison sèche s'allonge (six mois à Kayes, huit à Tombouctou).

Produits végétaux. — Ces notions géographiques sommairement rappelées, voyons quelles cultures sont possibles sur ces vastes domaines.

Le *blé* n'est pas un produit tropical et bien qu'on le récolte dans tout le nord du Soudan, nous devons surtout nous attacher à en perfectionner la culture chez nous : en France, le rendement moyen du blé n'est que de 13,2 quintaux à l'hectare ; le rendement est habituellement meilleur en Europe : il atteint jusqu'à 27,5 au Danemark.

Pour le *riz*, nos colonies présentent de meilleures conditions.

Le riz est la céréale la plus importante du globe ; il forme la base de l'alimentation de tous les peuples de l'Extrême-Orient et son usage est très répandu dans toute la zone tropicale. Son rôle est moins considérable en France qui cependant, en 1913, en a importé 262.000 tonnes. Il contient moins de matières azotées que le blé et ne peut suffire à lui seul à assurer l'alimentation.

On distingue habituellement dans le riz quatre sous-espèces, le riz dur qui est le type le plus usuel, le riz gluant qui sert surtout à la fabrication de l'alcool (2) et en Extrême-Orient de certaines patisseries, le riz de montagnes qui pour sa croissance n'a pas besoin d'être constamment inondé et enfin les riz flottants dont les tiges peuvent atteindre une longueur de 5 à 6 mètres et qui sont particulièrement précieux lorsque le niveau de l'eau dans la rizière est difficile à régler : le riz, lorsqu'il est complètement submergé, meurt rapidement. On connaît encore une cinquième sous-espèce, le riz vivace, qui n'est guère qu'une curiosité botanique.

---

(1) R. CHUDEAU : *LAfrique-Occidentale française*, Association Française, 1917, p. 114-156.
(2) Le riz donne un bon rendement en alcool. L'emploi de l'alcool dans les moteurs est surtout limité par les droits qu'il paie. Ce sera probablement le combustible de l'avenir, à mesure que s'épuiseront le charbon, le pétrole. L'importance du riz en sera accrue

Les variétés sont innombrables ; la couleur des enveloppes florales (balle) peut varier ainsi que la forme du grain qui peut être rond comme dans les variétés préférées en Europe, ou allongé et alors plus estimé en Chine. La couleur de l'enveloppe du grain (son) peut être rouge : les riz rouges, très appréciés dans les pays producteurs (Orient, Soudan) sont peu prisés en Europe où seule leur coloration les déprécie.

D'autres variétés, plus importantes au point de vue cultural, sont basées sur la durée de l'évolution ; pour les riz hâtifs, il s'écoule de trois à cinq mois entre le semis et la récolte ; pour les riz tardifs de six à sept ; les riz « de saison », les plus répandus et qui ont habituellement le meilleur rendement, mûrissent en cinq ou six mois.

Le riz encore revêtu de ses enveloppes florales, paddy ou riz en paille des statistiques françaises, pèse de 50 à 58 kilogrammes l'hectolitre ; le riz cargo, grossièrement décortiqué, contient encore de 5 à 20 0/0 de paddy ; il pèse de 65 à 70 kilogrammes. Le riz blanc, mieux nettoyé dans des rizeries industrielles, pèse jusqu'à 82 kilogrammes ; on y distingue plusieurs sortes suivant la perfection du triage et la quantité de brisures et de farines qu'il contient.

Le plus souvent le riz est semé, très dru, en pépinières (1/200 de la surface à planter), puis lorsqu'il a atteint une vingtaine de centimètres, généralement au bout d'un mois, repiqué à sa place définitive. Sauf les riz de montagnes, de rendement inférieur, le riz ne pousse bien que dans l'eau ; on ne le met à sec que pour achever la maturité du grain. S'il est complètement submergé, la récolte est perdue ; la nécessité de régler ainsi le niveau de l'eau dans les rizières ouvre un beau champ d'études aux ingénieurs européens. En 1913, une crue importante du fleuve Rouge a fait perdre à la culture du riz au Tonkin une surface de 100.000 hectares, d'où un déficit de 150.000 tonnes de paddy, valant 15 millions environ.

Aux grands travaux d'hydraulique agricole, nécessaires pour assurer la stabilité des récoltes, ne doit pas se borner l'intervention des Européens dans la culture du riz. L'emploi des engrais est parfois négligé ; il est inconnu au Soudan. Les insectes et les champignons parasites font souvent de grands ravages, de même que quelques rongeurs.

L'étude précise des variétés et leur sélection restent en grande partie à faire ; elles ont été entreprises à Java par les Hollandais, aux Philippines par les Américains. La culture mécanique du riz qui a donné des résultats en Lombardie serait à étudier dans les pays tropicaux.

Le décorticage du riz se fait encore trop souvent par des procédés primitifs, faisant perdre aux indigènes un grand nombre d'heures qu'ils pourraient mieux employer.

Les consommateurs européens préfèrent les riz de bel aspect (Caroline, Piémont, Java). Nos riz coloniaux sont souvent de qualité comparable ; mais, mal préparés, leur présentation est défectueuse en général. Cependant à l'exposition de l'Institut colonial de Marseille en 1911, certains échantillons indo-chinois ont été cotés à l'égal des meilleures sortes de Java.

Les soins que nécessitent ces présentations meilleures sont encore du domaine des Européens.

La péninsule indo-chinoise est le grand fournisseur de riz du monde entier ; la Birmanie vient en tête avec une exportation moyenne de 2.400.000 de tonnes (moyenne 1904-1912) ; le Siam (delta du Ménan) ne vient qu'en troisième, avec une exportation de 800.000 tonnes. Notre Indo-Chine française occupe la seconde place avec un million de tonnes.

Le tableau suivant et la carte (fig. 3), dont les éléments ont été puisés dans l'*Atlas* de Brenier, exigent un commentaire.

Production du riz en Indo-Chine.

	EN KILOMÈTRES CARRÉS		0/0	EN MILLIERS DE TONNES				
	SUPERFICIE totale	RIZIÈRES		PRODUCTION totale	CONSOMMATION	EXPORTATION	SEMENCE	ALCOOL etc,
Cochinchine	56.000	15.040	26,8	1.993	900	913	150	30
Tonkin . . .	119.750	7.667	6,4	1.825	1.500	200	115	60
Cambodge .	175.000	6.200	4	620	480	154	67	19
Annam . .	150.000	4.670	3,1	»	»	»	»	»

Les chiffres relatifs aux quantités de riz sont donnés en Paddy dont le rendement à l'hectare varie, suivant les variétés cultivées et suivant les années, de 2,3 à 0,8 tonnes. Une tonne de Paddy équivaut à 600 kilogrammes de riz blanc.

Il a déjà été indiqué que la Cordillière d'Annam séparait en Indo-Chine deux climats bien tranchés : dans le bassin du Mékong, on fait par an une seule récolte de riz, échelonnée sur une longue période, de novembre à avril, mais qui présente sa plus grande importance en janvier et février ; dans la partie orientale de l'Indo-Chine, de Moncay au cap Varella, il y a deux récoltes, l'une en mai, l'autre en octobre-novembre, cette dernière de beaucoup la plus considérable.

L'Annam produit peu de riz, ce qu'il faut pour sa consommation. L'exportation du Cambodge pourrait être accrue ; la région de Battambang, où se trouvent les ruines d'Angkor, a été très prospère autrefois et sa décadence actuelle ne tient qu'à des causes historiques.

Au Tonkin, les rizières n'occupent qu'une faible partie de la superficie totale ; mais elles couvrent 48 0/0 du delta du fleuve Rouge qui seul se prête bien à la culture de la précieuse graminée ; la production est importante ; mais au Tonkin, très peuplé en général (51 habitants au kilomètre carré), la densité dépasse 300 habitants dans le delta, de sorte que la consommation locale absorbe presque toute la production.

Le véritable pays exportateur est la Cochinchine, encore estime-t-on que le delta de Mékong (42.000 kilomètres carrés dont 35,8 0/0 occupés par les rizières) contient encore 18.000 kilomètres carrés propices à la culture du riz; la production pourrait être doublée. La population, moins dense que dans le delta du Tonkin, varie de 200 à 300 au kilomètre carré et peut fournir une main-d'œuvre abondante. Les Européens, en Cochinchine, se sont mis à la culture du riz et la surface des concessions qu'ils dirigent dans ce but atteint 2.100 kilomètres carrés.

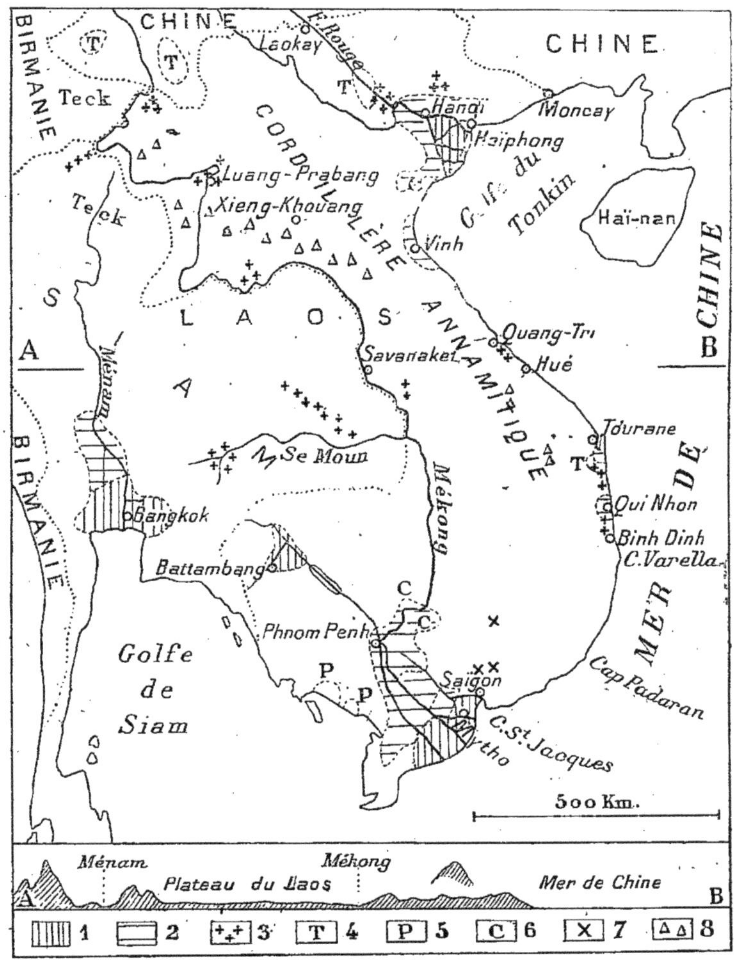

FIG. 3. — Indo-Chine. Répartition de quelques produits agricoles et forestiers.

Légende : 1° Grande production de riz, exportation régulière ; 2° production moyenne de riz ; pas d'exportation les mauvaises années ; 3° faible production de riz ; exportation seulement les très bonnes années ; 4° grande production de thé ; 5° grande production de poivre ; 6° grande production de coton ; 7° culture du caoutchouc ; 8° caoutchouc de cueillette.

L'exportation de l'Indo-Chine, malgré de nombreuses irrégularités, s'accroît constamment ; en 1880, elle a été de 295.000 tonnes seulement ; de 1907, à 1913, elle n'a été que deux fois inférieure à 1 million (1911, 850.000 tonnes ; 1912, 820.000 tonnes), et parfois très supérieure à ces chiffres (1907, 1.428.000 tonnes) (1).

La majeure partie de cette grosse exportation reste en Extrême-Orient (Chine méridionale surtout) et s'accroît régulièrement : la moyenne quinquennale 1909-1913 indique une augmentation de 18 0/0 sur la moyenne 1902-1906.

_ En Europe, la France est le meilleur client de l'Indo-Chine ; l'importation moyenne (1902-1911) de riz en France a été de 219.000 tonnes, dont 174.000 en provenance de notre grande colonie orientale. Si l'on compare les moyennes quinquennales 1902-1906 et 1909-1913, on trouve une augmentation de 41 0/0 des exportations de l'Indo-Chine vers la métropole.

En 1901, Madagascar importait pour 5.640.000 francs de riz ; en 1910, elle en exportait pour 1.150.000 francs (10.000 tonnes) ; depuis la guerre, son exportation a été portée à 20.000 tonnes (principalement à la Réunion). Elle compte arriver bientôt à 100.000 tonnes. Ces résultats sont dus aux travaux d'irrigation et à de meilleurs modes de transport.

L'Afrique occidentale, qui peut produire beaucoup de riz, est encore obligée d'en importer.

Nous importons de très grandes quantités de *maïs* : 427.000 tonnes en 1907, 270.000 en 1908, 676.000 en 1912, 591.000 tonnes en 1913, 721.000 tonnes en 1916, dont la moitié provient de l'Argentine. Le maïs est employé à la nourriture de la volaille, du bétail (tourteau de maïs), et surtout à la fabrication de l'alcool. L'Indo-Chine en exporte des quantités croissantes : 440 tonnes en 1902, 133.000 tonnes en 1913 (Tonkin 53.000, Cochinchine et Cambodge 73.000, Annam 6.000), chiffres qu'elle espère pouvoir maintenir. A Madagascar, le maïs, depuis longtemps cultivé par les indigènes pour leur consommation, donne une production de plus en plus importante. La quantité disponible (en 1917) est d'environ 30.000 tonnes et peut être rapidement portée à 50.000.

En Afrique occidentale, le Dahomey exporte depuis quelques années du maïs en quantité variable (20.000 tonnes en 1908, 72 tonnes en 1911, 13.000 tonnes en 1913, 4.000 tonnes en 1916), dont une très faible part à destination de la métropole (8 tonnes en 1913). Elle pourrait arriver facilement à 25.000 tonnes au moins.

Le maïs est une plante épuisante, dont la culture, en dehors des riches vallées d'alluvions, peut présenter des inconvénients : au Dahomey par exemple, les indigènes, qui ignorent les engrais, déboisent pour le planter.

De plus, les maïs coloniaux paient des droits de douanes, à l'entrée en France. Cette erreur économique, provoquée par les départements pro-

---

(1) Riz sous toutes ses formes.

ducteurs de maïs, explique que les maïs dahomiens aient pris surtout le chemin de Hambourg.

La consommation du *café* est considérable en France, 2^{kg},7 par habitant (1). La moyenne de nos importations (1908-1912) a été de 109.000 tonnes, valant 141 millions (2) dont 40 0/0 de provenance brésilienne ; la part de nos colonies est infime, 2.300 tonnes ; la Guadeloupe et la Nouvelle-Calédonie avec les îles océaniennes, fournissent chacune prés d'un tiers de cette faible quantité, la Côte des Somalis un quart ; Madagascar vient ensuite avec 7 0/0, puis l'Indo-Chine, 3 0/0 ; il reste 2 0/0 pour les autres colonies.

On pourrait faire mieux. En Indo-Chine, l'exportation a débuté en 1901 (5 tonnes); de 1903 à 1907, elle a atteint une moyenne de 139 tonnes, et de 1908 à 1912, de 179 tonnes ; il existe déjà un gros centre de culture au Tonkin, dans la région de Chiné, au sud du delta.; d'autres moins importants se trouvent à Tuyen-Quang (100 kilomètres, nord-ouest d'Hanoï, à Vinh-Linh (Annam), etc. ; depuis quelques années, dans l'est cochinchinois, les planteurs d'Hévéa en ont entrepris la culture. Il semble que l'on puisse produire en Indo-Chine les mêmes qualités que dans les Indes anglaises ou néerlandaises qui, pendant la période 1908-1912, nous en ont vendu pour une moyenne de 11.650.000 francs (8.000 tonnes environ).

A la Nouvelle-Calédonie et surtout aux Nouvelles-Hébrides, les terres favorables au caféier sont encore abondantes. La rareté de la main-d'œuvre pourra rendre difficile leur mise en valeur.

A Madagascar, aprés des débuts pénibles, la culture est en bonne voie et l'on compte arriver prochainement à un million de tonnes et dans quelques années à 5.000.

En Afrique équatoriale, on ne peut compter pour une exportation immédiate, que sur 300 tonnes, mais on espère arriver facilement à 20.000 dès que les chemins de fer projetés auront été exécutés, ce qui peut être fait d'ici huit à dix ans, peut-être plus tôt.

L'exportation de l'Afrique occidentale est pour le moment insignifiante, 60 tonnes ; elles pourrait être accrue.

Il ne faut pas oublier que le café est une plante délicate, qui exige beaucoup d'engrais et beaucoup de main-d'œuvre ; quelques insectes lui causent de grands ravages et il est très sensible aux attaques d'un champignon, l'*Hémiléïa*. On connaît heureusement plusieurs espèces de caféier dont quelques-unes résistent assez bien à ces divers fléaux. C'est en tout cas une culture qu'il ne convient pas d'entreprendre à la légère ; elle doit être dirigée par des Européens compétents.

Le *cacao* est un produit moins important que le café ; depuis quelques années, l'Afrique équatoriale et, en Afrique occidentale, la Côte d'Ivoire

____

(1) Consommation très variable d'un pays à l'autre : près de 7 kilogrammes en Hollande et 0 ^{kg},3 en Angleterre.

(2. La valeur totale du café importé en France a été pendant cette période de 193 millions, mais 52 millions sont réexportés.

en exportent un peu. Les études faites par les stations d'essais sont assez avancés pour que l'on soit certain de pouvoir étendre, dans une large mesure, les plantations de cacaoyer; on compte arriver, dans quelques années, à une production de 15.000 tonnes pour l'Afrique occidentale et de 13.000 pour l'Afrique équatoriale, production qui suffirait à peu près à la consommation française.

D'autres produits alimentaires, le *thé*, le *manioc*, le *poivre*, la *vanille*, le *sucre* ont encore de l'importance pour quelques-unes de nos colonies; nous ne pouvons nous y arrêter.

Le commerce des matières grasses tient une large place en France; pendant la période 1908-1912, l'importation des *oléagineux* a présenté un tonnage de 964.000 tonnes valant 357 millions.

L'*arachide* vient en tête avec 402.000 tonnes, puis le *coprah* (167.000). L'*huile de palme* et de *palmiste*, le *sésame* (80.000 tonnes) occupent encore un rang honorable.

Pour l'arachide, 203.000 tonnes, soit un peu plus de 50 0/0, proviennent des colonies françaises, de l'Afrique occidentale surtout. Nous en achetons beaucoup aussi à Pondichéry, mais provenant surtout des cultures de l'Inde anglaise.

L'exportation de l'Afrique occidentale s'accroît constamment, à mesure que se développent les chemins de fer de pénétration ; en Indo-Chine, on sait que l'arachide vient bien en quelques régions, dans le centre Annam et au Cambodge surtout, mais l'exportation est jusqu'à présent négligeable. A Madagascar (1), dans les terres légères de l'Ambongo, elle donne facilement 3 à 4 tonnes par hectare et Majunga en exporte déjà de faibles quantités.

Pour l'huile de palme et les amandes (palmistes), la Côte d'Ivoire, le Dahomey, l'Afrique équatoriale, sont les gros fournisseurs du marché mondial ; une forte partie de leurs exportations allait à Hambourg. L'exportation peut d'ailleurs être augmentée dans de fortes proportions ; on laisse pourrir sur le sol de nombreux fruits de palmiers et, dans la seule Côte d'Ivoire, on estime que les fruits ainsi perdus représentent 40 millions (2).

En Afrique équatoriale, la plus arriérée avec la Guyane de nos colonies, la production est passée de 571 tonnes en 1913 à 3.900 tonnes en 1916; il suffit, pour faire mieux, de soigner un peu les arbres, comme les indigènes le font déjà au Dahomey et d'organiser la récolte des fruits et le concassage mécanique des amandes, déjà pratiqué dans quelques villages indigènes, pour accroître prodigieusement le tonnage : les prévisions sont que, dans une dizaine d'années, l'Afrique occidentale pourra exporter

---

(1) En 1910, Madagascar a exporté seulement 160 tonnes d'oléagineux divers.

(2) Pour l'Afrique occidentale, les produits du palmier à huile figurent de 1890 à 1899 pour des chiffres variant de 1.200 à 2.500 tonnes ; dans la période 1909-1913, la moyenne a été de 16.000 tonnes pour l'huile et 43.000 pour les amandes.

80.000 tonnes d'huile de palme et 115.000 tonnes d'amandes; l'Afrique équatoriale 75.000 et 150.000.

· Que si nos colonies viennent en première ligne pour le palmier et l'arachide, il n'en est pas de même pour le coprah.

Le *coprah* est l'amande desséchée du cocotier qui est surtout un produit de l'océan Indien; nous en importons 167.000 tonnes (moyenne 1908-1912), dont 9.600 tonnes seulement des colonies françaises. Les établissements français de l'Océanie (Tahiti, Touamotou), la Nouvelle-Calédonie, la Guadeloupe en fournissent depuis longtemps et augmentent leurs plantations de cocotiers.

En Indo-Chine (exportation 6.300 tonnes), il existe deux régions principales de culture, Binh-Dinh sur la côte d'Annam et la province de Mytho en Cochinchine; la culture pourrait être facilement développée.

A Madagascar et dans les îles du Pacifique et de l'océan Indien le cocotier pousse bien, ainsi que sur les côtes de l'Afrique occidentale et équatoriale. Les premières plantations sont anciennes, mais ce n'est que depuis peu d'années que l'on a planté sérieusement des cocotiers, en leur donnant les soins de culture nécessaires. Un arbre ne commence à rapporter que vers la huitième année, de sorte qu'il faut attendre encore pour être fixé sur la valeur exacte de ces tentatives.

On sait quelle importance prend depuis quelques années le *caoutchouc* dans le commerce mondial (1). Les arbres et les lianes qui le produisent appartiennent à de très nombreuses espèces, répandues dans les pays chauds et, pendant longtemps, on s'est contenté des produits de cueillette. Nos colonies africaines, Madagascar et l'Indo-Chine en produisaient et en produisent encore des quantités appréciables.

Mais, depuis quelques années, le caoutchouc de plantation tend à se substituer au caoutchouc de cueillette. Les plantations d'Extrême-Orient surtout ont pris un accroissement très rapide: les îles Malaises ont exporté depuis six ans les quantités indiquées au tableau suivant (caoutchouc de plantations en tonnes):

1908.	1.029	1911	10.782
1909.	3.340	1912	20.300
1910.	6.504	1913	35.300

Les caoutchoucs de cueillette luttent difficilement : en 1910, ils représentaient 30 0/0 (en valeur) des exportations de l'Afrique occidentale, 12 0/0 seulement en 1913, et les cours tombaient de 10 à 5 francs le kilogramme.

---

(1) Vers 1865, la production mondiale était d'environ 7.000 tonnes; vers 1907, 70.000 tonnes; la consommation était de 34.000 tonnes pour les États-Unis et le Canada, 15.000 pour l'Angleterre, 10.000 pour l'Autriche et l'Allemagne, 4.000 tonnes pour la France et autant pour la Russie. Depuis les chiffres se sont notablement accrus.

La consommation de la France, d'après la moyenne quinquennale 1908-1912, est de 13.760 tonnes (1), dont 2.600 provenant des colonies françaises. On peut espérer une prompte amélioration.

En Indo-Chine, dans l'est de la Cochinchine et dans le sud Annam, à la fin de 1912, 61.000 hectares environ étaient concédés à des Européens pour les plantations de caoutchouc ; 20 millions étaient immobilisés dans cette culture. Les plantes à caoutchouc mettent plusieurs années à se développer, aussi, en 1913, les produits de plantation sont encore faibles (4 0/0 des 163 tonnes exportées par l'Indo-Chine) ; ils dépassent maintenant 1.000 tonnes et l'on compte que bientôt ils en atteindront 15.000 ; l'exemple de la Malaisie montre que cet espoir est réalisable.

En Afrique, on s'est contenté d'améliorer les moyens de transport et de réglementer la préparation des caoutchoucs de cueillette de façon à éviter les fraudes ; de plus, en Afrique occidentale, 3 millions de pieds de *Landolphia*, ont été plantés pour remplacer ceux que l'exploitation abusive des indigènes avaient détruits. On espère arriver ainsi à une exportation de 2.500 tonnes pour l'Afrique Occidentale et de 3.200 pour l'Afrique équatoriale. On peut faire mieux : les nombreuses expériences, faites depuis plusieurs années par les stations d'essai, ont montré que des plantations de caoutchouc pouvaient réussir ; la chose devrait être tentée sous une direction européenne.

Madagascar a exporté 190 tonnes en 1901 et 1.100 tonnes en 1910 de caoutchouc de cueillette (dont plus de la moitié en Allemagne) ; quelques plantations, qui semblent avoir été faites sans études préalables suffisantes, n'ont donné que des résultats médiocres.

Parmi les textiles végétaux, le *coton* a une importance primordiale ; les État-Unis en produisent les deux tiers. Les essais, tentés depuis quelques années dans nos diverses colonies ont réussi en bien des points ; les expériences sont assez avancées pour que l'on puisse entrer franchement dans la voie des réalisations. Nos produits coloniaux sont déjà connus sur le marché, mais leur tonnage est encore trop faible pour donner lieu à des transactions importantes. Il suffit de quelques capitaux et d'un peu de bonne volonté pour améliorer notre production cotonnière.

D'autres textiles, comme le *sisal*, le *chanvre du Deccan* donnent déjà de bons résultats ; on ne peut que regretter qu'un trop petit nombre de Français se soient attachés à leur culture et à leur préparation. Les entreprises bien étudiées sont rémunératrices.

Dans les années qui ont précédé la guerre, nous consommions par an 6 millions de mètres cubes de *bois d'œuvre*, dont 4.500.000 fournis par les forêts françaises ; le reste provenait de l'étranger, surtout de l'Amérique du Nord. Après la guerre nos besoins seront vraisemblablement plus considérables encore pendant dix à douze ans, et nos forêts, dont quelques-unes

---

(1) Les chiffres ont doublé de 1908 à 1912.

ont beaucoup souffert, auront besoin de repos. Il nous faudra donc demander au dehors des bois d'œuvre pour une valeur considérable : on l'a évaluée à douze milliards pour les dix années qui suivront la guerre ; cette estimation est peut-être exagérée, il s'agit en tous cas d'une somme sérieuse.

Nous ne serons pas obligés de demander tout ce bois à l'étranger ; nos colonies pourront en fournir une forte partie.

La *forêt* de la Côte d'Ivoire couvre environ 120.000 kilomètres carrés (le quart de la France) (1), et l'on a pu évaluer à 25.000 mètres cubes, (en grumes) le bois exploitable au kilomètre carré (soit 3 milliards de mètres cubes, notre consommation pendant cinq siècles) ; en Afrique équatoriale, (fig. 2), la surface forestière est évaluée à 300.000 kilomètres carrés. En Indo-Chine, plus peuplée, la forêt dense ne forme pas de masses aussi compactes et sa superficie est difficile à évaluer.

A Madagascar (fig. 1), la forêt couvre 90.000 kilomètres carrés ; elle occupe toute la partie orientale de l'île, au-dessus de 800 mètres d'altitude ; à l'ouest, elle est moins continue, De nombreux indices semblent indiquer que toute la partie centrale de l'île a été autrefois couverte de forêts et que le déboisement y est, comme si fréquemment, œuvre humaine.

La rareté des voies de communication ne permet d'envisager que l'exploitation partielle de ces richesses ; la difficulté des transports maritimes vient encore compliquer le problème et la Conférence coloniale de juillet 1917 n'a osé indiquer qu'un chiffre très bas (100.000 tonnes pour l'Afrique Occidentale, 500.000, pour l'Afrique équatoriale, 6.000 pour l'Indo-Chine et 10.000 pour Madagascar), pour les exportations à prévoir pendant quelques années. On devrait dépasser ces chiffres.

Les difficultés sont nombreuses. Jusqu'à présent on n'avait guère demandé à nos colonies que des bois d'ébénisterie dits « bois exotiques ». L'exportation du Gabon était passée de 2.000 tonnes, en 1898, à 150.000 tonnes, en 1913, dont malheureusement la moitié allait à Hambourg ; celle de la Côte d'Ivoire avait atteint 45.000 tonnes d'acajou d'Afrique, en 1913, d'une valeur de plus de 5 millions, et dirigées surtout sur Liverpool.

Tandis qu'en Europe le peuplement forestier est habituellement homogène et que, à tout le moins, un petit nombre d'essences sont nettement dominantes, dans la forêt tropicale, les arbres appartiennent à de nombreuses espèces (plus de 200 pour la Côte d'Ivoire, dont une trentaine au moins communes) croissent en mélange. Pour abattre un acajou, il faut faire tomber de nombreux arbres qui, faute d'emploi, restent à pourrir sur le sol ; après ces coupes, la forêt abandonnée à elle-même, se couvre d'abord d'espèces à croissance rapide et de faible valeur, retardant la venue des essences précieuses.

Les transports sont difficiles ; il n'y a pas de routes, peu de chemins

---

(1) En France, la surface occupée par la forêt est de 11.500 kilomètres carrés ; en Norvège, 68.000 kilomètres carrés ; en Suède, 182.000 kilomètres carrés ; en Russie, 1.850.000 kilomètres carrés.

de fer (1) ; quelques cours d'eau sont flottables, peu sont navigables sur des longueurs importantes. Enfin dans la forêt, les mouches piqueuses, véhicules des trypanosomiases, interdisent l'emploi des animaux domestiques.

Dans ces conditions une exploitation un peu étendue n'est vraiment possible qu'à des sociétés assez puissantes pour installer de grands chantiers avec treuils, voies ferrées, etc. Encore faut-il que la plupart des bois abattus soient utilisables : une seule essence, même l'acajou, dont les pieds ne se trouvent que de loin en loin, ne peut arriver à payer les frais d'une grosse entreprise.

Nos gros besoins en bois d'œuvre vont modifier heureusement les conditions du problème. Nos bois coloniaux communs ont déjà fait l'objet d'assez nombreuses études ; beaucoup d'entre eux sont employés depuis de nombreuses années par les administrations locales, qui s'en montrent satisfaites. De 1905 à 1909, 66.000 poteaux télégraphiques ont été fournis par les forêts indigènes à l'administration des postes de Madagascar (2) ; l'Indo-Chine utilise 270.000 mètres cubes de bois d'œuvre provenant de son propre sol et quelques rues de Paris ont été pavées en bois provenant de notre colonie d'Extrême-Orient.

Les traverses de chemins de fer nécessitent un cubage considérable ; en Afrique, l'abondance des termites a rendu nécessaire l'emploi de traverses métalliques, mais dans d'autres pays tropicaux on se sert de bois du pays et l'on peut évaluer à 100 millions le nombre de ces traverses actuellement en service.

Dans l'Inde, où un usage prolongé a permis de faire un choix parmi les essences, les résultats sont excellents.

Les bois destinés à faire des traverses doivent être durs et résistants à la pourriture. La dureté est habituellement liée à la densité, qui est souvent élevée dans les bois tropicaux : en Côte d'Ivoire par exemple, de nombreuses essences pèsent plus que le hêtre (650 à 800 kilogrammes), ou que le chêne (jusqu'à 1.000 kilogrammes) ; une douzaine dépassent 1.000 kilogrammes, dont quelques-unes atteignent presque 1.200 kilogrammes.

Quant à la résistance à la pourriture, en dehors de l'usage local, il convient de mentionner une expérience faite à Paris par les chemins de fer de l'État : de juin 1908 à juillet 1916, neuf espèces de bois d'Afrique ont été placées dans une fosse à pourrir en même temps que des bois du Nord (France, Canada, Scandinavie) et du Teck de Java. A l'ouverture de la fosse, seuls de ces derniers, le teck et le chêne français étaient à peu près intacts ; des bois africains, huit étaient inaltérés. Il y a donc parmi les bois

---

(1) En Côte d'Ivoire, la voie ferrée traverse la forêt d'Abidjan à Bouaké (316 kilomètres), dans sa partie la plus étroite ; au Gabon, il n'y a aucun chemin de fer.

(2) Il existe une demi-douzaine de scieries à Madagascar (deux à Diégo-Suarez, une à Majunga, etc.). Madagascar a déjà fourni des traverses aux chemins de fer de l'Afrique australe.

tropicaux, des bois résistant mieux à la pourriture que nos meilleures espèces traditionnelles.

Ces quelques données, trop sommaires pour une question aussi importante, montrent qu'il y a place dans nos colonies pour une exploitation forestière intense ; les entreprises doivent disposer de gros capitaux, de façon à utiliser largement un outillage mécanique. Les sociétés actuelles n'ont pas les moyens nécessaires : pour créer des scieries mécaniques (1), quelques-unes ont demandé que l'État leur consentît des avances de 25.000 francs. De pareilles demandes sont véritablement ridicules ; quand on est aussi gêné, on ne devrait pas se lancer dans de grandes exploitations coloniales.

Quant aux difficultés d'embarquement et de transport, leur solution dépend de l'achèvement des grands travaux publics.

Produits animaux. — L'*élevage* n'est vraiment important que dans deux de nos colonies, Madagascar et l'Afrique occidentale.

On compte à Madagascar environ 4.200.000 bœufs (32 0/0 dans l'ouest, 27 0/0 sur les Hauts-Plateaux, 23 0/0 dans le Sud et 20 0/0 dans l'est).

En Afrique occidentale le dernier recensement (1912) donne les chiffres suivants (2) :

	CHEVAUX	BOVINS	OVINS	CAPRINS
Sénégal.	18.000	1.000.000	200.000	700.000
Haut-Sénégal, Niger .	64.000	3.000.000	2.500.000	3.000.000
Guinée	4.000	800.000	800.000	1.000.000
Autres colonies . . .	30.000	3.000.000	1.000.000	5.500.000
Totaux.	116.000	7.800.000	4.500.000	5.500.000

Les 7/8 des bœufs africains appartiennent aux peuples pasteurs, Peuls, Maures et Touareg.

La Nouvelle-Calédonie possède environ 100.000 bœufs (3).

En Indo-Chine, il y a des buffles dans les plaines basses et des bœufs qui sont abondants surtout dans les plateaux et les plaines du Laos et du Cambodge. Ce cheptel pourrait être accru d'une façon notable.

D'une façon générale, les bœufs des pays tropicaux sont des bœufs à bosse, des zébus ; leur poids varie de 300 à 600 kilogrammes au plus,

---

(1) Il n'existe encore qu'une seule scierie en Afrique, au Gabon.

(2) Empruntés à un rapport récent du Chef du Service zootechnique de l'A. O. F.

(3) Rappelons que le cheptel bovin de l'Argentine est de 80 millions de têtes. A la fin de 1913, il y avait en France 14.800.000 bœufs.

et donnent dans les conditions d'élevage extensif pratiqué actuellement 45 à 48 0/0 de viande ; avec de meilleurs soins, ce rendement peut être accru.

Dans quelques parties de l'Afrique occidentale (Casamance, Guinée), on trouve des bœufs sans bosse, de petite taille (150 kilogrammes), les N'Dama.

Le gros bétail colonial donne lieu depuis de longues années déjà à un commerce dont les chiffres suivants indiquent l'importance.

L'exportation, depuis six ans, de nos colonies africaines est indiquée, en têtes de bétail, dans le tableau suivant :

	HAUT-SÉNÉGAL NIGER	SÉNÉGAL	GUINÉE	DAHOMEY
1910	73.147	334	7.120	243
1911	54.245	1.484	8.244	298
1912	61.552	2.145	9.936	363
1913	76.875	2.344	12.396	567
1914	88.842	1.431	12.099	775
1915	83.177	972	12.234	1.666

Les exportations du Haut-Sénégal-Niger sont dirigées surtout vers la Haute-Guinée, la Haute-Côte d'Ivoire, le Gold Coast, le Togo et le Dahomey ; celles du Sénégal, vers Sierra-Leone et les archipels des Canaries et du Cap-Vert ; celles de Guinée, vers Sierra-Leone ; celles du Dahomey vers la Nigeria, le Cameroun, le Gabon et la Côte d'Ivoire.

Ce tableau n'est pas complet ; le territoire de Zinder exporte du bétail vers la Nigeria et, en Afrique équatoriale ; le Tchad et l'Ouadaï vendent des bœufs aux pays du sud ; les statistiques précises font défaut pour ces pays d'ailleurs très éloignés et d'accès difficile.

En Indo-Chine, l'exportation est surtout dirigée vers les Philippines ; la part du Cambodge seul, dans ce mouvement, a été de 40.800 bœufs ou buffles en 1910, 33.700 en 1911, 14.300 en 1912 ; le ralentissement de cette exportation tient à des mesures sanitaires prises aux Philippines.

Après la guerre anglo-boer, Madagascar a fourni 60.000 bœufs à l'Afrique australe ; la crainte de la tuberculose bovine a arrêté ce trafic et les exportations, de 4.400.000 francs en 1902, sont tombées à 550.000 francs (9.000 têtes) en 1909 et à 800.000 francs (12.000 têtes en 1910).

On sait que, en Europe, les besoins en viande s'accroissent sans cesse et que depuis quelques années, les notes du boucher s'enflent avec une fâcheuse régularité. Aussi a-t-on songé à importer dans la métropole le bétail colonial. On a d'abord tenté le transport des animaux sur pied : en 1909, 51 bœufs malgaches parvenaient à Marseille en bon état et étaient vendus à un prix rémunérateur. Mais ces tentatives ont, en général, échoué ;

le bétail colonial, habitué à vivre en plein air, est difficile à nourrir pendant la traversée ; les épizooties, ou leur crainte, suffisent pour en faire interdire l'entrée. Nos bœufs sont de petite taille et il en faut trois pour faire le poids de deux bœufs argentins, d'où un accroissement de fret, un bœuf, quelle que soit sa taille, payant le même prix.

Pour ces diverses causes, on cherche plutôt maintenant à exporter des conserves ou des viandes frigorifiées ; et, sous ces formes, le commerce du bétail peut devenir considérable.

Jusqu'en 1900, la fabrique d'Ouaco (Nouvelle-Calédonie) a fourni d'importantes quantités de conserves à l'Intendance, mais la préparation des produits laissant à désirer, l'Intendance ne renouvela pas ses commandes et l'usine dut fermer. Depuis cette industrie a été reprise et, en 1909, les boîtes de conserves figurent pour près de 300.000 francs aux exportations de la Nouvelle-Calédonie ; ce chiffre s'est élevé à 580.000 francs en 1913 et à 1.350.000 francs [843 tonnes] en 1915, dont seulement 124.000 francs pour la France. L'exportation pourrait atteindre un millier de tonnes.

A Diego-Suarez, une usine traite 25 bœufs par jour ; une plus importante a été installée plus récemment à Majunga ; elle a été prévue pour pouvoir sacrifier 300 bœufs par jour. Madagascar compte exporter régulièrement 30.000 tonnes de viande.

Au Sénégal, l'usine de Lyndiane (près Kaolak, sur le Saloum) a commencé à travailler le 1er décembre 1914. A la fin de 1916, elle avait abattu 55.000 bœufs provenant en majeure partie du Sénégal (150 à 200 bœufs par jour) ; elle avait exporté 2.400 tonnes de viande frigorifiée et 410 tonnes de conserves. L'Afrique occidentale estime à 10.000 tonnes son exportation prochaine de viande.

Les prix du bétail colonial sont assez variables, mais en général peu élevés. A Madagascar, le prix d'un beau bœuf (450 kilogrammes) serait de 65 francs. Au Sénégal, suivant la saison et aussi l'éloignement des grands centres, le prix varie de 30 à 110 francs. A Lyndiane, les bœufs sont achetés au poids, depuis 20 centimes le kilogramme pour les bœufs pesant de 150 à 200 kilogrammes, jusqu'à 40 centimes pour ceux qui dépassent 400 kilogrammes, soit, en admettant un rendement de 45 0/0, de 45 à 80 centimes le prix d'un kilogramme de viande ; ce calcul ne tient pas compte de la valeur du cuir, des sabots, des cornes, etc.

Il semble donc bien que sous cette forme, le commerce du bétail colonial a un avenir assuré.

La plupart des épizooties qui à plusieurs reprises ont causé des désastres, ont des remèdes connus et certains ; il suffit d'organiser sérieusement le service vétérinaire. La difficulté de nourrir le bétail pendant la saison sèche existe, mais elle a été exagérée par des gens connaissant mal la colonie et elle ne s'applique qu'à des régions restreintes ; la rareté des points d'eau est souvent une gêne plus grande, mais on a déjà creusé avec succès de nombreux puits.

Le bétail nous intéresse aussi par son cuir. Les *peaux brutes* viennent en tête des exportations de Madagascar (758 tonnes en 1901, 3.060 tonnes en 1905, 6.584 tonnes en 1910) ; en Indo-Chine, de 1898 à 1913, l'exportation de peaux brutes a oscillé entre 1.200 et 3.140 tonnes ; celle des peaux ouvrées, inférieure à 100 tonnes jusqu'en 1904, se tient depuis quelques années entre 300 et 780 tonnes. Pour l'Afrique occidentale, nous avons (peaux brutes), en 1911, 875 tonnes ; en 1912, 1.163 tonnes; en 1913, 1.999 tonnes ; en 1914, 3.412 tonnes ; en 1915, 3.330 tonnes. Ces peaux sont achetées 3 fr. 08 c, le kilogramme, à Liverpool ; à Marseille, on ne veut les payer que de 1 franc à 2 fr. 70 c., suivant qualité (1).

Parmi nos importations, la laine figure en première place (700 millions de francs, 276.000 tonnes en 1913) ; une faible part seulement (14 millions de francs, 9.000 tonnes) provient de nos colonies, principalement de l'Afrique du Nord.

Les moutons des pays chauds sont en majeure partie des moutons à poil qui portent des crins comme les chèvres ; ils sont bons marcheurs et leur peau donne de meilleures outres que celle des moutons à laine, deux raisons qui expliquent la préférence des pasteurs : ils sont obligés à de grands déplacements et de bons récipients pour le transport de l'eau leur sont indispensables, tandis que la laine a chez eux peu d'emploi.

Cependant en Afrique occidentale, le mouton à laine existé ; le recensement n'en a pas été fait exactement, mais il y en a certainement plus de 2 millions. Il donne une laine courte et jarreuse, mais des croisements, tentés par la bergerie de Niafunké avec des béliers algériens, ont permis d'obtenir une notable amélioration. Le commerce de la laine n'existait pas en Afrique en 1906 ; depuis il se développe régulièrement et en 1913, Mopti seul a pu exporter 257 tonnes de laine d'assez bonne qualité.

C'est encore un chiffre insignifiant, mais le croît d'un troupeau de moutons est rapide et l'on peut espérer que l'exportation de la laine du Soudan deviendra rapidement importante.

Mentionnons en passant qu'un autre produit de l'élevage, la soie, pourrait nous être fourni en plus grande abondance par l'Indo-Chine et par Madagascar ; c'est un produit de luxe sur lequel il n'y a pas lieu d'insister, non plus que sur la cire dont nos colonies fournissent déjà une certaine quantité (Madagascar 530 tonnes en 1910 ; Afrique occidentale, 137 tonnes en 1913).

Produits minéraux. — Parmi les produits minéraux l'*or* est fourni par la Guyane, Madagascar et l'Afrique occidentale.

Madagascar exporte actuellement 10.000 tonnes de *graphite* et peut arriver facilement à 25.000.

---

(1) Les peaux des petits bœufs N'Dama, pesant moins de 4 kilogrammes (vachettes), ont une plus grande valeur ; elle sont payées, à Mamou (Guinée), 2 fr. 20 le kilogramme.

La Nouvelle-Calédonie est, pour le *nickel* et le *chrome*, un des plus gros producteurs du monde.

Le Tonkin est assez riche en mines ; en 1913, il a exporté 26.000 tonnes de minerai de *zinc* dont les 2/3 à destination de la métropole ; il nous a fourni aussi pour 1 million d'*étain* provenant de Yunnan, sur les 26 millions environ que nous importons.

Enfin l'Afrique équatoriale possède, entre Brazzaville et la mer, à N'Boko-Songo et Mindouli, des gisements de *cuivre* d'une grande richesse ; le minerai contient 45 0/0 de métal. En 1914, la production a été de 1.450 tonnes ; elle n'est entravée que par la difficulté des transports. La construction du chemin de fer de Pointe-Noire à Brazzaville, qui pendant 150 kilomètres, traversera cette importante région minière, permettra seule de la mettre en valeur et d'exporter facilement une vingtaine de mille tonnes chaque année.

La main-d'œuvre. — Nous venons de passer rapidement en revue quelques-unes des ressources de nos colonies, parmi celles qui intéressent l'exportation. Pour accroître leur quantité et pour pouvoir les utiliser plus largement, plusieurs choses sont nécessaires ; les grands travaux publics qui facilitent les transports, les questions de douane et de banque peuvent être résolues par nos propres moyens ; il suffit de vouloir, si l'on juge qu'il est utile de favoriser les relations de la métropole avec les colonies. Nous reviendrons tout à l'heure sur quelques-uns de ces points.

Dans toutes nos colonies, une question particulièrement grave se pose en première ligne, celle de la *main-d'œuvre*. On peut considérer comme établi que, dans aucune région tropicale, l'Européen ne peut se livrer sérieusement au travail de la terre ; la vraie colonisation nous est donc interdite. Nous pouvons d'ailleurs trouver un meilleur emploi de notre activité et plus rémunérateur : l'agriculture, le petit commerce, l'acheminement des matières premières vers les centres sont la part de l'indigène ; le grand commerce, la banque, les transports par chemin de fer, la direction de certaines industries, voire même de certaines cultures (1), sont du domaine de l'Européen.

On a essayé à plusieurs reprises l'importation de travailleurs étrangers ; les résultats ont été en général médiocres, souvent mauvais. En dehors des inconvénients politiques et sociaux que présente le contact de races étrangères les unes aux autres et des troubles qui peuvent en résulter, il convient de remarquer que les gens, qui consentent à s'expatrier pour des travaux agricoles, sont rarement des agriculteurs de profession, mais se recrutent plutôt dans les déchets de la population des pays où la densité

---

(1) En Annam, un hectare de cannes à sucre rapporte aux cultivateurs indigènes 2,5 tonnes de sucre ; à Java, sous la direction des Hollandais, 10 tonnes. A Ceylan, les terres cultivées par les Européens, bien que cinq fois moins étendues que celles des indigènes, produisent pour l'exportation trois fois davantage.

est considérable (Inde, Chine surtout). De plus, cette main-d'œuvre est assez coûteuse ; les frais de transport et de rapatriement, ceux d'assistance médicale, toujours imposés par le contrat d'engagement, viennent s'ajouter aux salaires. Cette main-d'œuvre importée peut rendre des services dans certains cas, mais elle ne constitue qu'une solution provisoire.

Reste la main-d'œuvre indigène. La population de nos colonies est habituellement indolente et clairsemée ; il faut arriver à lui donner le goût du travail régulier et en même temps favoriser son accroissement.

On a souvent reproché leur paresse aux populations primitives des régions tropicales.

Dans son bel ouvrage, *les Sociétés primitives de l'Afrique équatoriale* (1), le Dr A. Cureau, qui a vécu vingt ans au milieu des populations du Congo, estime que « le nègre n'est point paresseux. Il est seulement inoccupé et n'a aucun motif impérieux pour travailler davantage. Il n'appartient pas, comme le civilisé, véritable esclave de son instinct de sociabilité et de sa soif du mieux, à des groupements compacts de populations, où la terre est dispensée à l'homme avec parcimonie, où le même sol appauvri par des siècles de culture, est sans cesse contraint de repaître des foules affamées, où les intempéries sont rudes et livrent à la vie des assauts cruels. Dans nos sociétés, l'individu ne surnage que par le jeu incessant d'une activité énorme ; le paresseux est celui qui n'a point l'énergie de pourvoir à ses propres besoins... et qui reste à la charge de ses concitoyens.

» Chez les primitifs, il en va tout autrement. La population y est à l'état d'extrême dissémination. On n'a pas besoin de s'y disputer le terrain pour vivre. L'indolence de l'indigène n'est qu'une application de la loi du moindre effort. Elle n'est paresse que par contraste avec notre agitation. »

On retrouve les mêmes caractères, à un moindre degré, à Madagascar et en Indo-Chine : l'indigène se contente pour vivre d'un minimum qui nous paraît invraisemblable, ou, s'il lui advient par hasard quelque aubaine, il l'emploie à des usages tout à fait inutiles, à des achats de pure fantaisie ; « il n'y a pas de milieu pour lui entre le strict indispensable et le luxe » (2).

Les indigènes de nos colonies ont en somme peu de besoins et ne font un effort que lorsqu'ils en voient l'utilité immédiate. Un salaire en argent tente peu un nègre ou un malgache parce que, le plus souvent, il n'a rien à acheter ; ses frais de logement, de nourriture et d'habillement sont extrêmement réduits : au Soudan, un noir qui prend pension dans un village, paie tout au plus 5 francs par mois pour sa nourriture. Leur civilisation primitive les dispense, en outre, de ces frais et de ces besoins accessoires qui compliquent tant notre vie européenne. Faidherbe (*Lettres au Sénat*, 1883) a fait remarquer, il y a longtemps déjà, qu'un mois de

(1) 1 vol., Paris, 1912, p. 61.
(2) J. HARMAND : *Domination et colonisation*. (1 vol., Paris, 1910, p. 135.)

travail fournissait à un noir ce qui est nécessaire à sa consommation et à celle de sa famille pendant une année.

On peut cependant obtenir du travail ; déjà la nécessité de payer un impôt en argent et non pas en nature, amène d'assez nombreux ouvriers sur les chantiers. Lors de la construction des chemins de fer au Congo belge, le colonel Thys considérait qu'il était indispensable de payer aux indigènes ce que valait leur travail, de ne jamais discuter un prix convenu et surtout de leur montrer ce qu'ils pouvaient se procurer de plaisir avec leur salaire ; pour réaliser ce dernier point, sur tous les chantiers, étaient installés des bazars vendant aux indigènes, à des prix raisonnables, ce qui pouvait leur être utile ou agréable ; l'expérience a montré que partout où les bazars étaient bien fournis, la main-d'œuvre ne manquait pas.

On a raconté que, je ne sais dans quelle colonie, un cirque, dont le spectacle plaisait aux indigènes, avait suffi à les inciter au travail ; tous voulaient gagner de quoi payer une entrée. Des anecdotes de même ordre sont fréquentes ; il y a quelques années, à Dakar, au 14 juillet, des chevaux de bois ont produit un effet analogue.

Ces petits faits ne sont que des symboles ; partout où les indigènes ont leur sécurité assurée et où les conditions de la vie se rapprochent des nôtres, leur activité augmente. Au Sénégal, à Dakar (1), à Saint-Louis, les noirs cherchent à travailler et dans des centres plus récents, comme Kayes ou Bamako, on peut observer le même fait.

Remarquons en outre qu'une grande partie du temps des peuples primitifs est employée à des travaux que nos moyens mécaniques permettent d'accomplir beaucoup plus rapidement. Barth avait été frappé de voir que dans bien des régions où l'eau ne se trouve que dans des puits profonds de 30 à 100 mètres, la meilleure partie de l'activité des indigènes était absorbée par son extraction ; jour et nuit les indigènes, attelés à une corde, tirent les seaux nécessaires pour abreuver leurs nombreux troupeaux. Souvent aussi, pour des raisons de sécurité, les villages et, toujours, les campements de nomades sont loin des points d'eau ; à Achaouadden, par exemple, dans le sud de Damergou, pendant dix mois de l'année, il faut aller chercher l'eau à un puits situé à 7 kilomètres du village qui cependant est assez prospère.

J'ai pu suivre, il y a quelques années, chez les Habés de Bandiagara, le travail d'un tisserand ; dans sa journée, et sans qu'il perdît de temps, il faisait à peu près un mètre carré de cotonnade, sous forme d'une bande large de 10 centimètres et longue de 10 mètres. Le coton nécessaire, égréné à la main et filé à la quenouille par les femmes, représentait aussi de nombreuses heures de travail mal employées (2).

---

(1) A Dakar, un noir ne trouve pas de pension à moins de 15 francs par mois.

(2) A la fin du xviiie siècle, l'invention de l'égreneuse à scie pour le coton permit de remplacer, avec une seule machine, le travail de 360 personnes. Quelques années après, la fileuse et la tisseuse mécaniques causèrent une révolution analogue : ces trois machines réunies font le travail de 2.200 personnes, au grand profit du consommateur qui est, en somme, tout le monde.

Partout le pilonnage du riz ou du mil, la préparation de la farine entre deux pierres plates, absorbent le temps de nombreuses femmes.

Les moyens mécaniques et la division du travail qui existent en Europe nous font oublier toutes ces petites occupations qui sont pour les indigènes une nécessité vitale. Le regretté père de Foucauld me racontait que, dans les premiers mois de son installation dans l'Ahaggar, il avait songé à accroître le bien-être de ses voisins, en introduisant chez eux quelques-unes de nos pratiques ; les Touareg qui ont la même mentalité que nous et qui sont intelligents, comprenaient très bien l'avantage qu'ils auraient à suivre ces conseils, mais le temps leur manquait pour essayer et le père, malgré tout son désir de leur être utile, avait dû reconnaître que les perfectionnements qu'il leur suggérait ne seraient possibles, que le jour où l'introduction de nos outils et de nos machines les plus simples leur donnerait quelques loisirs (1).

Les transports sont aussi, pour les indigènes, encore une cause de perte de temps considérable ; sur le Niger comme en Indo-Chine, la petite batellerie emploie un nombre énorme d'individus pour un faible rendement ; c'est cependant, chez les primitifs, le meilleur mode de transport. Par voie de terre, les procédés sont encore plus défectueux ; souvent on a recours à des animaux porteurs (bœufs ou chameaux) dont la charge varie de 100 à 120 kilogrammes ; un homme ne peut guère en conduire que 5 ou 6. Parfois, dans les régions où règnent les maladies à trypanosomes, le portage à tête d'homme est seul possible. Un porteur fait une trentaine de kilomètres par jour avec une charge de 25 à 30 kilogrammes ; ce n'est que pour de courtes étapes qu'il peut augmenter le poids jusqu'à 50 et 60 kilogrammes. Vers 1900, il entrait à Tananarive environ 70.000 porteurs par an ; en 1901, l'ouverture de routes permit l'introduction de charrettes ; on ne compta plus que 40.000 porteurs avec leur charge et 8.600 avec des charrettes, dont la plupart à bras. Cet exemple vaut d'être précisé ; en janvier 1901, il est entré à Tananarive, par la route de Tamatave, 1 voiture et 4.230 porteurs ; en décembre, 603 voitures et 899 porteurs (2). Vingt mille hommes étaient ainsi rendus à la mise en valeur du sol.

Un chemin de fer médiocre, comme celui de Kayes au Niger, transporte 60 tonnes utiles et fait 30 kilomètres à l'heure ; il faudrait dix jours à 2.400 porteurs pour remplacer le travail d'un train pendant une journée. On comprend combien nos moindres expéditions ont causé d'abus : le portage était pratiqué occasionnellement par tous les noirs ou les malgaches ; pour nombre d'entre eux, il était le métier normal. Mais le trafic indigène était médiocre et une bonne part de la population restait disponible pour d'autres travaux. Nos colonnes et le ravitaillement des postes

---

(1) Les aiguilles sont encore rares au Sahara ; pour coudre, en leur absence, on perfore l'étoffe avec une épine d'acacia et l'on fait passer le fil dans le trou : le moindre ourlet prend des heures et il existe des vêtements brodés faits par ce procédé.

(2) P. MOT : *Transports terrestres*, in *Congrès de l'Afrique orientale*. (Paris, 1912, pp. 586-587.)

obligeaient à mobiliser des régions entières et troublaient profondément le pays. C'est un mal que la construction de routes et de voies ferrées et l'amélioration des voies navigables corrigent facilement et rapidement.

Une autre cause de la rareté de la main-d'œuvre tient à la faible densité de la population. Nous pouvons aussi agir, mais les résultats seront plus longs à obtenir. On est mal renseigné sur le taux d'accroissement des populations indigènes, les statistiques un peu précises sout en général trop récentes pour donner encore des indications sérieuses. Mais les vieillards sont rares, la mortalité infantile est considérable ; des épidémies contre lesquelles la science européenne n'est pas désarmée, font des ravages considérables. Comme tuteurs de nos sujets, nous devons, au point de vue humanitaire, nous efforcer de les délivrer de ces fléaux ; au point de vue économique, nous y trouverons par surcroît notre avantage.

La lutte est commencée et il importe d'indiquer rapidement quel effort a été accompli.

En Indo-Chine, le budget de l'assistance médicale était de 350.000 francs en 1900 ; il atteint 4 millions en 1913. En 1904, les établissements médicaux disposaient de 3.229 lits ; en 1913, de 5.849. En 1906, on a vacciné 700.000 indigènes ; en 1912, 1.100.000.

Nos soins sont bien accueillis comme le prouve le nombre des consultations qui ont passé de 230.000 en 1906 à 492.000 en 1912. Des résultats heureux ont déjà été obtenus : à Saïgon, la mortalité infantile est tombée de 27,2 0/0 en 1904 à 5,2 0/0 en 1912.

A Madagascar, le budget de l'assistance a plus que décuplé de 1900 (150.000 fr.) à 1911 (1.600.000 fr.) ; presque tous les indigènes (3 millions) sont dès maintenant vaccinés et la mortalité des enfants est en décroissance.

En Afrique occidentale, de 1905 à 1913, on a vacciné 5 millions de noirs, près de la moitié de la population ; dans la même période, le nombre des consultations est passé de 171.000 à 1.717.000 et le budget de 323.000 francs à 2.771.000 francs ; en dehors de ces dépenses régulières, près de 8 millions provenant des fonds d'emprunt, ont été employés à la construction d'hôpitaux et de dispensaires, et à divers travaux relatifs à l'hygiène.

Des mesures spéciales ont été prises partout contre le paludisme, la lèpre, la fièvre jaune, la maladie du sommeil, etc. (1).

L'œuvre est en bonne voie, mais ne peut donner qu'à la longue, dans une ou deux générations, son plein effet. Le succès est d'ailleurs assuré ; avec des méthodes moins bonnes que les méthodes actuelles, il a suffi d'un siècle aux Hollandais pour décupler la population de Java. Il ne nous sera pas nécessaire d'attendre aussi longtemps pour mettre mieux en valeur le sol de nos colonies.

---

(1) L'Afrique-Équatoriale française, la plus jeune de nos colonies, est entrée depuis quelques années dans la même voie.

L'amélioration des procédés de transport délivrera de plus en plus les indigènes du portage. L'introduction de procédés mécaniques permettra de mieux utiliser leur activité ; la machine à coudre est déjà assez répandue au Soudan tout au moins jusqu'à Tombouctou, chez les tailleurs noirs La navigation à vapeur, les chemins de fer et les automobiles emploient partout des indigènes ; l'expérience est largement faite que, sous la surveillance des Européens, les plus primitifs d'entre-eux, même les noirs, peuvent fournir des mécaniciens acceptables ; depuis quelques années, à Mopti, le riz est décortiqué à la machine et, à Ségou, il existe une petite usine pour égrener le coton ; au Dahomey et en Côte d'Ivoire, le concassage des amandes de palme se fait de plus en plus à la machine. Des progrès de même ordre se peuvent observer mieux encore à Madagascar et surtout en Indo-Chine où les populations sont à un stade d'évolution plus avancé.

On peut donc penser que la culture à la houe pourra dans certains cas tout au moins céder la place à la charrue et même à la motoculture.

Les travaux publics. — Dans l'organisation de nos colonies, les grands travaux publics ont une importance capitale ; il a déjà été fait beaucoup, mais il reste encore énormément à faire.

Ces grands travaux peuvent se classer sous trois chefs principaux : les irrigations, les transports et les ports.

Dans les pays tropicaux, l'année se partage habituellement en deux saisons : l'une sèche, à pluies rares et insuffisantes, l'autre humide, à pluies fréquentes et souvent surabondantes. A l'étiage, les fleuves sont très bas, leurs affluents souvent à sec, mais ils ont des crues importantes, souvent redoutables ; à son confluent avec la rivière Claire, le fleuve Rouge peut atteindre un débit de 30 à 35.000 mètres cubes ; celui du Rhône, dans ses plus fortes crues, n'a jamais dépassé 10.000 mètres cubes. Les travaux hydrauliques ont donc un double but, l'irrigation et l'assèchement.

Ces travaux, lorsqu'ils sont bien étudiés, sont largement rémunérateurs ; d'après le service des travaux publics, une dépense de 3.700.000 francs aurait amené, dans les rizières du delta du Tonkin (1), une plus-value annuelle de 17 millions dans le rendement des récoltes. Même si cette évaluation est trop optimiste, il reste une belle marge de bénéfices.

En Afrique occidentale, on a été long à se décider à entreprendre une semblable politique ; cependant depuis de longues années déjà, on connaissait la fertilité des terres inondées par les crues du Sénégal ; on savait aussi que le Niger déborde largement et que, entre Ségou et Tombouctou, des régions de lacs et de marigots s'étendent au loin à droite et à gauche du fleuve ; la zone où l'on peut songer à régulariser les apports du Niger couvre au moins 30.000 kilomètres carrés (fig. 4).

Pour le Sénégal, certains travaux sont achevés, notamment au lac de

---

(1) Au Tonkin, les travaux exécutés portent sur 1.300 kilomètres carrés ; les travaux projetés sur 900.

Guiers; pour le Niger, les études sont avancées et, sans la guerre, on en serait à la période d'exécution. Cette partie du Soudan se prête à de nombreuses cultures dont le coton est la plus importante pour nous.

Mentionnons encore que la plupart des fleuves coloniaux présentent des chutes et des rapides qui peuvent fournir des forces importantes. C'est un côté du problème hydraulique qui jusqu'à présent a été par trop négligé.

Pour les transports, les procédés indigènes sont extrêmement primitifs; l'étape journalière est d'une trentaine de kilomètres; un homme porte de 25 à 40 kilogrammes; un cheval ou un mulet, au Yunnan, 70 kilogrammes; un bœuf, de 100 à 150; dès que le tonnage est un peu considérable, on se heurte à une quasi-impossibilité.

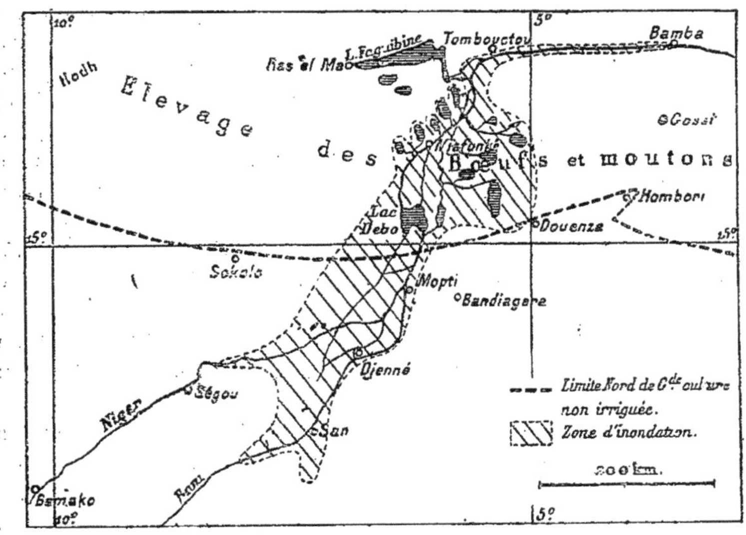

Fig. 4. — La zone d'inondation du Niger.

La construction de routes permettant l'emploi de voitures est déjà un progrès. Mais ces routes faciles à tenir en bon état pendant la saison sèche, sont rapidement dégradées pendant la saison des pluies, les réparations sont onéreuses, elles se prêtent mal à un roulage important; cependant l'usage de la charrette à bras, même de la brouette, est déjà un gros progrès.

L'emploi des automobiles tend à se répandre aux colonies et a permis déjà d'effectuer de beaux parcours. Même quelques services réguliers ont été organisés sur certaines routes, en Afrique occidentale et à Madagascar. Ils sont commodes pour les voyageurs et pour le courrier, mais pour les marchandises ordinaires ils sont trop coûteux; à Madagascar, avec un prix de 1 fr. 20 la tonne kilométrique, l'exploitation est fortement déficitaire ; c'est un mode d'entreprise qu'il faut considérer comme provisoirement nécessaire au développement de la colonie, mais dont l'avenir est limité.

Dans ces pays neufs, la construction de chemins de fer constitue la seule solution pratique des transports. Quelques-uns existent déjà (1).

A Madagascar, la voie ferrée de Brickaville à Madagascar (271 kilom.) permet d'atteindre facilement l'Imérina : en 1896, le transport d'une tonne par les moyens indigènes revenait à 1.200 francs de Tamatave à Tananarive ; depuis l'achèvement du chemin de fer (1910) et l'aménagement des lagunes (canal des Pangalanes), il est tombé à 150 francs. D'autres voies ferrées sont en construction ou en projet.

En Indo-Chine, au 1er janvier 1914, la longueur des lignes construites atteignait 2.056 kilomètres ; la plus longue d'entre elles, d'Haïphong à Yunnan-Fou, a 853 kilomètres, dont seulement 386 au Tonkin, jusqu'à Laokay, le reste dans le Yunnan, où elle nous ouvre un débouché important dans la Chine méridionale, auparavant tributaire de la Birmanie et de Siam. Une autre voie importante, non encore achevée, reliera Saïgon à Hanoï en suivant le littoral d'Annam. D'autres lignes sont projetées de Saïgon à Battambang, pour desservir le Cambodge, et de Quang-Tri à Savannaket, pour aborder le Laos.

Ces chemins de fer ont été coûteux : la ligne le meilleur marché, d'Hanoï à Vinh, est revenue à 134.000 francs le kilomètre ; la plus chère (Yunnan), à 350.000 francs ; cependant, grâce à leur trafic intense, leur coefficient d'exploitation est de 71,5 0/0 et leurs bénéfices annuels d'environ 3 millions. Les recettes nettes, par kilomètre, varient de 750 francs (Annam central) à 3.000 francs (Yunnan).

En Afrique occidentale, il existe actuellement 2.700 kilomètres de voies ferrées. Celle de Saint-Louis à Dakar (264 kilomètres) a été construite de 1882 à 1885 par une compagnie privée. Entrepris surtout dans un but stratégique, ce chemin de fer prévoyait une recette kilométrique brute de 1.500 francs, à peine suffisante pour couvrir les frais d'exploitation ; depuis 1900, cette recette se tient au voisinage de 12.000 francs et quinze années après son inauguration, la Compagnie a pu commencer le remboursement des avances faites par l'État. Ces beaux résultats tiennent au développement de la culture de l'arachide tout le long de la voie.

En Afrique équatoriale aucun chemin de fer n'existe encore, mais quelques tracés ont été étudiés (2).

Sans entrer dans de longs détails, les quelques exemples cités montrent quels résultats favorables ont obtenus les constructions de voies ferrées.

Pour toutes nos colonies il existe maintenant des projets d'ensemble permettant la mise en valeur de régions actuellement peu accessibles ; même la construction d'un chemin de fer transafricain, reliant l'Algérie

---

(1) H. PAULIN : *L'Outillage économique des colonies françaises.* (1 vol., Paris, 1914.)
(2) En France, il y a 48.000 kilomètres de voies ferrées ; l'Afrique entière, 47.000.

au Cap et se raccordant aux principales lignes africaines a été étudiée sur le terrain.

Il importe que la plupart de ces projets soient rapidement réalisés. La construction, pour le moment interrompue, ou à tout le moins très ralentie, pourra être poussée activement dès la cessation des hostilités ; comme on sait, le Ministère de l'Armement a passé à l'étranger de nombreuses commandes d'acier à obus ; une clause spéciale oblige les fournisseurs à transformer cet acier en acier pour rails, si, comme il est certain, la guerre cesse avant l'expiration du contrat. Il existera, de ce fait, à la fin des hostilités un stock considérable de rails, dont 200.000 tonnes sont réservées aux colonies, en plus de 5.000 kilomètres de voie Decauville. Les rails usités aux colonies pèsent en moyenne 25 kilogrammes au mètre courant, soit 50 tonnes au kilomètre, on pourra donc construire rapidement environ 4.000 kilomètres de voies nouvelles.

Aucun de nos grands fleuves coloniaux n'est navigable sur toute son étendue et les parties praticables ont une longueur très variable suivant la saison. Cependant la batellerie rend déjà de gros services.

A Madagascar, la Betsiboka est desservie par des chaloupes à vapeur jusqu'à Maevatanava (245 kilomètres) pendant les hautes eaux ; jusqu'à Marololo seulement (217 kilomètres) pendant les basses eaux. Les marchandises sont transportées à raison de 20 centimes la tonne kilométrique. Sur la côte orientale de l'île, de Tamatave à Mananjary (400 kilomètres), et même à Farafangana, existent une série de lagunes séparées par des isthmes de terre ferme (pangalanes) ; les travaux de percement de ces isthmes sont commencés et plusieurs centaines de kilomètres sont ouverts à la navigation.

En Cochinchine, le tonnage des jonques qui utilisent le delta du Mékong et les canaux (1), est d'environ 498.000 tonnes, le tonnage d'une jonque variant de 2 à 80 tonnes ; elles transportent annuellement 1.500.000 tonnes de paddy. La batellerie est moins développée au Cambodge et au Tonkin, bien qu'elle y soit encore importante.

Quant au Mékong, les pirogues ne peuvent atteindre Luang-Prabang qu'au moyen de plusieurs transbordements ; sur le fleuve Rouge, la navigation est vite arrêtée, même aux hautes eaux.

En Afrique occidentale, le Sénégal, pendant quelques semaines, est navigable pour les navires de mer (1.000 à 1.200 tonnes) jusqu'à Kayes (900 kilomètres) ; quelques autres rivières (Saloum, Casamance, Bandama) présentent des estuaires navigables.

Sur le Niger, le plus beau bief, de Koulikoro à Ansongo, mesure 1.400 kilomètres ; la flottille indigène est assez importante et quelques pirogues de Djenné peuvent porter jusqu'à 15 tonnes ; elles transportent les marchandises à raison de 3 centimes la tonne kilométrique. Il y existe aussi un service officiel qui possède quelques beaux vapeurs (Le *Mage*,

---

(1) 3.000 kilomètres de voies navigables.

100 HP. 30 mètres de long, 120 tonnes) et de nombreux chalands, dont plusieurs de 50 tonnes. Les maisons de commerce possèdent aussi quelques remorqueurs.

Le long du littoral du golfe de Guinée, en Côte d'Ivoire et au Dahomey, se trouvent, comme à Madagascar, des lagunes côtières ; quelques canaux ont déjà été faits pour les relier entre elles.

Mais il reste beaucoup à faire pour améliorer la navigation intérieure en Afrique occidentale et aussi en Afrique équatoriale. Dans ces deux colonies, les principaux fleuves ont été étudiés par des spécialistes et l'on sait maintenant qu'on peut les utiliser largement.

Nos ports coloniaux sont en général insuffisants ; seul Dakar possède un outillage moderne. C'est là une grave lacune qu'il serait utile de combler au plus vite ; il en résulte des transbordements et des pertes de temps qui ne peuvent qu'entraver le commerce colonial.

De nombreux projets ont été étudiés ; la plupart n'intéressent que la colonie qu'ils sont appelés à desservir, c'est le cas de la Côte d'Ivoire où l'embarquement des bois présente encore de grosses difficultés.

D'autres projets ont en vue la navigation mondiale : depuis l'ouverture du canal de Panama, Tahiti se trouve sur la route d'Europe en Australie, il est question d'y installer un grand port de charbonnage.

Le rapide developpement des exportations coloniales, qui ne peut que s'accroître encore, montre combien il est nécessaire d'agir ; à Madagascar, les exportations sont passées de 3.600.000 francs en 1896 à 45.400.000 francs en 1910 ; en Indo-Chine, la moyenne des exportations 1893-97 était de 97.500.000 francs ; elle est passée à 221.000.000 francs (1908-1912), en Afrique occidentale de 31.800.000 francs en 1895 à 116.400.000 francs en 1915. La plupart des matières exportées sont encombrantes : pour Madagascar, en 1910, les peaux brutes représentent 9 millions ; le raphia, 2,8 ; les écorces à tan 2,7 millions (1). En Indo-Chine, l'exportation du riz dépasse chaque année un million de tonnes ; l'arachide représente 47 0/0 (en 1913) des exportations de l'Afrique occidentale, 70 0/0 de celles du Sénégal. Les matières riches qui peuvent supporter des frais élevés sont l'exception ; on ne peut guère citer que le caoutchouc, et pour la Guyane et Madagascar, l'or.

Un outillage moderne n'est coûteux qu'en apparence. Dans nos colonies l'intensité du trafic suffit pour en justifier la dépense.

Malgré sa grande importance, je laisse de côté la question des transports maritimes. Beaucoup de nos colonies sont mal desservies, et l'on sait quel est l'état médiocre de notre marine marchande. C'est un sujet que l'on ne peut pas traiter en quelques lignes.

L'industrie. — Le développement de l'industrie aux colonies se présente sous plusieurs aspects ; les industriels européens, craignant la concurrence

---

(1) Caoutchouc, 9.400.000 francs ; or, 9 millions.

lui sont opposés ; cette opposition n'est pas entièrement justifiée, des colonies où l'indigène s'enrichit étant de meilleures clientes que celles ou il reste pauvre.

Il y a, à coup sûr, intérêt pour tout le monde à développer, dans nos possessions lointaines, les industries de première transformation ; il est certainement absurde, par exemple, de transporter de Rufisque à Bordeaux les arachides avec leurs coques qui représentent un poids notable de matières encombrantes et parfaitement inutiles.

Le transport des viandes frigorifiées ou des conserves dont la préparation exige déjà une sérieuse installation, est bien préférable au transport du bétail sur pied qui a causé de graves mécomptes.

Dans certains cas mêmes, le développement d'industries à forme franchement européenne semble désirable ; dans le delta du Tonkin, la main-d'œuvre est abondante (300 hommes au kilomètre carré) et assez habile ; la houille est à pied-d'œuvre et le client tout proche ; la Chine, avec ses 350 millions d'habitants, achète en France pour 13.600.000 francs de marchandises ; elle nous en vend pour 197 millions.

C'est que la France est concurrencée par l'Inde dont les produits à bas prix (cotonnades, etc.) sont difficiles à obtenir en Europe. Le Tonkin paraît bien placé pour prendre, avec l'aide des capitaux et des techniciens français, une part très importante dans le commerce de la Chine.

Les Banques. — Dans l'organisation du commerce et des entreprises coloniales, les questions de banque et de crédit jouent un rôle important. Mon incompétence m'oblige à être bref sur ce sujet.

Les quatre-vingt dix jours usuels dans les affaires européennes deviennent un délai trop court pour les relations extérieures. Le crédit à long terme semble exiger la création d'un organisme spécial pour lequel diverses modalités ont été proposées (1). La chose existe à Londres ; il n'y a aucune raison pour qu'elle soit irréalisable en France.

Quelques-unes de nos colonies ont des banques à qui le privilège régalien de l'émission a été concédé. Ces banques font des affaires excellentes : depuis 1896 jusqu'à 1912, la moyenne des dividendes distribués par la banque de l'Indo-Chine a été de 22 0/0 ; ses réserves (65 millions) représentent plus de cinq fois le capital versé. La banque de l'Afrique occidentale qui a remplacé, en 1901, la vieille banque du Sénégal, fondée en 1855, est plus modeste ; de 1902 à 1909, ses dividendes ont été de 6 0/0 ; de 1910 à 1913, ils sont passés de 8 à 12 0/0. Ses réserves (4 millions) atteignent près de trois fois le capital versé.

Les actionnaires en sont heureux, mais les colons sont moins satisfaits ; on reproche à ces banques de ne pas s'intéresser aux entreprises locales, particulièrement aux opérations agricoles ; on trouve aussi leur intervention très onéreuse, surtout en matière d'échange de monnaies. Leur

---

(1) Voir *Société de Géographie commerciale de Paris*, xxxviii, oct.-déc. 1916, p. 517-612

privilège expire dans quelques années et il est probable que, au moment
du renouvellement on leur imposera quelques conditions plus favorables (1) au développement économique des colonies, ce qui est en somme
le but pour lequel elles ont été créées.

La douane. — Il faut dire aussi un mot des questions douanières. Les
exportations de nos colonies, si l'on met à part l'Afrique du Nord, allaient
pour plus de moitié (58 0/0) à l'étranger.

Cette situation fâcheuse a des causes multiples, mais est due pour une
bonne part à des droits de douanes maladroitement établis. Pour éviter
que pareille erreur puisse se perpétuer, toutes les colonies sont d'accord
pour demander une certaine liberté commerciale, une sorte d'autonomie
douanière, leur permettant dans l'établissement des tarifs, de tenir compte
à tout le moins des nécessités géographiques, que la métropole perd trop
souvent de vue. Elles désirent aussi qu'aucun tarif de douane ne soit dirigé
contre elles, comme il en existe malheureusement quelques-uns.

CONCLUSIONS. — Il est à souhaiter que, pour restreindre les sorties de
numéraire de France, et rester maîtres de notre marché, nous tirions de
nos colonies la plus grande quantité de matières premières possible, sans
toutefois retomber dans l'absolutisme et les erreurs du « pacte colonial ».

L'examen rapide qui a été fait de nos productions coloniales montre que
pour quelques minerais et que pour un grand nombre de produits de
l'agriculture, de l'élevage et des forêts la chose est possible.

Bien des questions sont encore à l'étude, et la plupart des échecs subis
par des colons tiennent à des essais prématurés : il est à souhaiter que
l'organisation scientifique de nos colonies soit développée et que les services
techniques mieux organisés disposent de budgets plus larges, de façon à
éviter aux colons de se lancer dans l'inconnu.

La question la plus délicate est sans doute celle de la main-d'œuvre ; le
développement du machinisme, même réduit à ses formes les plus simples
(charrette à bras, concassage mécanique des amandes de palme, etc.) et
des travaux publics (routes, chemins de fer, irrigations) peut libérer en quelques années un grand nombre d'indigènes de travaux à faible rendement,
portage, pilonnage du mil, tirage de l'eau, etc.). « Nous serions véritablement trop privilégiés s'il nous était donné de pouvoir faire de Madagascar
une colonie prospère sans nous donner la peine qu'ont dû se donner
ailleurs les hommes de tous les temps et de tous les pays » (2). Cette
remarque, faite à propos des irrigations de Madagascar, peut s'appliquer à
la plupart des questions coloniales.

---

(1) *Congrès de l'Afrique orientale*, Paris, 1912. Agriculture. Rapport par H. JUMELLE,
p. 466.

(2) La colonie aurait une participation aux bénéfices de la Banque.

Pour faire vite, il faut des capitaux : une enquête récente a établi que les sommes perdues en ces dernières années par l'épargne française dans des placements à l'étranger se montaient à 13 milliards ; une fraction de cette somme suffirait pour mettre bien des choses au point dans nos colonies, qui, au point de vue financier, présentent au moins autant de sécurité que certains pays étrangers. Nos établissements de crédit devront modifier leur politique et mieux conseiller l'épargne française, et chacun de nous d'ailleurs, libre de placer ses économies comme il l'entend, devra mieux se renseigner et comprendre qu'il est préférable d'accroître la puissance économique de notre empire plutôt que celle de nos rivaux.

M. A. FAUVEL,

Avoué à la Cour d'Appel d'Amiens.

L'ITALIE DU NORD. — LA TERRE. — LES HOMMES.

Les maris, les fils, les fiancés de plus d'une d'entre vous, Mesdames, ont franchi les Alpes et combattent maintenant sur le front italien ; vous plaît-il de les suivre et parcourir avec eux la vallée du Pô ? Bien banal à première vue est le sujet que va traiter devant vous un conférencier qui n'a rien du critique d'art ni du savant ; qui de vous n'a parcouru les lacs italiens et ne s'est attardé dans les galeries de la Brera ? Si vous le voulez bien, et dussiez-vous me traiter de barbare, nous ne nous occuperons guère d'art dans la patrie du Beau, nous bornant à regarder droit devant nous, à étudier dans les marchés, dans les rues, aux champs, à l'atelier, un peuple peu connu chez nous, ou qui, pis, est méconnu, méprisé même parfois, qui certes n'est pas sans défaut, mais chez lequel nous pourrions chercher plus d'un bon exemple. La vie d'un peuple, tableau et drame vivants qui se déroulent à tout instant sous nos regards, nous intéresse autant pour le moins que les toiles de grands maîtres. Je vais tracer sous vos yeux des scènes de la vie populaire, vous parler des grands et des petits, des princes, des savants, des paysans, des ouvriers, « *de omni re scibili et de quibusdam aliis* » comme feu Pic de la Mirandole. Et si, quand nous nous quitterons, un critique peu bienveillant, blâme le pêle-mêle et l'absence de plan de ma causerie, j'accepterai bien volontiers son reproche : l'Italie du Nord n'est-elle pas la patrie d'Arlequin au vêtement bariolé ?

En quoi un Italien diffère-t-il d'un Allemand ? en quoi un Latin diffère-t-il d'un Boche ? La gravure ci-contre nous le révèle. Entre des baïonnettes autrichiennes, un Italien, prisonnier de guerre, s'avance tête nue, le regard ferme, il marche au supplice (1). Fièrement, il se dresse entre ses bourreaux et dans ses yeux vous pouvez lire l'espérance. Commandant l'escorte, un officier autrichien aux joues bien remplies, à la figure vulgaire, au ventre très proéminent ; chez l'Ita-

Fig. 1.

lien, la tête, l'organe de la pensée, attire immédiatement le regard ; chez l'Allemand, c'est la panse... Et cela s'explique : chez le Boche, disait il y a un an dans cette même salle, devant le même public, un de mes illustres devanciers, l'intestin mesure trois mètres de plus que chez le Latin, à taille égale ! A cet organe dominant il faut un aliment proportionnel ; il ne tolère pas la restriction. Malheur à ses

(1) Battisti, italien de race, de langue et de cœur, député de Trente au Parlement autrichien, avait, avant la guerre austro-italienne, pris du service sous les drapeaux de sa patrie d'adoption. Fait prisonnier, il fut condamné au gibet.

voisins si la table n'est pas très bien garnie : témoin le simple soldat, armé du fusil, qui, réduit à la portion congrue, s'avance, maigre comme un clou, auprès de l'officier. Laissons-leur la suprématie incontestée du bas-ventre : nous avons pour nous, Latins que nous sommes, la cervelle.

A grands traits, par quelques mots topiques, que je vous peigne d'abord la caractéristique de l'Italien en général : une finesse, une subtilité d'esprit, une sveltesse de pensée, une vivacité d'intelligence que l'on ne rencontre guère chez les graves peuples du Nord.

Au temps des rois de Naples, il y a quelque quatre-vingts ans, alors que des régiments suisses servaient encore les souverains des Deux-Siciles, un officier natif d'Altorf ou de Schwytz, retour de permission, saute du gros navire qui le ramène de Gênes dans la petite barque napolitaine qui le conduira au rivage de la Chiaïa où il va accoster. « Eh bien, dit-il, hautain, au barcaïolo qui arrime ses bagages, y a-t-il encore autant d'imbéciles à Naples ? » — « Il en arrive tous les jours, Excellence », répond avec un malin sourire le nautonnier.

Reportons-nous à quatre siècles en arrière : au temps de la Renaissance, à Rome, les courtisanes étaient frappées d'un impôt dont le produit servait à tracer de nouvelles voies. L'une d'elles, dans tout l'éclat de sa jeunesse et de sa beauté, chemine au milieu d'une rue tout récemment ouverte ; en sens inverse, gardant aussi le « haut du pavé », comme on disait au grand siècle, une de ses aînées, assagie parce qu'elle a dépassé la trentaine, plus sobre de mise, mais plus altière ; hautaine, elle s'arrête, toise du regard la jeune femme, qui s'efface, et respectueusement railleuse : « Gardez le haut du chemin, madame, il vous appartient plus qu'à moi ! ». Où diantre l'esprit va-t-il se nicher ?

Un beau matin, cheminant par les rues populaires de Florence, le dominicain Sertilanges demande sa route à un passant, modeste ouvrier qui porte sur ses bras un bambino aux yeux brillants, aux boucles noires : « Dieu ! le bel enfant », s'écrie-t-il. — « Ah, venez donc voir les autres, ma petite Marietta, et Giovanni qui va partir à l'école. » Et l'homme du peuple d'insister familièrement... « Là-bas, écrit le prêtre, on se fait un ami en demandant son chemin. »

Cette subtilité de pensée et d'expression, seuls, les Italiens, les Français, les Espagnols, qui boivent le bon vin du bon Dieu, qu'éclaire et qu'illumine un clair soleil, seuls, les Latins la peuvent atteindre ; la fine raillerie, nous la suçons avec le lait maternel. « Mon Georges, si j'ai de l'esprit, disait Michel-Ange à Vasari, je le dois à la subtilité de l'air de nos montagnes. »

L'Italien jette un rayon de soleil, un souffle poétique sur les plus tristes pensées. « Quand je serai mort, disait à ses fils un habitant de Trieste qui sentait sa fin toute proche, vous placerez une dalle sur ma tombe, et quand Trieste sera devenue italienne, quand le drapeau tricolore, notre drapeau, flottera sur notre ville, libre enfin du joug abhorré, frappez trois coups de marteau, bien fort, sur la dalle ; je comprendrai... et j'attends ! » Parole théâtrale d'un homme du peuple ; mais est-il vœu plus sublime d'un mourant?

Et ce n'est pas dans le monde des lettrés et des délicats : c'est parmi les matelots, les paysans, les ouvriers italiens que j'ai choisi mes exemples. Avec cela, le plus courtois des hommes: « au demeurant, le meilleur fils du monde ! »

C'est un *tenace* que l'ouvrier italien : tantôt, je vous dirai la lutte du Piémontais et du Lombard pour créer, pied par pied, pour conquérir la terre qu'il cultive ; tout à l'heure je vous peindrai l'effort gigantesque qu'il déploie aujourd'hui pour développer l'industrie naissante de sa patrie. C'est un *économe* en même temps : témoin les constants et si importants dépôts qu'il effectuait avant la guerre dans les caisses d'épargne et dans les banques populaires ; témoin aussi les centaines de millions, un demi-milliard d'après les statistiques, que chaque année les émigrants italiens envoyaient à leurs parents, demeurés dans la mère patrie. Toutes ces qualités sont certes aussi les nôtres ; mais, plus que son frère de France, l'Italien est relativement sobre. Rarement il s'attarde au cabaret, au retour du travail, mais regagne tout droit son foyer ; s'il quitte sa famille, le soir ou le dimanche, c'est pour aller faire une partie de boules, qu'il ne manque pas d'arroser de quelques verres d'un vin épais, pur et généreux. Son ivresse, assez rare, n'a pas la lourdeur de celle que donnent l'eau-de-vie et l'absinthe.

Mais sa caractéristique par excellence, c'est sa « fratellanza », sa fraternité envers les camarades, ensemble la tendance qu'il a à s'associer avec eux : très nombreuses étaient au moyen âge et non moins nombreuses ni moins florissantes sont aujourd'hui les confréries religieuses de secours mutuels : des legs n'ont cessé d'en accroître les revenus, et Florence, la Toscane et Naples sont au nombre des régions et des villes, non seulement où la misère est la plus secourue, mais où les confrères, riches et pauvres, groupés sous une même bannière, se secourent le mieux entre eux.

De nos jours, ces groupements de secours mutuels se sont multipliés sous d'autres formes : les banques populaires, les banques agricoles, peu nombreuses en France, sont innombrables en Italie : voulez-vous avoir quelque idée des bienfaits des premières ? Etudions ensemble leur fonctionnement. Un jeune homme de 17 ou 18 ans prélève chaque semaine un franc sur son salaire et le verse à la Banque ; au retour du régiment et jusqu'à son mariage, il continue ses versements ; ainsi, au moment de son entrée en ménage, il sera créancier de 150 ou 200 francs : *il a fait preuve d'économie* ; la banque alors double ou triple sa mise, et mettra à sa disposition 400, 500 ou 600 francs qui lui permettront d'acquérir du mobilier, et qu'il remboursera par la suite. Elle a fait de son pupille un mutuelliste et un ouvrier économe ; elle a d'autre part facilité et hâté son entrée en ménage, pour le plus grand profit et la plus grande force de sa patrie et de sa race. — De même au petit cultivateur qui offre des garanties morales la banque agricole consentira des avances pour l'achat des semences et des engrais, avances qu'il remboursera à la récolte ; faute de quoi, tout nouveau crédit lui sera refusé. — Tout esprit de lucre est banni de ces institutions, tantôt confessionnelles et tantôt formées en dehors de toute idée religieuse ; quelques citoyens dans l'aisance font l'avance des premiers fonds de roulement, qui ne sont jamais élevés, les prêts étant toujours modiques. Je dois dire que la confiance accordée ainsi aux ouvriers et aux paysans n'est pas souvent trompée, que les pertes de ce chef ne sont pas considérables et que les « kracks », lorsqu'il s'en produit, — et il y en eut de retentissants, de scandaleux même, — n'ont pas d'ordinaire d'autre cause... que l'infidélité des caissiers et dépositaires des fonds sociaux.

Fort ingénieuse, n'est-il pas vrai, cette manière de faire le bien ! L'Italie est par excellence le pays de la *Fratellanza* et de la *Combinazione*, deux mots qui se heurtent, deux sentiments qu'il est étrange de rencontrer assemblés, l'un qui dépeint la grandeur d'âme, l'autre, une ingéniosité qui n'a rien de très noble d'ordinaire. L'Italien, de ce dernier, fait un si bel usage, à l'occasion, qu'il a su l'anoblir.

Fratellanza ! Combinazione ! Megalomania ! que je vous dise, en deux exemples empruntés au très prosaïque monde de la finance, les magnifiques œuvres accomplies par delà les Alpes par ces trois sentiments :

Vers 1800, descendu de je ne sais quelle montagne du Latium ou de la Sabine, le cicerone Torlonia guidait les étrangers, — nos officiers, Stendhal, Paul-Louis Courrier peut-être, — parmi les ruines et les monuments de la Rome antique et de la Rome des papes, qu'il connaissait d'ailleurs fort bien, encore qu'il fût peu lettré. Après quelques années de ces peu rémunératrices et fatigantes fonctions, il entre chez un banquier, est vite remarqué par son patron pour l'ingéniosité de son esprit et l'habileté avec laquelle il tire parti de situations délicates ou désespérées, devient banquier lui-même, prête aux papes et aux grands et fait fortune. Ses fils lui succèdent. Archéologues et banquiers à la fois, comme l'avait été leur père, ils étudient et lancent dans leur clientèle une opération d'un grand intérêt historique et économique : *le desséchement du lac Fucin !* Sans émissaire, sans communication avec le dehors, — n'ayant d'autre exutoire pour ses eaux que l'évaporation, — profond de 25 mètres seulement lors des années de sécheresse, de 40 ou 45 mètres aux années pluvieuses, — le lac Fucin, long de 10 kilomètres, large de 6 (dimensions minima), créait un foyer pestilentiel dans une large zone autour de ses rivages. La *malaria,* la fièvre paludéenne y exerçait, autant que dans les marais Pontins, les plus terribles ravages. L'empereur Claude, dix-huit siècles auaparavant, avait percé un tunnel, un émissaire en plein roc, pour en assurer le dessèchement ; trente mille esclaves avaient travaillé pendant de longues années à le creuser. Mal entretenu au cours de la période des invasions, l'émissaire s'était obstrué ; la banque Torlonia crée une société pour le réouvrir et rendre salubre et cultivable le sol que recouvrent les eaux, ensemble la zone qui les entoure. — L'œuvre était fort belle.— Mais peu après sa création, la société périclita ; on reconnut que le tunnel, l'émissaire percé par les Romains, était supérieur de quelques mètres au fond du lac, dont il n'avait assuré jadis et ne pouvait assurer désormais qu'un dessèchement partiel, et qu'il n'assainirait pas, ne drainerait pas complètement toute la région. — Pour illustrer son nom, le rendre fameux à l'égal de celui des Calonne et des Borghèse, pris d'une mégalomanie du meilleur aloi parce qu'elle était mêlée d'un sentiment de très noble fraternité, l'un des frères reprit l'affaire pour son compte personnel, et, approfondissant de plusieurs mètres le tunnel creusé jadis par Claude, il fit à grands frais sauter à la mine le rocher, et assura le dessèchement complet et le drainage absolu du fond de l'ancien lac, rendant à la culture quarante mille hectares de terre, jadis recouverte par les eaux ou malsaine à l'égal des marais Pontins, aujourd'hui très riche et très féconde. Où nageaient les poissons, croissent aujourd'hui le froment, le maïs, la betterave, les fourrages, les peupliers ; où le pêcheur jetait ses filets, s'élèvent fermes modèles et sucreries. Et ce n'est pas tout : les eaux qui sortent du tunnel, de l'émissaire, qui, jadis, bondissaient, en cascades successives et en torrents fougueux de trois cents mètres de hauteur jusqu'au fond de la vallée du Liro, rivière qu'elles grossissaient, captées maintenant, descendent dans d'énormes tuyaux de fonte et font mouvoir des turbines, produisant la force électrique qui va porter au loin la lumière et fait mouvoir, dans les fermes, machines à battre le blé, coupe-racines, pompes d'alimentation, etc.

Le prince Torlonia (les papes avaient anobli la famille du vieux cicerone) a-t-il tiré quelque profit de cet immense travail en revendant à grand prix les terrains desséchés à grands frais ? Il est permis d'en douter : du moins, et ce fut son ambition, a-t-il fait sa patrie plus grande et plus saine, et son nom plus illustre. Le dessèchement du lac Fucin fut l'un des plus grands travaux du xixe siècle, et l'un des moins connus.

C'est aussi à la «fratellanza» d'un banquier que le port de Gênes — et la région qui l'avoisine — doit sa résurrection, son renouveau, sa splendeur actuelle.

« Comment ferai-je plus grande et plus heureuse ma cité de Gênes,
berceau des miens, mon berceau et comment rendrai-je plus illustre
mon nom ? », se dit un jour le duc de Galliera, fils de banquiers gênois
et banquier lui-même. « C'est peu d'y secourir la misère : empêchons-
« la de naître. Redonnons au port de Gênes sa vie, son activité d'autre-
« fois ; donnons, assurons aux ouvriers un gros salaire. » Certain
que sa générosité ne serait pas isolée et entraînerait les subventions
de la ville de Gênes, des provinces et chambres de commerce intéressées et de l'Etat italien, il fait don à sa ville natale de vingt millions pour améliorer son port. L'exemple produisit son fruit. Par son
testament, la duchesse de Galliera, — la bienfaitrice de la ville de
Paris, — lègue dans le même but, à sa mort, une somme plus forte
encore. Du fait de ces largesses, le port de Gênes, heureux rival de
celui de Marseille, assure aux plaines lombardes et piémontaises, à
la Suisse même, unies par le Simplon et le Saint-Gothard, un débouché
pour leurs produits, un accès des plus aisés pour leurs importations,
un outillage de tout premier ordre pour leur développement économique. Et ce n'est pas tout : la fée électrique, ici encore, a parachevé
l'œuvre des philanthropes ; captées dans les montagnes du voisinage,
les eaux sauvages des torrents font mouvoir des turbines, créent de
très puissantes forces motrices, et non seulement permettent de
multiplier les usines sur toute la côte ligurienne, mais aussi d'élever
au-dessus des monts les cargaisons débarquées des navires et de leur
faire franchir les Alpes qui séparent Gênes des plaines voisines.

Je ne puis non plus passer sous silence l'immense aqueduc, autrement puissant que ceux des Romains, qu'on construit de nos jours,
dont une large section était presque terminée lors de la déclaration
de guerre : il doit amener, en énormes quantités, pour les bêtes et
les gens, et même pour l'arrosage, l'eau dans deux ou trois cents villages de l'Italie du Sud ; là, faute d'elle, on ne peut entretenir de
bétail ; là, chargé d'impôts, chassé par la misère et souvent par la
malaria, le paysan quitte la terre natale et s'embarque pour l'Amérique ; là sévit « l'émigration de la faim ». L'Italie du Nord et du
Centre ont prêté leur crédit et leurs capitaux pour donner à boire
et procurer quelque bien-être à deux millions de méridionaux (car
les villages, purement agricoles, en Basilicate et en Calabre, comptent
jusque 8.000 et 10.000 habitants), les retenir au foyer, dans la mère
patrie, leur éviter l'exil et la misère. L'aqueduc de l'Italie du Sud,
l'un des grands travaux de notre époque est, hélas ! à peu près ignoré,
inconnu chez nous, comme le très bienfaisant dessèchement du lac
Fucin ; — grandes, magnifiques œuvres d'assistance sociale, cependant, que ces immenses et peu retentissants travaux publics, inspirés,
au delà des Alpes, par une mégalomanie doublée de *fratellanza*.

Avez-vous remarqué combien facilement le christianisme s'est implanté, a pris racine en Italie, la terre où il fut le plus persécuté et où la moisson fut la plus féconde? C'est que nulle terre n'était plus apte, mieux appropriée à recevoir la doctrine de ceux qui, comme les apôtres Pierre et Paul, prêchaient et pratiquaient la maxime chrétienne : « Aimez-vous les uns les autres ! »

Si je vous entretenais des Italiennes?

Dans les Romagnes, quand une fillette vient au monde, on la lave dans l'eau tiède mélangée de blanc d'œuf ; cette lessive lui éclaircira le teint ; puis on lui fait avaler, si elle y consent, une petite cuillerée de pomme cuite qui la purgera des vers (ni blanc d'œuf ni pomme cuite pour les petits garçons...). La garde ou la sage-femme la porte au baptême dans une sorte de moïse qu'elle place sur un coussin, en équilibre sur sa tête. La fillette est devenue une jeune fille de quinze ans ; on est précoce dans les pays méridionaux ; c'est l'âge du mariage pour elle. Maintenant, dans presque toutes les villes, des fondations religieuses assurent de petites dots aux jeunes filles pauvres qui, par leur bonne conduite, s'en montrent dignes ; elles peuvent ainsi entrer en ménage ; telles nos rosières. Jadis, en Vénétie, dans le voisinage d'Héréclée et de Padoue, l'État, la société, se chargeait d'assurer le mariage de *toutes* les jeunes filles. Voici comment il s'y prenait. (Je cite cette coutume, moins pour vous égayer que pour vous faire connaître jusqu'à quel point la «combinazione », dans des cervelles italiennes, peut mener aux solutions pratiques des questions sociales.) On assemblait en un même endroit, chaque année, toutes les jeunes filles de la région ; on les mettait aux enchères ; aux plus riches les plus jolies. — Et les autres, me direz-vous, celles pour lesquelles aucune somme n'était offerte? — C'est ici qu'intervient la bienfaisante « combinazione »; le montant des enchères n'était remis ni au Trésor public ni aux parents de la mariée, ni à celle-ci; il était réuni en une masse, dont on partageait inégalement l'importance entre les délaissées ; aux moins jolies, la plus grosse part ; jamais elles ne coiffaient sainte Catherine ; les espèces bien sonnantes leur valaient toujours quelques amoureux. — Et elles vivaient heureuses et avaient beaucoup d'enfants ! Bien spécialement dédié à nos législateurs, si soucieux d'arrêter la dépopulation.

Est-il coutumes plus gracieuses que celles des fiançailles et des mariages en Italie? Beppo veut-il faire connaître à Laura son amour? Au premier mai, comme le soupirant français, il plantera un bouquet à la porte de la belle; mais il ne gardera pas l'anonymat : pour dévoiler son nom il réunira par une traînée de sciure de bois la demeure de la jeune fille à la sienne ; c'est le « trait d'union ». Si le premier mai lui semble trop éloigné, il taillera un siège dans un bloc de bois, ira le porter au seuil de la maison de la jeune fille ; à la partie inférieure du siège il écrira son nom ; est-il admis comme soupirant? La jeune fille rentre le siège et l'installe près du sien. Beppo pourra désormais venir passer la soirée auprès d'elle. Est-il dédaigné? le siège restera dehors : libre à l'amoureux éconduit de le porter ailleurs.

Au jour des fiançailles, le jeune homme offre à sa promise, non seulement un anneau ou des boucles d'oreilles, travail souvent très artistique d'un ouvrier du pays, mais aussi, dans mainte région, un fuseau délicatement sculpté, ou un busc de corset (stecca di busco), ornementé de fleurs, d'oiseaux, de personnages gravés en creux ; elle le portera désormais ; il sentira battre son cœur. En retour, elle façonne

FIG. 2.

et offre à son bien-aimé un tricot qu'elle-même a porté pendant trois jours. Gracieux, charmant symbole de l'intimité conjugale.

Vient le jour des noces ; le fiancé frappe à la porte de la demeure de la jeune fille : « N'y a-t-il pas ici une charmante petite colombe? je l'emmènerai volontiers. » Sur ce, jeunes et vieilles de passer tour à tour la main droite par la porte entrebâillée. « Est-ce moi, est-ce moi, dites? Non, non pas ! » de répondre le jeune homme jusqu'à ce qu'il ait reconnu la main de sa bien-aimée. « Venez, petite colombe », s'écrie-t-il alors, et le cortège se forme au son de la fusillade.

Au retour de l'église, la jeune femme, devançant le cortège, frappe seule à la porte de la maison où avec la famille de son mari, avec sa belle-mère ! elle va habiter. « Pan, pan, qu'est-ce?, répond la belle-

mère. « C'est moi qui serai votre fille, la femme de votre fils Beppo. »
« Ah ! s'écrie la vieille, feignant la surprise ; que savez-vous faire?
Savez-vous coudre? — De mon mieux !— Tenir le ménage, faire la cui-
sine? — Maman me l'a appris. — Élever des enfants? — J'ai dorloté
mes petits frères et vous m'apprendrez. — Entrez, entrez, ma fille, bienvenue qui vient au nom du Seigneur et de la Madone. » La porte

FIG. 3.

s'ouvre, on s'embrasse sur le seuil... Sur le seuil, la jeune femme
trouve un balai, un seau ; elle fait mine de laver les marches, puis
dans la chambre nuptiale elle trouve un tablier, le revêt, et se joint
aux autres femmes pour préparer le repas. Jour de noces est jour de
travail pour elle, comme pour toutes.

Je ne présenterai pas les paysannes, les femmes du peuple en Italie,
comme d'excellentes ménagères ; très loquaces, elles passent en bavar-
dages un temps qu'elles pourraient employer tout autrement ; amou-
reuses du clinquant, des bijoux, des couleurs voyantes (qui les en
blâmerait? les Françaises ne sont-elles pas aussi coquettes que jolies?)
elles demandent souvent à la loterie (il y a des loteries officielles
chaque semaine, en Italie) des ressources pour satisfaire cette fantaisie ; mais ce serait injustice que de contester leur opiniâtreté aux
travaux les plus durs ; des femmes servent de manœuvres aux maçons

dans maintes régions ; ce sont des femmes — et c'est le sujet d'un très beau tableau de Sain, naguère au Luxembourg, — qui transportent sur la tête ou sur l'épaule les matériaux extraits du sol à Pompéi et qui les passent au crible ; souvent on les voit, attelées par paire ou par trois à une charrette, transportant de lourdes charges ; elles sont énergiques, et, durant la guerre présente, témoin la gravure ci-jointe, n'ayant pu prendre le fusil pour combattre l'Autrichien, elles se sont faites pionniers, creusant les tranchées et façonnant les gabions et les fascines.

Elles ont d'ailleurs de qui tenir : vous souvient-il du très beau, très noble récit de Montluc, qui commandait les troupes françaises et toscanes, comme gouverneur de la place, au siège de Vienne? Les dames, raconte-t-il, allaient chaque jour à la tranchée; elles avaient formé trois batailles (bataillons) qui se réunissaient et se relevaient à tour de rôle ; chaque bataille portait des vêtements d'une couleur différente ; et, la pelle ou la pioche sur l'épaule, elles allaient ensemble et en colonne au travail, chantant en chœur un chant composé pour elles : «Et je donnerais, dit le vieux chroniqueur, le plus beau cheval que j'aie jamais monté de ma vie pour me rappeler et vous dire leur chanson guerrière. » Il en fut même qui revêtirent la cuirasse et coiffèrent le casque, prenant la garde pour accorder un peu de repos à leurs frères et à leurs maris.

De vieille date, nombre d'Italiennes ont concouru, les armes à la main, à la défense du sol ; à Brescia, vers le IXe siècle, une force de trois cents femmes prend part à la défense de la place ; une trentaine de gênoises, la plupart de haute lignée, se sont enrôlées pour la croisade sous Boniface VIII ; Pise a eu sa Jeanne Hachette ; enfin, au temps des invasions, les cordes pour bander les arcs faisant défaut au siège d'Héraclée, les femmes coupèrent leurs chevelures et les offrirent aux défenseurs. Pour commémorer cet acte, on frappa une médaille : à l'exergue, un gracieux profil de femme, à la tête entièrement rasée ; pour toute légende, ces seuls mots : « A Vénus chauve !.» Et de nos jours, après le désastre de Caporetto, on vit plus d'une femme de fuyard raccommoder l'uniforme délabré de celui-ci, et ramener son mari à la gendarmerie voisine ou à la caserne, pour éviter le déshonneur à leurs enfants.

Toutes ces belles qualités de la race italienne ne vont pas sans quelques... travers. Des défauts, qui n'en a pas ? des vices même, quel peuple, quel individu peut s'en dire exempt? L'Italien, surtout celui du Midi ou des Romagnes, est violent, emporté ; beaucoup plus de calme chez les Toscans et les Lombards. Les Flamands de Belgique et de France, prompts à la colère, rancuniers même, affirme-t-on, échangent volontiers force coups de poing et de bâton ; l'Italien dégaine aisément le couteau, blesse ou tue son adversaire. Mais à l'inverse de l'Allemand, assassin et incendiaire, nous disent les magistrats ses compatriotes avec force statistiques, l'Italien cède à la colère mais ne prépare pas son crime : pas d'attaque préméditée, pas de guet-apens en Italie, sauf quand il s'agit de vols à main armée. — Sa tendance à s'associer et à combiner porte aussi l'Italien du Nord, comme le Méridional, à former des conspirations, à entrer dans les sociétés secrètes, tantôt dans un but très noble, tels les *Carbonari* qui, au milieu du xixe siècle, s'efforcèrent de chasser d'Italie l'Autrichien et de fomenter des révoltes, tantôt aussi en vue d'intrigues, telles les « camarillas », telles aussi les ententes qu'avant les séances du Sénat vénitien ou avant les votes, les patriciens de Venise nouaient entre eux au « Broglio » (c'était le nom que l'on donnait à la partie de la Piazzetta qui longe le palais ducal, où ils s'assemblaient et se groupaient, pour délibérer sur l'attitude à prendre pour le plus grand profit de leur parti), telles aussi, dans un tout autre but, la Maffia et la Camarra, unions secrètes de malfaiteurs napolitains ou siciliens, qui, au mépris d'une police admirablement organisée et commandée, se groupent pour mettre en coupe réglée villages et petites villes, contraignant paysans et bourgeois à leur payer tribut, sous prétexte de les protéger... Mais Dieu me garde de vous conter des histoires de brigands ! — Parfois aussi, s'il n'est foncièrement honnête, (et à part la Bretagne du temps jadis et des légendes, il n'est pas de terre où règne une absolue probité et qui n'ait ses déchets), l'Italien se montrera le plus... habile, le plus roué des trafiquants. « Il faut deux Lombards pour rouler un Florentin, mais il faut trois Florentins pour rouler un Gênois! », disait un vieux proverbe d'au delà des Alpes. Je ne commente pas : je cite. Notre maquignon normand, de madrée renommée, a trouvé là-bas tout au moins son égal. La très haute intelligence, la faculté de combiner et tirer parti des circonstances, la sveltesse de pensée qui sont le propre de la race italienne ne sont pas sans danger pour tout « co-contractant » comme on dit au Palais.

Il est au delà des Alpes une très vaste région qui échappe à tout reproche de violence et d'habileté trop profitable : c'est celle qu'ont traversées et où évoluent nos troupes ; c'est la vallée du Pô, le Piémont, la Lombardie et la Vénétie. Ce n'est pas sans quelque dédain, à peine perceptible, que le subtil Toscan vous parlera du « grave Lombard », dont la pensée, plus lente peut-être que la sienne, est aussi plus pondérée ; ce n'est pas sans quelque mépris que le svelte Napolitain vous entretiendra de ces « lourdauds » de Piémontais, qui, aussi tenaces qu'intelligents, mais peut-être plus frustes, pris en masse, que leurs frères du Midi, ont cimenté de leur sang l'unité italienne. Lourds montagnards du Piémont qui, à leur descente des Alpes, avez hébergé et réconforté nos soldats, nos chers poilus, graves populations de la Lombardie ou de la Vénétie parmi lesquelles ils vivent et combattent, je vous admire pour ma part! Votre race est l'une des plus travailleuses du monde ; paysans, ouvriers, ingénieurs, commerçants, depuis trente ans, vous avez transformé du tout au tout vos provinces, accomplissant et sans coup férir une véritable révolution sociale.

Que je vous parle d'abord des paysans lombards : à perte de vue s'étend la plaine qu'ils cultivent ; large de 100 et 120 kilomètres et plus, sans le moindre accident de terrain le plus souvent, la vallée du Pô s'étend des dernières ramifications des Alpes couvertes de neiges perpétuelles, à la base de l'Apennin couronné de vertes forêts. Des glaciers la recouvraient partiellement jadis ; proche de Mantoue vous trouverez de vastes moraines; débris de rochers détachés de l'Œtztahl, et charriés à deux cents kilomètres de ce massif par une immense traînée de glace qui recouvrait les vallées de l'Adige et du Mincio. L'Adriatique a également étendu un de ses bras par la vallée du Pô, y formant un golfe immense : certains poissons, certains mollusques qu'on trouve dans le lac de Garde appartiennent à la faune de l'Adriatique adaptée à un autre milieu. Mais la Scrivia, les Doires, le Pô, l'Adige, sont autant de fleuves travailleurs qui détachent chaque année des flancs des montagnes et charrient des millions de mètres cubes de déblais jusqu'à leur embouchure, jusqu'à la mer. De là des dépôts, des alluvions, qui ont envahi et comblé le golfe originaire, comme ils envahissent et comblent actuellement toute la partie septentrionale de l'Adriatique, au nord de Venise et de Trieste.

Il y a quelque douze cents ans, au temps de Charlemagne et des Lombards, la plaine voisine de Milan était recouverte de forêts marécageuses, où les rois chassaient le sanglier; guidés et conseillés bien souvent par les bénédictins français (qui par la suite, à Chiaravalle, ont édifié une magnifique abbaye), les paysans lombards ont drainé d'abord et asséché ces terres malsaines ; puis, détournant les eaux sauvages qui dévalent des montagnes, ils les ont irriguées. Bien plus, amenant sur des terres incultes et sablonneuses les eaux des torrents, très chargées de limon à la fonte des neiges, ils ont « colmaté », recouvert d'une terre végétale très fertile, fécondé ce terrain, accroissant d'année en année la surface cultivable. Ce travail de conquête s'accomplit encore sur une très large échelle de nos jours, grâce à de nouvelles saignées faites aux torrents, grâce par exemple au canal Cavour, dérivé de la Doire. L'été venu, l'eau, plus chaude et plus limpide, servira à l'irrigation. C'est donc un lutteur que le paysan de la vallée du Pô : pied par pied, il lui a fallu, luttant contre les éléments, — contre la fièvre bien souvent, — conquérir le sol qu'il cultive; sa race a été trempée à l'épreuve. Voilà où il a puisé sa force, sa ténacité, sa valeur.

Autant on en peut dire du montagnard qui a bâti sa demeure sur les dernières ramifications des Alpes ; il a dû assécher son champ, le préserver des avalanches par des murs ou des obstacles, en retirer les pierres, construire des murailles de pierre sèche pour soutenir et maintènir la terre sur les gradins successifs qui escaladent la montagne, porter et monter à dos fumier et terre végétale, puis, durant son

Fig. 4.

enfance et sa jeunesse, même après son mariage, quitter au printemps sa famille pour émigrer en Suisse, en France, en Autriche, gagner quelque salaire et revenir à l'automne, porteur de quelques centaines de francs ; la terre produit peu dans la montagne, la famille est nombreuse : il lui faut s'expatrier ; l'épreuve l'a trempé et en a fait un énergique travailleur.

La vallée du Pô ! Imaginéz-vous, encaissée entre les montagnes une immense mer de mûriers ou de saules, au-dessus desquels émerge de çà de là le toit rouge d'une ferme, un groupe de cyprès ou de peupliers d'Italie, hauts de trente ou quarante mètres (de nos jours, témoin la gravure ci-jointe, on a installé des observatoires dans leurs ramures). Au ras de terre, tout autre est l'aspect : chaque champ, entouré de fossés, plus long qu'il n'est large pour permettre à la fois le tracé d'un long sillon et un bon assèchement, est bordé d'une rangée de mûriers reliés entre eux par des festons de vigne qui retombent en courbes fort gracieuses. La terre produit donc trois récoltes : les céréales, les feuilles du mûrier et les grappes de raisin. La pluie, à raison du voisinage des montagnes, est fréquente, même en été; il tombe un mètre d'eau par an à Milan. Toute la région est donc à l'abri des sécheresses. Si fécond est le sol lombard que l'avoine y atteint parfois deux mètres, qu'on peut l'y semer (et que jadis on l'y semait) huit années consécutives sans apporter d'engrais ; que les luzernes et autres prairies artificielles y donnent neuf coupes chaque année dans le voisinage de Milan, et que, une fois moissonné le blé en juin, on se hâte de labourer, de semer un maïs spécial dit « de la quarantaine », qui croît en juillet et mûrit en août. — Souvent, des rigoles d'irrigation divisent les champs en parcelles; elles permettent la culture du riz, des artichauts ou choux-fleurs et de maints légumes. — Quoi d'étonnant que l'Allemand, l'Autrichien affamé et vorace, ait, de très vieille date, convoité ces provinces si fécondes et si ensoleillées, et se soit efforcé de subjuguer ce grenier d'abondance?

Sur cette terre, l'une des plus fertiles du monde, vivait il y a trente ans encore une population miséreuse et mal nourrie. Lombardie et Vénétie sont des régions de grande culture : les impôts, les taxes d'irrigation et d'assèchement sont élevés; presque jamais le paysan, rarement le gros cultivateur, possède les champs qu'il laboure, le troupeau, le bétail qui sert à les exploiter, le toit et les bâtiments qui les abritent. Toujours, ou peu s'en faut, la métairie appartient à quelque riche bourgeois d'une opulente ville voisine, qui, sans se désintéresser de ses fermes (il en partage avec le métayer les produits), n'y fait que de rares apparitions; un *fattore* (agent) l'y remplace pour la perception des produits lui revenant. De là des haines de classes, de là des grèves de paysans ; telle celle de Parme qui éclata vers 1906. Mécontents des contrats qui les unissaient aux propriétaires, les métayers cessèrent tout travail un beau matin de juin, à l'époque des récoltes : les bourgeois des villes, leurs femmes, leurs filles durent venir prendre soin du bétail (le cheptel appartient presque toujours au propriétaire et non pas au fermier); ces fermières improvisées s'acquittèrent assez bien d'ailleurs de leur tâche, faisant contre mauvaise fortune bon cœur; et les maris, recrutant dans les villes un personnel de fortune, assurèrent tant bien que mal la récolte.

Dans les grandes exploitations, les manouvriers, il y a un quart de siècle, touchaient de maigres salaires : 400 ou 450 francs par année, plus le logement, pour eux et leur famille, dans une unique pièce, assez vaste il est vrai, ensemble de la farine de maïs et de blé, et un petit champ où cultiver les légumes ; le salaire des femmes n'atteignait même pas un franc par jour. Cependant, pénible est le travail de celles-ci, surtout dans les rizières où, les jambes nues, elles sont en butte aux morsures des sangsues. Mais de nos jours, la terre lombarde est meilleure nourricière du paysan; mieux cultivée, elle produit plus que par le passé 'à surface égale; céréales, légumes, beurre, œufs, se vendent à des prix plus élevés ; l'industrie ayant dans toute la plaine du Pô pris un immense essor, les villes, les villages ont vu doubler et tripler leur population. Enfin, attiré vers les manufactures par de gros salaires, assuré de trouver dans les usines un travail rémunérateur s'il vient à quitter la ferme, le manouvrier, le « bracciante », se montre moins souple, moins docile, plus exigeant lorsqu'il loue ses services à un métayer. — Jadis les femmes trouvaient dans le travail de la soie, à la maison, un supplément de rémunération ; elles s'y adonnent de moins en moins, encore bien que Piémont, Lombardie et Vénétie soient des pays essentiellement séricicoles, et que, devenue une véritable science, l'éducation du ver à soie soit plus rémunératrice qu'au temps passé. Elles lui préfèrent le travail à l'usine. Cette déchéance de l'élevage du ver à soie, les hygiénistes la regrettent vivement : à l'époque de l'éclosion, les familles quittaient leurs demeures, les nettoyaient de fond en comble, le ver à soie exigeant une très grande propreté, y installaient l'élevage et ne rentraient qu'une fois la ponte achevée; c'était l'occasion d'un complet lavage du sol et des parois de l'habitation et d'un blanchissage : occasion qui s'offre désormais moins souvent, encore bien que non moins nécessaire.

Diverses institutions ont joué le rôle le plus heureux dans le développement agricole de la Lombardie : c'est d'abord la création des chaires ambulantes d'agriculture ; des agronomes émérites ne se contentent pas de faire des cours, de donner un enseignement suivi à nombre de jeunes gens, et diriger des fermes modèles ; ils vont de village en village, enseignant aux paysans les meilleures méthodes, leur indiquant les meilleures semences, les engrais les mieux appropriés à leur sol. Grâce à leur enseignement par exemple, la production du riz s'accroît considérablement d'année en année, bien que la surface ensemencée en riz diminue, les cultures étant désormais alternées. — D'autre part, le paysan lombard a puisé dans l'association un très puissant adjuvant : je citais tout à l'heure le but des banques agricoles populaires et les résultats par elles acquis ; très nombreuses sont aussi les associations paysannes pour l'achat des semences et des engrais en commun (toujours aux meilleurs producteurs et aux meilleurs prix), pour la vente en commun des produits, pour la fabrication en commun, d'après de bonnes méthodes, du vin, qui laisse souvent à désirer, du beurre et du fromage, qui réclament des soins, des appareils, une installation et des locaux spéciaux. — Chose remarquable, encore que je ne me porte pas garant de l'absolue probité de tous les associés et de tous les gérants de ces petites républiques, ces paysans ne se trompent guère entre eux, apportant une sérieuse dose de bonne foi dans leurs rapports réciproques ; leurs associations sont pour la plupart durables, grâce à un fonds sérieux de probité.

Dans un récent article de sa revue mensuelle, la Chambre de commerce italienne de Paris citait le très réconfortant exemple de l'une de ces coopératives agricoles au champ d'action très restreint : elle n'a pour but que le triage, la conservation, la vente et l'expédition des pommes récoltées sur le terrain d'une commune de 6.500 habitants, Bagnolo. En 1911, le vicaire du pays fit un voyage à l'étranger pour trouver des débouchés ; ses démarches ne furent pas infructueuses ; les pommes payées jadis aux cultivateurs de 5 à 6 lires le quintal leur sont achetées maintenant 18, 20 et 25 lires. Les pommes avariées, qui étaient jetées jadis, servent maintenant à fabriquer du cidre. La société étend son action à d'autres fruits ; aux châtaignes, aux pêches ; elle a ouvert des succursales, un magasin à Turin, et, par ses ressources, subventionne une école et un atelier féminin où vous ne compteriez pas moins de douze machines à coudre ! Voilà ce qu'ont fait depuis 1911 les paysans associés d'une bourgade italienne.

Il est une très grande œuvre qui s'accomplit lentement, mais sûrement, chaque jour au delà des Alpes : la bonification des terres, le *Bonifico*, comme on dit par delà les monts. Je vous citais tout à l'heure cette mise en valeur des terrains incultes et sablonneux de la vallée du Pô par l'apport constant des eaux limoneuses des torrents qui dévalent des Alpes, c'est-à-dire par le colmatage. A l'embouchure du Pô, de l'Adige, de la Piave, dans la région du littoral adriatique, d'importantes sociétés ont entrepris une œuvre différente de bonification : l'assèchement des marécages voisins des lagunes. Des pompes très puissantes, mues aujourd'hui à grands frais par la vapeur, — demain, à bas prix par les courants électriques venant des centrales hydrauliques installées au pied des Alpes, — ont actuellement desséché et mis en valeur dix mille hectares d'excellente terre à labour ; on n'y pratique que la grande culture. — Pourquoi faut-il que l'homme se soit fait l'ennemi, le seul ennemi de ces très bienfaisantes entreprises ? A la veille d'une moisson, de fort belle apparence, les moissonneurs embauchés pour la récolte émirent la prétention de toucher double salaire. Les cultivateurs furent contraints d'acquiescer à cette demande ; mais, l'année suivante, ils s'abstinrent de semer du blé, transformèrent leur terre à labour en prairies... et se passèrent de la trop onéreuse collaboration des moissonneurs.

Depuis lors, les sociétés intéressées s'efforcent d'implanter sur le sol assaini par elles des familles de colons qui pratiquent la petite culture ou qui ne font valoir que trente ou quarante hectares, sans grand secours de main-d'œuvre étrangère.

Une fée bienfaisante, l'électricité, s'est faite, dans la vallée du Pô, l'auxiliaire du paysan : amenée des centrales édifiées au pied des Alpes, non seulement elle éclaire sa demeure, ses étables; mais elle fait mouvoir machines à battre et coupe-racines. Parfois même, si le champ est vaste, elle tire la charrue ; bien plus, et c'est là une application chimique du plus haut intérêt, dans l'Italie du Nord, des procédés nouveaux permettent, à l'aide d'un courant électrique, de tirer de l'air, à des prix modérés, l'azote qu'il contient et de le fixer sous forme de sels d'ammoniaque, ou de nitrates et nitrites employés par l'agriculture. Déjà quelques milliers de quintaux de ces sels ont été fabriqués en Lombardie et livrés aux cultivateurs. Le temps est tout proche où l'Italie entière, grâce à ce procédé, pourra produire et au delà les nitrates dont elle a besoin. Non seulement elle n'aura plus à payer au Chili un gros tribut annuel pour l'achat de ces engrais, non seulement elle sera affranchie de tous frais de transport par mer; mais encore elle pourra désormais, usant très largement de ces sels, féconder le sol qu'elle ensemence en céréales et en betteraves et accroître considérablement sa production agricole. Un chiffre précisera quel est l'accroissement de la production agricole en Italie depuis un demi-siècle ; elle est passée de un milliard sept cents millions à plus de sept milliards de francs ; elle a plus que quadruplé de valeur.

Les dernières ramifications des Alpes, le Frioul, la région au nord de Brescia et de Bergame, la région des lacs, offrent à l'observateur un champ d'études de tout point différent de celui que présentent les plaines d'alluvions très étendues que nous venons de parcourir. Elles sont formées de rochers, parfois de moraines transportées par les glaciers alpestres, recouverts d'une couche peu épaisse de terre végétale ; de çà de là également quelques plateaux. Plus de grande, ni même de moyenne culture, dans ces régions ; ce sont des pays de petite propriété. La terre y est très morcelée, et pour cause. Un peu de vigne (qui donne souvent d'excellent vin), des oliviers, des arbres fruitiers, des châtaigniers, des prairies, peu de céréales, voilà les produits du sol. Chacun possède quelques coins de terre, sa « casa », quelques vaches ou chèvres, que durant l'été il envoie paître à l'Alpe commune.

Très braves gens d'ailleurs (et soldats fort braves) que ces semi-montagnards ; mais la famille est toujours nombreuse, la terre produit peu, encore bien que soigneusement cultivée ; une seule ressource

pour eux : émigrer. —. « A qui cette belle maison? demanderez-vous
à quelque villageois : « A un Américain. » « Et celle-ci? » : « A un Lyon-
.nais ». « Et cette autre? » : « A un Parisien. » « Et cette quatrième,
cette cinquième, cette sixième? » (Et vous passerez en revue les dix
ou douze très belles demeures de la commune) : «A un Américain ; à
un Brésilien ; à un Argentin ! » « Mais toute l'Amérique s'est donc
donné rendez-vous ici? Où logent les gens du pays? » demanderez,
vous, fort intrigué. « Américains, Lyonnais, Brésiliens, Parisiens,
Argentins sont tous de chez nous ; ils sont allés faire fortune au loin ;
puis sont revenus au pays !... » C'est le *ritorno al paese na tale*. Quand
il quitte son foyer, l'émigrant des lacs, le « laghiste », dit au revoir
à son clocher, jamais adieu. Et quand approche la vieillesse, il veut
revoir le lac où il a passé son enfance.

> « En vain se hâtent les années,
> Sous nos pas semant les débris,
> Espoirs déçus, roses fanées,
> Désirs éteints, boutons flétris ;
> Ce désir grandit avec l'âge ;
> Le retour seul peut le guérir.
> Quand on est né sur ton rivage
> Sur ton rivage on veut mourir. »
>
> (RAMBERT.)

Ces braves gens émigrent le moins loin possible : en Suisse, en
France, à Lyon, à Paris. Au printemps, ils partent en bandes de dix
ou douze, tous parents ou voisins ; ensemble ils louent leurs services
à un entrepreneur ; un chef de leur choix représente dans ce contrat
la petite république. Ils sont maçons, carriers, terrassiers; un vieux
prépare le repas de midi et le goûter, qu'ils prennent en plein air ;
venu l'hiver, ils regagnent « la casa lontana » pour repartir l'année
suivante. — Bon an mal an, ils rapportent 600 ou 700 francs qu'ils
ont économisés, rapportant aussi parfois les germes de la tuberculose ;
l'hygiène des travailleurs qui ne vivent pas en famille laisse en effet
souvent à désirer, dans les grandes villes. — Leur exode dure huit
ou neuf mois ; au temps passé, ils faisaient à pied la route; on comptait
dix-huit ou vingt jours de marche des lacs Majeur et de Côme ou de
la vallée du Tessin jusqu'à Paris.

Étrange, patriarcale, était naguère encore l'organisation de la famille
dans les villages des Alpes italiennes. Deux, trois ou quatre générations, le père, la mère, les fils et leurs femmes, les petits enfants et
parfois les arrière-petits enfants vivaient groupés dans une même
habitation ; l'absence des maris et des fils pendant huit mois, l'émigration, n'était pas étrangère à ce groupement de plusieurs ménages
autour d'un même foyer. Quand l'un des fils se mariait, il amenait

sa femme, et se fixait avec elle chez ses parents. L'aîné des enfants succédait au père, et, après son décès, gouvernait la maison, réglant la dépense, les modes de culture, les émigrations, dotant les filles à même du fond commun. Et parfois, le frère cadet, qui avait été sous l'autorité de son aîné passait, au décès de celui-ci, sous celle du fils aîné du défunt, c'est-à-dire de son neveu. C'était de lui qu'il recevait le petit prêt qui, le dimanche, lui permettait de ne pas faire triste figure au cabaret, et de jouer la traditionnelle partie de boules. Mœurs du temps jadis, dont vous trouverez encore traces dans maint village.

Fig. 5.

L'habitation du Lombard et du Piémontais ne diffère guère de celle du Provençal : toits moins aigus que ceux des maisons du Nord de la France, puisqu'il tombe moins de neige dans la vallée du Pô que dans les plaines de l'Artois ou de la Flandre ; fenêtres moins nombreuses et plus petites, puisque la lumière est plus intense dans les régions méridionales que dans le Nord ; emploi de la tuile, parfois vernissée, qui, plus que l'ardoise, jette une note gaie dans la verdure ; enfin, à l'intérieur, peu de papiers peints : murs blanchis à la chaux, pour éviter dans la mesure du possible les insectes.

« L'Italie est un pays essentiellement agricole », ne cessait-on et ne cesse-t-on de répéter ; « pas de houille, pas de mines de charbon par toute la péninsule, donc, pas d'industrie possible ! »

« L'Italie est avant tout le musée de l'Europe » ; « ce fut le pays du beau », répètent à satiété les artistes.

« L'Italie est-elle la terre des morts ? », demandait, c'est le titre d'un de ses livres les plus lus, l'un des Français qui connaissaient le mieux nos frères latins, Marc Monnier. « De Pise la morte à Pompéi ensevelie sous les cendres, à Herculanum qui dort sous la lave vésuvienne ! », s'écriait lamentablement je ne sais lequel de nos romantiques, il y a quelque quatre-vingts ans. « De tombeau en tombeau, de cerceuil en cercueil ! »

Écoutez comment ont répliqué le grand patriote d'Annunzio et le grand diplomate Cavour : « Nous en avons assez d'être un pays de tourisme et de voyages de noces », s'est écrié le poète, dans un de ses discours d'avant-guerre ; « Les Alpes italiennes, dans leurs flancs et sur leurs sommets, dans leurs torrents et sur leurs cimes couvertes de neige, possèdent plus de force motrice que l'industrieuse Angleterre dans ses mines de charbon », disait pompeusement Cavour, certain soir, face à face avec le grandiose panorama que l'on contemple du haut de la Superga. L'événement lui a donné raison: captée par les ingénieurs, amenée par des conduites très résistantes jusqu'aux grandes centrales édifiées au pied des monts, l'eau des torrents alpestres a donné un essor très considérable à l'industrie italienne dans toute la vallée du Pô, et a permis l'installation d'une quantité d'usines, dont le nombre s'accroît tous les jours. La force motrice dont dispose l'industrie italienne en houille blanche est pour ainsi dire inépuisable.

Jetons un coup d'œil sur une carte physique de l'Italie : au nord, les Alpes décrivent un immense circuit de sept cents kilomètres de longueur ; face au soleil, face également au vent du sud, elles assurent chaque jour la fonte des neiges tombées pendant la nuit : jamais, même aux périodes de gelée intense et prolongée, le torrent alpestre n'est à sec sur le versant italien. Pas de chômages pour les centrales hydrauliques ; parfois une simple diminution, de peu de durée, du débit du torrent qui les alimente. Il en va tout différemment dans les Alpes suisses et même en Dauphiné et en Savoie : là, la montagne n'est pas réchauffée par les chauds baisers du soleil ; s'il veut éviter le chômage d'hiver, l'ingénieur doit y capter l'eau du torrent alpestre à faible altitude, et par suite ne peut disposer d'une énorme hauteur de chute, d'une grande pression. Les Alpes italiennes bénéficient donc d'une orientation tout à fait privilégiée.

Je n'ai pas à m'étendre sur le bon marché de la force motrice hydro-électrique ; une fois installée la centrale, une fois captée et amenée aux turbines l'eau du torrent, plus guère de frais, si ce n'est le salaire des hommes de peine qui manœuvrent les vannes et assurent l'entretien de l'usine, d'un ingénieur qui les commande et de quelques électriciens. Pas de ces frais d'extraction et de transport, qui sont les un et les autres considérables, fort dispendieux même, pour la houille.

Ajoutez à cela, dans un tout autre ordre d'idées, le moindre besoin,
la moindre exigence de l'ouvrier italien quant au salaire, sa très
grande dextérité, l'aisance avec laquelle il s'adapte à une nouvelle
profession, sa sobriété, sa tempérance relative (il ne boit guère d'eau-
de-vie, mais seulement du vin); or, on ne saurait croire combien les
habitudes de cabaret, l'ivrognerie puisqu'il faut l'appeler par son
nom, sont des sources de pertes pour l'industriel anglais et français ;
autant d'éléments de succès pour l'industriel d'au delà des Alpes.

Il n'est pas jusqu'à la guerre actuelle qui n'ait eu une influence
fort heureuse sur l'industrie italienne : dès l'hiver 1914-1915, en pré-

Fig. 6.

vision des hostilités et aussi du renchérissement et de la raréfaction
du charbon (l'Italie s'en approvisionnait partiellement en Allemagne
et en Autriche), de nouvelles centrales hydro-électriques furent installées dans les diverses montagnes italiennes et notamment dans les
Alpes et le rendement des anciennes usines fut augmenté dans la
mesure du possible : depuis lors, et au fur et à mesure que haussait
le prix de la houille, le nombre en a été considérablement accru et
s'en accroît chaque jour.

Il n'est pas non plus jusqu'à la mégalomanie, une des caractéristiques, un des travers du génie italien qui, dans l'espèce, n'ait servi
nos excellents voisins : ce ne sont jamais de petites installations qu'ils
réalisent ; jamais de ces travaux à trop faible rendement, qu'il faut
modifier et accroître à bref délai. En matière d'hydraulique, canaux,
aqueducs ou centrales électriques, ils font grand dès l'abord, ou
n'entreprennent pas.

Filatures et tissages de soie, de laine, de coton, usines de construction mécanique, fabriques de pâtes alimentaires et de produits chimiques se sont accrus, se sont multipliés dans l'Italie septentrionale
depuis un quart de siècle grâce à la houille blanche ; mais il est une
industrie spécialement, — celle de l'automobile et des pneus, —
qui y a pris un essor très considérable depuis dix ans. Dès avant la
guerre, les marques Fiat, Pirelli, notamment, étaient universellement
connues : traversée d'outre en outre par les Apennins et les Abruzzes,
l'Italie péninsulaire présente de gros obstacles au tracé de voies
ferrées et le Gouvernement a dû s'attacher à y développer, à l'aide
de subventions, les transports automobiles ; de là de nombreux débou
chés. La guerre a donné un essor littéralement prodigieux à cette industrie ; les usines italiennes (mues presque toutes par la force hydro-
électrique) fournissent entièrement aux besoins de l'armée nationale,
— et Dieu sait si la guerre actuelle exige de nombreux moyens de
transport ! — Bien plus, en 1917, — ce chiffre est fourni par le bulletin
de la Chambre italienne de commerce à Paris, — elles ont exporté
pour 103.000.000 (cent trois millions) de voitures, pneus et accessoires;
ce chiffre se passe de commentaires.

Patrons et directeurs d'usines, ingénieurs qui en dirigent l'exploitation, sont des jeunes, pour la plupart, au delà des monts. Nombreux
sont ceux qui, ayant quitté l'atelier pour revêtir l'uniforme gris-vert,
sont tombés sous les balles autrichiennes. Mais, comme le dit le poète
trentin : « Du sol fécondé par le sang des héros surgit une moisson
d'épées et de gloire. »

Et je salue, nous saluons tous bien bas, les travailleurs obscurs,
martyrs inconnus, qui, après avoir élevé si haut la puissance industrielle de leur patrie, ont payé de leur vie, combattant avec nous le
même combat, la libération de Trente et de Trieste, la rançon de
Metz et de Strasbourg !

CONFÉRENCE FAITE A TOULOUSE

La réunion a eu lieu à 17 heures, dans le grand amphithéâtre de la Faculté de Droit, sous la présidence de M. Cavalier, Recteur de l'Académie de Toulouse. M. Cavalier, qui venait de reprendre la direction des services de son Académie après un long séjour au front, suivi d'une mission à l'Armement, a cependant accepté de présider la séance avec un empressement qui fait le plus grand honneur à l'œuvre de nos Conférences. Le Bureau de l'Association s'unit à son Délégué, M. Cartailhac, pour adresser à l'éminent Recteur l'expression de sa sincère reconnaissance.

Allocution de M. CARTAILHAC.

Mesdames, Messieurs, chers Confrères,

M. le Recteur a accueilli, présenté affectueusement et avec autorité M. le professeur Rabaud que vous venez d'applaudir de bon cœur.

Il semble que la soirée soit terminée très bien par vos bravos. Ils sont les meilleurs remerciements. Pourtant, je suis chargé d'un mandat et il faut le remplir. Je suis délégué par M. le Président et par le Conseil de notre Association Française pour l'Avancement des Sciences. Je dois vous adresser un pressant appel.

Il y a deux groupes dans cet auditoire. Ils se composent, l'un des membres anciens ou récents de notre institution; l'autre, plus nombreux, d'un public appelé par nos invitations et attiré par l'intérêt du sujet de la conférence de mon ami Étienne Rabaud.

A mes confrères il faut dire que nous laissons trop souvent au bureau de Paris le soin de faire du prosélytisme. Notre œuvre est française et la plus décentralisatrice de toutes les grandes institutions intellectuelles. N'oublions pas que nous sommes tous, de l'Alsace au Béarn, les représentants, les soutiens de la pensée qui la fit naître et la fait prospérer.

Nous devons absolument veiller partout, servir sa bonne renommée, rendre plus sensibles les services qu'on lui doit, augmenter ses forces. Toutes nos industries, toutes les sources de la richesse publique, et par conséquent du bien-être de tous, sont favorisées par les succès de notre Association. Sachons parler à la foule et l'instruire de ces choses, de nos vues, de nos projets, de nos espoirs, de nos certitudes. Au lieu de nous imaginer qu'il suffit à l'Association Française pour l'Avancement des Sciences de se composer des professeurs et des ingénieurs et des manufacturiers les plus éclairés, redisons-nous sans cesse que ceux-là ne doivent être que le noyau de l'Association, en quelque sorte le levain qui fera de la pâte du blé la nourriture exquise, la meilleure du monde.

Vous, Mesdames et Messieurs, qui n'avez jamais songé à nous apporter votre adhésion, nous devons vous avertir qu'après l'avoir donnée vous pourrez vous dire que vous avez fait un geste de patriote et gagné votre journée.

Il y a juste cinquante ans que la France étalait à Paris les merveilles d'une exposition universelle la plus belle qu'on eût jamais vue. Les Galeries se développaient circulairement, sept ou huit fois autour d'une salle centrale d'où rayonnaient les secteurs de toutes les nations. Cette salle était consacrée à l'histoire du début du travail, aux vestiges artistiques et industriels des hommes primitifs, des sauvages des cavernes et autres. Notre Midi, des Pyrénées au Périgord et aux Cévennes, y occupait quantité de vitrines, véritable révélation pour les visiteurs qui affluaient. Tout autour les galeries se succédaient et se pénétraient. Dix groupes de classes y avaient méthodiquement installé leurs produits artistiques, industriels et autres.

Le 10e groupe était lui aussi une exceptionnelle nouveauté. Il réunissait tout ce qui permettait d'améliorer la condition physique et morale des peuples, les efforts pour dissiper l'ignorance, pour élever la mentalité, le bien-être des classes ouvrières, favoriser le progrès social. Une noble pensée avait donc inspiré la Commission Française dont le Commissaire général était un grand ingénieur, Ferdinand LE PLAY, célèbre dans le monde depuis l'apparition de son ouvrage demeuré classique : *Les ouvriers européens*, 1855.

Or, dans ce Palais des œuvres bienfaisantes, un peuple, la Prusse, semblait avoir voulu profiter de ce que le terrain était sur le Champ-de-Mars de Paris, elle avait fait étalage de sa puissance militaire.

L'impression générale, dès l'ouverture, fut pénible. Paris garda ses illusions et fit à tous les étrangers son meilleur accueil. Mais, en dehors de nos frontières, on en parlait vivement.

Au lendemain de l'inauguration, un éminent professeur suisse Carl Vogt, arrivant de Paris et présidant l'institut genevois, ouvrit la séance publique en ces termes : « Jamais ma tâche ne m'a paru plus lourde et plus ingrate. Parler des œuvres de paix et de recueillement, exposer des travaux scientifiques et littéraires destinés au progrès paisible de la société humaine, au moment où l'on se prépare à essayer en grand de nouvelles inventions meurtrières, n'y a-t-il pas là des contrastes terribles qu'il nous est impossible de regarder en face sans trembler? J'aurais voulu vous parler des progrès récents de la science touchant l'antique origine de l'homme, comment aurais-je pu le faire sans m'arrêter immédiatement à cette pensée qu'aux trois époques signalées dans l'histoire de l'humanité, époques de la pierre, du bronze et du fer, on veut en ajouter une quatrième, celle du sang?... »

La prédiction ne tardait pas à se réaliser. L'Allemagne nous déclarait la guerre et nous surprenait; elle assiégeait Paris et les obus exposés en 1867 tombaient sur l'hôpital de la Pitié et sur le Museum national d'histoire naturelle! Nous subissions une paix désastreuse, nous perdions la Lorraine et l'Alsace !

Résolument, aussitôt après, la France se remet au travail, reprend ses forces avec une rapidité qui déconcerte nos ennemis séculaires. Partout on agit et l'on prépare un meilleur avenir. Des Alsaciens, ingénieurs et professeurs réunis à l'École des Mines s'entendent pour fonder une Association Française pour l'Avancement des Sciences. Leur appel est partout écouté. Les grands noms de la science et de l'industrie françaises adhèrent en masse. L'Association britannique, la plus puissante des Sociétés étrangères, est la première à souhaiter la bienvenue à sa jeune sœur française.

C'est dans le Midi, à Bordeaux, que se tint en 1872 la première session présidée par M. de QUATREFAGES, deux fois docteur de l'Université de Strasbourg, ancien professeur à celle de Toulouse, membre et président de l'Institut de France. Il développa magnifiquement la devise de l'œuvre : *Par la science pour la Patrie.*

Mesdames et Messieurs, j'aurais tort de me laisser entraîner à vous conter les souvenirs de ma jeunesse. Je n'ai pas besoin d'en dire davantage! Vous comprenez fort bien que l'heure est venue de faire à tous les Français soucieux de la destinée du pays un nouvel et chaleureux appel. Il faut combler tant de vides que la guerre a faits dans nos rangs!

Aidez-nous, venez à nous, associez-vous à une noble cause, apportez votre obole pour soutenir nos œuvres si variées, faciliter les recherches dans les laboratoires et le grand champ de la nature, pour multiplier les publications, et, enfin, répandre plus de lumière sur les horizons de la science et de la pensée.

Venez, en attendant la victoire de nos soldats, venez semer avec nous. C'est la France qui moissonnera.

M. Étienne RABAUD,

Chargé du cours de Biologie expérimentale à la Faculté des Sciences de Paris.

LA GUERRE AU POINT DE VUE BIOLOGIQUE

Alors que la nation en armes tient tête à l'envahisseur, alors que nous vivons la guerre et que toutes nos pensées se concentrent sur nos espérances et sur nos deuils, le biologiste choisit-il bien son heure pour évoquer, à propos de la guerre, un problème d'ordre purement spéculatif? Je me le suis demandé et j'ai, au bout d'un temps, répondu par l'affirmative.

Un argument, entre autres, m'a paru décisif. Toute recherche théorique, si éloignée paraisse-t-elle être des applications, entraîne fatalement, tôt ou tard, des conséquences d'ordre pratique. Ces conséquences se présentent à nous, dès maintenant, en ce qui touche la guerre ; nous gagnerons à les connaître et à les comprendre. Ces conséquences, les voici. Prétendant se placer au point de vue biologique, plusieurs auteurs allemands ont essayé de légitimer la guerre que nous subissons, et leur influence sur la mentalité de leurs compatriotes n'est pas négligeable. D'autre part, quoique partant d'un point de vue très différent, d'excellents esprits voient dans la guerre une nécessité à laquelle l'homme ne peut se soustraire. Si ces affirmations convergentes sont exactes, la guerre demeure un mal inéluctable, auquel nous devrions toujours songer. Le perfectionnement, la multiplication des moyens d'attaque et de défense demeurera notre souci constant ; constamment nous préparerons la guerre. Mais si, bien au contraire, nous reconnaissons la fausseté de ces affirmations, loin de laisser se perpétuer et s'aggraver le mal en restant passifs, nous nous efforcerons de l'arrêter et d'en empêcher le retour.

C'est à cette conclusion que nous conduira l'examen des phénomènes biologiques.

D'aucuns s'étonneront peut-être que la guerre soit, par quelque côté, d'ordre biologique. C'est qu'ils ne connaissent pas dans son entier le domaine du biologiste. Ce domaine comprend l'étude des organismes à tous les points de vue. L'attention du biologiste doit particulièrement porter sur les relations des organismes entre eux et avec tout ce qui les environne ; le biologiste évoque le monde vivant, regarde les êtres aller, venir, s'attirer, se repousser, se croiser en tous sens ; il cherche à démêler les causes de ces mouvements divers, en scrutant les influences qui émanent des individus et des conditions physiques d'existence. S'il voit des conflits s'élever, il en mesure la signification profonde, parce qu'il remonte jusqu'à leur source et parvient à discerner s'ils dérivent de propriétés inhérentes aux êtres, générales et nécessaires, ou d'incidents particuliers, contingents et évitables. Le biologiste examine ainsi tous les êtres, sans aucune exception ; il touche, par suite, au domaine du sociologue, qui étudie l'homme, le plus complexe des êtres à des points de vue très divers. Les résultats de l'un se liant aux résultats de l'autre, permettant de poser des conclusions solidement fondées.

La guerre est donc, par un côté, un problème biologique.

*
* *

Bien avant que les acquisitions de la Biologie aient permis d'aborder le problème d'une manière scientifique, la plupart des hommes justifiaient et glorifiaient les luttes armées en leur attribuant une essence supérieure. J. de Maistre pense que « la guerre est divine en elle-même, parce qu'elle est une loi du monde. » De son côté, le feld-marshall von Moltke affirme que « la guerre fait partie de l'ordre des choses établi par Dieu ».

Plus tard, en 1898, Steinmetz, de La Haye, prétendant se placer au point de vue biologique, déclare que « la guerre n'est que l'expression concrète d'instincts profondément enracinés ; elle existe partout et depuis toujours. » Elle serait née, d'après Steinmetz, au moment où l'homme, descendant des arbres qu'habitaient ses ancêtres, vint vivre sur le sol. A peine avait-il mis pied à terre qu'il fut immédiatement aux prises avec les bêtes féroces. Se sentant vigoureux, il accepta le combat et triompha. Puis, il « lutta avec ses compagnons, et c'est par là, précisément, qu'il devint un homme véritable ». En effet, la fréquence des conflits l'obligeant à exercer ses facultés intellectuelles et physiques, à les fortifier, l'agressivité jointe à l'esprit de guerre devinrent sa caractéristique principale, les deux conditions essentielles de ses progrès ultérieurs.

Ainsi la guerre serait l'apanage exclusif de l'homme et un apanage précieux, qui lui aurait permis de se dégager de l'animalité. Si telle était la vérité, nous devrions nous incliner. Mais, du point de vue biologique, auquel prétend se placer Steinmetz, cette conception des origines et des conséquences de la guerre ne repose sur rien. Certes, on peut penser que l'ancêtre des hommes était un singe arboricole ; on peut, avec autant de raison, penser qu'il vivait sur le sol : les documents paléontologiques ne nous fournissent à ce sujet aucun argument péremptoire qui permette une affirmation. A supposer, d'ailleurs, que cet ancêtre habitât dans les arbres, il ne s'y trouvait assurément pas à l'abri de toute agression. Outre les conflits qui s'élèvent entre individus de même espèce, bien d'autres singes vivent également dans les arbres et bien des bêtes fauves y font des incursions. Le fait de descendre sur le sol n'engendrait donc pas une situation nouvelle relativement à la nécessité de combattre, elle ne créait ni ne développait l'agressivité. Et quant à celle-ci, soi-disant source de tout progrès, elle n'est pas, tant s'en faut, spéciale à l'homme. Nombre d'animaux de proie la possèdent et la mettent en œuvre quand la faim les talonne, et il ne paraît pas qu'elle ait provoqué chez eux |des changements appréciables.

De la théorie de Steinmetz nous ne pouvons rien retenir, et si elle était la seule manière d'envisager la guerre au point de vue biologique, nous considérerions notre tâche comme terminée.

Mais, tandis que Steinmetz ne voit dans la guerre qu'un fait humain, Darwin y voit un fait commun à tous les organismes. On connaît l'essentiel de sa théorie. Elle repose sur cette idée que le nombre des individus de chaque espèce augmentant suivant une progression géométrique, la terre entière serait depuis longtemps surpeuplée si tous les nouveau-nés survivaient et se développaient. Seulement, en raison même de leur nombre excessif, une lutte constante et active s'établirait entre eux, qui provoquerait la mort de la majorité. Ce sont, naturellement, les individus les plus forts, les mieux organisés, en un mot les plus aptes qui persisteraient. La lutte, suivant Darwin, a lieu entre tous les êtres, mais surtout entre les individus de la même espèce, détruisant les chétifs et les débiles, donnant le pas à ceux que favorisent des avantages de tous ordres. Un progrès incessant en serait la conséquence.

Dans la pensée de Darwin, la « lutte pour l'existence » doit être comprise dans un sens métaphorique ; elle s'applique aussi bien à la compétition sanglante, se terminant par la mort de l'un des adversaires, qu'aux difficultés de vivre résultant, pour un organisme, de circonstances diverses. La plante du littoral marin « lutterait » contre la sécheresse ; tout être « lutte » contre les conditions physiques d'existence. A vrai dire, s'adressant à un si grand nombre de faits, la métaphore devient inexpressive et ne donne plus, des phénomènes, qu'une image très inexacte. Sans pousser bien loin l'analyse, chacun de nous se rend compte qu'il n'accomplit aucun acte ressemblant de près ou de loin à un combat lorsqu'il respire, qu'il mange ou qu'il dort. Soumis aux conditions extérieures, nous les subissons sans la moindre peine, et lorsque nous faisons un effort quelconque, nous ne « luttons » pas davantage contre ces conditions, nous tentons simplement de faire plus que notre organisation et ces conditions ne le permettent. Si nous marchons d'un pas tranquille et régulier, nous n'éprouvons aucune gêne, notre cœur bat normalement, le sang coule librement dans nos vaisseaux, ses échanges gazeux s'effectuent sans difficultés. Mais si nous nous mettons à courir, du coup notre chimisme interne se transforme, le travail du cœur augmente, la respiration se précipite et nous éprouvons quelque gêne. Notre effort, toutefois, n'a rien d'une lutte, même au sens métaphorique : les conditions physiques ne peuvent pas nous donner ce que nous leur demandons, notre organisation ne se prête pas à certaines manières de vivre, ces conditions étant données.

Par son imprécision même, d'ailleurs, la métaphore darwinienne a porté tort à l'idée qu'elle voulait mettre en relief. Les successeurs de Darwin, perdant de vue tous les cas où a vraiment lieu une interaction sans violence, concentrent leur attention sur le corps à corps, sur la lutte dans son sens le plus strict, où le plus fort l'emporte sur le plus faible, et ils admettent, en principe, que la victoire doit appartenir nécessairement au premier.

C'est ce point de vue restreint que plusieurs théoriciens allemands de la guerre ont compris et admis. Pour eux, la vigueur physique va de pair avec la vigueur intellectuelle et tout organisme mieux doué que ses congénères l'emporte forcément sur eux. Appliquant délibérément à l'homme ce qu'ils considèrent comme une loi générale, ils proclament que la maîtrise du monde doit appartenir au peuple qui a su organiser sa force matérielle grâce à sa valeur intellectuelle. La maîtrise doit lui appartenir, non seulement parce qu'il est le plus fort, mais aussi parce que les peuples faibles n'ont droit qu'à la part d'existence que l'autre veut bien leur concéder. Et ceci n'est pas une exagération, encore moins une calomnie. Le général von Bernhardi, dans un livre célèbre, *L'Angleterre vassale de l'Allemagne*, écrit : « Où que nous regardions dans la nature, nous trouvons que la guerre est la loi fondamentale de l'évolution. Cette grande vérité, qui avait été déjà reconnue dans les siècles passés, a été démontrée d'un manière convaincante par Charles Darwin. Il a prouvé que la nature est gouvernée par la lutte incessante pour l'existence, par le droit du plus fort et que cette lutte, dans sa dureté apparente, produit une sélection en éliminant les faibles et les nuisibles. » De son côté, et partant du même point de vue, le chimiste allemand Ostwald, dans l'un de ses *Sermons monistes du dimanche*, déclare que quand un antagoniste l'a emporté sur l'autre, « alors seulement le droit fait son apparition comme l'expression du rapport entre les forces respectives. »

Bismarck, bien avant lui, avait affirmé que la force fait le droit.

Bismarck, il est vrai, ne s'embarrassait point de théories biologiques ; l'argument du plus fort lui suffisait pour légitimer une agression et une spoliation, l'argument du détrousseur de grands chemins. Une caste de l'Allemagne d'aujourd'hui préfère dégager sa responsabilité en se parant d'un appareil scientifique. Elle n'use point de sa force pour son bon plaisir, mais parce que cette force lui crée l'obligation de prendre en mains la destinée des faibles. Elle ne désire point les supprimer, mais leur retirer l'indépendance et leur infuser la « Kultur », les transformer en un mot.

*
* *

Darwin, sans doute, n'avait pas prévu cette conséquence de ses doctrines et, sûrement, il verrait avec surprise l'Allemagne se couvrir de son nom pour glorifier la force brutale. Quoiqu'il en soit, la question est posée et nous devons rechercher, il nous importe de savoir, si la théorie de la sélection naturelle légitime l'invasion de la Belgique, l'écrasement de la Serbie et toutes les atrocités commises depuis 1914 par les armées des puissances centrales ; il nous importe de savoir si les phénomènes biologiques actuellement connus donnent à la violence le droit de gouverner le monde. Examinons donc les faits et cherchons comment les êtres vivants se comportent les uns vis-à-vis des autres.

Souvent, reconnaissons-le, il y a lutte au sens vrai du mot. Nombre d'animaux se procurent leur subsistance par l'agression violente, soit qu'il y ait entre eux compétition pour la même proie, soit qu'il s'agisse de capturer cette proie. Mais si la vie de ces animaux dépend du succès de leurs agressions, il ne s'ensuit pas que celles-ci soient constamment couronnées de succès. Les circonstances de l'attaque jouent un rôle aussi important que la puissance musculaire. Cette dernière ne l'emporte, en principe, que si la rencontre a lieu en terrain libre et de telle manière que les antagonistes puissent utiliser tous leurs moyens. Encore convient-il de remarquer que la défaite n'entraîne pas nécessairement la mort. Une bataille de chiens, prototype de ce genre de luttes, se termine généralement par la fuite du plus faible, battu ou blessé, capable néanmoins d'aller trouver ailleurs un aliment quelconque. Peut-être trouvera-t-il plus faible que lui ; à son tour il vaincra et sa victoire n'aura pas plus de gravité que sa défaite précédente.

Fréquemment, très fréquemment, la disposition des lieux intervient dans les rencontres et favorise l'un des combattants au détriment de l'autre, quel qu'il soit et indépendamment de sa force musculaire. Bien des chenilles, par exemple, vivent enfermées dans les tissus végétaux qu'elles mangent en creusant les galeries. D'autres larves, des larves de mouches en particulier, se comportent d'une manière analogue dans les tissus animaux. Tout va bien quand chacune de ces larves reste seule, isolée de ses congénères. Mais, souvent, un second individu pénètre dans le même tissu, creuse à son tour une galerie et, tôt ou tard, débouche dans la galerie du premier occupant : les deux larves se rencontrent, que va-t-il se passer? Cela dépend de la situation respective des deux individus au moment de la rencontre. Parfois l'un des deux tourne le dos à l'autre et reçoit les coups sans pouvoir les rendre ; parfois l'assaillant débouche au-dessous ou au-dessus de l'assailli qui est mortellement blessé avant d'avoir pu se retourner ; ou bien encore, la taille de l'assaillant étant plus petite que celle de l'assailli, le calibre de la galerie du premier est relativement étroit et ne livre pas passage au second : celui-ci, matériellement le plus fort, se trouve livré sans défense aux coups de celui-là, matériellement le plus faible. D'autres éventualités, évidemment, se produisent qui rendent défavorables au plus faible les conditions de la rencontre. Mais alors une question se pose : quand le plus faible succombe, d'où provient exactement sa faiblesse ? provient-elle d'une débilité foncière ou d'une simple question d'âge ? Tantôt de l'une, tantôt de l'autre, sûrement ; et, dans le second cas, la disparition du « plus faible » ne sera-t-elle pas celle d'un individu véritablement robuste, bien doué, plus et mieux peut-être que le « plus fort » qui persiste ? En toute occurence, le fait que deux individus de même espèce et de force inégale entrent en conflit ne permet pas de préjuger du résultat et d'en apprécier la valeur.

Et nous n'en préjugeons pas davantage quand la lutte a lieu entre individus d'espèces différentes. Ici, la question se complique. Envisagés, en effet, au point de vue d'un combat possible, deux antagonistes de même espèce possèdent des moyens d'attaque et de défense comparables et nous n'avons à tenir compte que d'une différence relative de force, quelle qu'en soit l'origine. Au contraire, si nous comparons deux antagonistes d'espèces différentes, à la différence de force s'ajoute la différence des moyens. Comment déciderons-nous de leur valeur respective ? Dans un corps à corps, le moindre incident favorise un adversaire plutôt que l'autre et il peut suffire d'un léger accident du sol, d'un jeu de lumière, d'un déplacement de quelques centimètres, du moindre incident pour transformer complètement un résultat. Les fourmis, à cet égard, nous fournissent des exemples tout à fait remarquables. Plusieurs espèces, on le sait, se livrent de véritables batailles. Parfois la force brutale y intervient seule et donne la victoire ; mais parfois aussi l'espèce la plus forte succombe. Ainsi *Formica exsecta* est une espèce délicate qui se bat fréquemment avec les espèces sensiblement plus volumineuses qu'elle, telles que *Formica pratensis*. Grâce à la petitesse relative de sa taille, et quand les circonstances s'y prêtent, *Formica exsecta* évite les morsures de *Formica pratensis*, parvient à grimper sur son dos, la saisit par le cou et lui coupe la tête. D'autres fourmis, *Polyergus rufescens*, attaquent les espèces formant des troupes très supérieures en nombre ; néanmoins elles ont souvent le dessus : en effet, tout *Polyergus* aux prises avec un antagoniste quelconque lui saisit la tête avec ses mandibules et fréquemment le tue, qu'il paraisse être ou non le plus fort en manière absolue.

La différence des moyens et la difficulté où nous sommes de savoir de quel côté se trouve la supériorité apparaît avec une netteté particulière quand on compare des animaux très dissemblables, tels qu'un reptile et un oiseau. On sait que le serpentaire, gros oiseau rapace, capture et tue, entre autres proies, des serpents de forte taille. A notre jugement humain, l'ophidien possède toutes les qualités nécessaires pour échapper à l'oiseau, soit qu'il s'enroule autour du corps de son agresseur et l'étouffe, soit qu'il le pique et l'empoisonne. Même, il semblerait qu'en raison de sa souplesse, le serpent doit constamment l'emporter sur l'oiseau. Mais celui-ci a généralement le bénéfice de l'attaque; en outre, il bat violemment des ailes, meurtrit sa victime avec ses serres et parvient à l'immobiliser en l'étourdissant. Lequel des deux cependant est le plus fort, le mieux armé? Assurément ce peut être tantôt l'un, tantôt l'autre, au gré des rencontres ; en tout cas, le résultat ne tient guère à ce genre de supériorité; il varie, non pas en fonction de la vigueur physique des antagonistes, mais en fonction de circonstances nombreuses et souvent inappréciables pour nous. Que l'oiseau fasse un faux mouvement, qu'il trébuche sur le corps du serpent qui se tortille en tous sens et celui-ci aussitôt se débarrasse de son agresseur.

Ce n'est pas tout encore. Dans certains cas, le « plus fort » perd franchement la partie parce que les plus faibles se liguent contre lui et transforment sa force en faiblesse. Des fourmis du genre *Lasius* suppléent de cette manière par le nombre à la force. Plusieurs individus saisissent un antagoniste par les pattes et les antennes et le réduisent à l'impuissance. Divers oiseaux procèdent de même. Au dire de Sievertzoff, les rives de nombreux lacs des steppes russes sont peuplées de myriades d'oiseaux aquatiques appartenant à une vingtaine d'espèces : goëlands, hirondelles de mer, pluviers, bécasses, canards, etc.; survienne un aigle, un faucon, un milan, des centaines de goëlands on d'hirondelles de mer se mettent aussitôt à le chasser, l'attaquent de tous côtés et le contraignent à la retraite. L'agresseur cependant est organisé pour la rapine : il voit à merveille, vole haut et longtemps, son bec est puissant aussi bien que ses serres; néanmoins, en dépit de ses forces et de ses qualités il ne parvient pas à dominer.

Ainsi, l'analyse des faits montre que la violence, quels que soient les moyens mis en œuvre et les circonstances dans lesquelles elle se manifeste, ne donne jamais qu'un résultat relatif : l'individu qui obtient la supériorité n'est le plus fort et le plus apte qu'en fonction de conditions toujours changeantes.

*
* *

Cette constatation a bien son importance. Toutefois, il ne nous suffit pas de savoir que les effets d'un corps à corps ou d'une bataille rangée ne dépendent pas de la force au sens absolu; il nous faut encore, et surtout, savoir si deux êtres vivants ne peuvent se rencontrer sans se battre, si les rapports des organismes entre eux se réduisent obligatoirement à échanger des coups, comme on voudrait nous le faire croire.

Or, il n'en est rien. Il n'y a pas toujours « lutte », alors même qu'il y a compétition, et la compétition n'est pas forcément suivie de victoire ni de défaite. Voici des mélèzes plantés d'une façon très dense ; ils puisent leurs matériaux nutritifs dans un étroit espace. Ces matériaux sont répartis proportionnellement entre tous et l'on ne peut dire que l'un d'eux enlève à l'autre une parcelle d'aliments. Mais la quantité de nourriture ne suffit pas pour le nombre des arbres à nourrir ; aussi tous végètent-ils misérablement et deviennent-ils rapidement victimes d'un champignon parasite, un pezize, qui active la déchéance organique. Les mélèzes meurent successivement, et les derniers survivants sont trop atteints pour bénéficier de la disparition des autres. Entre ces individus de même espèce ne s'établit donc aucune sélection efficace; **tous** subissent tôt ou tard, mais de la même façon, l'effet de conditions déplorables ; les plus vigoureux meurent les derniers, ils meurent néanmoins : tous se nuisent mutuellement. Peut-être cependant quelques-uns survivront-ils ? Sera-ce alors les plus résistants ? En aucune manière ; ce seront ceux qui bénéficient de conditions meilleures, ceux qui, en raison de leur situation topographique, sont soustraits à la compétition, les arbres du bord de la plantation dont les racines plongent dans un sol relativement libre. Seul, le hasard préside à la répartition ; les arbres bien placés sont quelconques et leur persistance tient à des causes qui n'ont avec la compétition aucun rapport direct ou indirect.

Souvent d'ailleurs la compétition est beaucoup plus apparente que réelle ; elle n'a, dans tous les cas, aucun effet nuisible. Les larves de la Tenthrède septentrionale, par exemple, vivent constamment en groupes de dix à douze individus qui s'alignent en file serrée, l'un derrière l'autre, sur le bord du limbe des feuilles de bouleau, d'aulne ou de peuplier. Chaque larve pratique dans la feuille qu'elle mange une étroite échancrure qu'elle approfondit, sans l'élargir, en gagnant vers l'insertion du pétiole. Comme toutes les larves groupées appartiennent à la même ponte et ont un développement comparable, elles mangent avec une vitesse sensiblement égale, si bien qu'elles arrivent toutes ensemble jusqu'au voisinage du pétiole, ayant dévoré la feuille presque en entier. Elles se déplacent alors de concert, gagnent une nouvelle feuille, sur laquelle elles se disposent de la même manière. Elles vont ainsi, de feuille en feuille, jusqu'à ce qu'elles aient atteint leur complet développement. Elles ne cessent donc un instant d'être compétitrices au sens strict du mot, mais la compétition n'entraîne chez elles aucun conflit.

Le fait est assez général. Je pourrais encore rappeler les chenilles processionnaires qui, formant des familles entières, habitent un même nid et exploitent le même pin. Beaucoup d'animaux de tous ordres procèdent de même. Avez-vous observé les moineaux? Ils se réunissent par bandes nombreuses composées d'individus venus de toutes parts et s'abattent sur un champ où ils se mettent à picorer. Chacun travaille pour soi et picore sans s'inquiéter du voisin, allant deci, delà, marchant en zig-zag, au gré des trouvailles. Parfois deux individus se précipitent sur le même grain et se heurtent ; un rapide et bref échange de coups de bec résout le conflit en faveur de l'un d'eux, généralement celui qui, étant le plus près, arrive le premier. L'autre en est quitte pour aller plus loin, et bientôt trouve sa pâture. Deux bandes de moineaux se rencontrent-elles? elles se mélangent sans difficultés et sans marquer aucune humeur combattive.

Les pigeons se comportent d'une manière analogue. Les habitants de plusieurs pigeonniers fréquentent les mêmes champs sans batailler ni se nuire, et l'on en pourrait dire autant de bien d'autres espèces d'oiseaux qui s'associent et vont en troupe picorer de droite et de gauche. C'est surtout à l'automne qu'ils se réunissent ainsi, précisément à l'époque où la nourriture se fait le plus rare et où la compétition devrait acquérir toute son acuité. Il n'en résulte, semble-t-il, ni avantage ni dommage.

Pour d'autres, au contraire, la disette fait cesser la compétition. Réunis en nombre quand la nourriture abonde, ils se dispersent à mesure qu'elle se raréfie, soit isolément, soit par groupes d'importance variable. La «compétition» détermine ainsi la migration qui peut avoir, et qui a des conséquences très diverses, sur lesquelles je ne puis insister.

Dans tous ces cas où les organismes affectent entre eux des rapports immédiats et où toutes les conditions paraissent réunies pour qu'ils se nuisent mutuellement, nous ne constatons donc pas que les uns persistent après avoir supprimé les autres. Nous nous rendons compte, en outre, que le fait pour un individu de trouver ou non sa subsistance pendant une période de disette est une question de chance plus encore qu'une question de force ou d'habileté ; et nous constatons surtout l'absence de lutte, sous quelque forme que ce soit.

On ne saurait nier, cependant, que des organismes disparaissent, car nous en connaissons des exemples. S'agit-il alors d'une lutte sanglante ou d'une concurrence économique? On l'affirme, et cela peut arriver. Mais très souvent c'est une affirmation pure : on constate une disparition, on admet une lutte par définition et on conclut sans preuves. Or, nous avons actuellement de bonnes raisons de croire que bien des légendes ont pris figure de faits bien établis et que, souvent, les phénomènes sont tout autres. Loin de soutenir la thèse allemande, ils la condamnent. Ainsi, sur la foi de Darwin, l'opinion s'est accréditée que les rats noirs indigènes avaient partout cédé la place au rat gris de Norvège, sous l'influence de la concurrence vitale. A vrai dire, en la circonstance, le mécanisme de cette concurrence échappe complètement et rien ne prouve qu'elle ait jamais eu lieu. Personne n'a assisté à la substitution d'une espèce à l'autre. Ce que nous constatons, en Angleterre, par exemple, c'est que rat noir et rat gris coexistent, mais n'ont pas tout à fait le même habitat ni tout à fait le même régime. Il y a eu probablement confusion, ce qui s'explique facilement. Le rat de Norvège pullule dans les égouts ; il est de teinte grise, mais il existe une variété noire qui n'a aucun rapport avec le rat noir indigène. Les deux variétés vivent ensemble et s'accouplent. Néanmoins, les individus noirs se raréfient. En 1872, Milne Edwards en comptait environ un cinquième, parmi les rats capturés au Muséum de Paris. Lapicque et Legendre, en 1911, estiment, d'après leurs observations, que la proportion se réduit à un quinzième. Or, on ne peut faire entrer ici en ligne de compte la concurrence vitale. Variété noire et forme grise se rencontrent dans les mêmes nichées, et s'il se produit quelquefois une compétition strictement individuelle, la couleur du pigment n'y intervient pas. Suivant toute vraisemblance, la raréfaction des rats noirs résulte du croisement et nous assistons à une sorte d'absorption du noir par le gris. L'explication, infiniment plus rationnelle que celle d'une concurrence hypothétique, trouve un très sérieux appui dans les expériences de Tower. Tower place ensemble, en cultures libres, plusieurs espèces de Chrysomèles; il leur fournit de la nourriture en quantité largement suffisante pour éviter toute disette et éliminer toute compétition d'ordre alimentaire. Des élevages semblables sont faits dans des régions différentes, de façon à varier les conditions climatériques. [Toutes]les espèces réunies s'accouplent entre elles, indistinctement; or, dans tous les cas, à la 4ᵉ ou 5ᵉ génération l'élevage ne renferme plus guère qu'une seule forme. Dans deux contrées différentes, par exemple, Tower met ensemble *Leptinotarsa undecimlineata* et *L. signaticollis :* dans l'une des contrées la première persiste seule, tandis que c'est l'autre dans la seconde. Rien ne permet de penser à une destruction directe ou indirecte, la compétition alimentaire n'existe pas et aucune des conditions générales de vie ne fait défaut. Nous sommes simplement en présence d'un effet du croisement; les produits des accouplements entre deux formes appartiennent presque exclusivement à l'une d'elles, qui est *L. undacimlineata* dans une contrée et *L. signaticollis* dans l'autre. Tout se passe comme si une espèce absorbait l'autre en fonction du climat. Des expériences préalables autorisent d'ailleurs Tower à conclure dans ce sens : des croisements surveillés de très près et suivis en cultures pédigrées dans des conditions d'humidité et de température variées donnent, en effet, des produits exclusivement et définitivement semblables à l'un des deux parents. Parfois, cependant, il arrive que la forme persistante est une forme hybride, dont la production souligne le phénomène.

Evidemment, à s'en tenir au résultat brut des expériences, on peut dire qu'une espèce en supplante une autre. Si nous ignorions les conditions de la substitution, nous pourrions être tentés d'invoquer *a priori* la concurrence vitale et la persistance du plus apte, interprétation que l'on admet toujours pour expliquer les disparitions vraies ou supposées. Or, très souvent, sans doute, nous sommes réellement en présence des phénomènes mis en évidence par Tower, ou d'un phénomène analogue. Ces phénomènes n'ont, avec la lutte pour la vie, aucun rapport direct ou indirect. Les organismes en présence, espèces voisines ou variétés, s'accouplent, l'une des formes disparaît ou se raréfie, mais cette disparition ou cette raréfaction morphologique ne correspondent à la mort d'aucun individu ni à leur infécondité. Pour invoquer encore la concurrence, il faudrait l'envisager à une autre échelle, et nous tomberions alors dans des subtilités étrangères au domaine scientifique.

Ce n'est pas tout encore. Non seulement la compétition n'intervient à aucun degré dans bien des cas où les naturalistes croyaient en constater les effets, mais dans bien d'autres cas les relations des organismes entre eux sont exactement le contraire de la compétition : l'association. Oh ! celle-ci s'établit dans des conditions très diverses. Tout à l'heure je faisais allusion à des faits de cet ordre en indiquant que des insectes ou des oiseaux se liguaient contre leurs agresseurs. Il s'agissait alors de ligue brutale. Mais l'association s'établit sous des formes toutes différentes et se traduit par des échanges variés entre plusieurs organismes. Même, on peut dire que l'échange est, dans la nature, un phénomène très fréquent, sinon général ; il est assez fréquent, en tout cas, pour que je ne puisse songer à en examiner toutes les manifestations et que je doive me borner au simple rappel des plus significatives et des mieux connues.

Quiconque a mangé des moules se souvient certainement d'avoir trouvé un petit crabe à l'intérieur de quelques-unes |d'entre elles Ce crabe, le pinnothère, ne vit pas plus aux dépens de son hôte que celui-ci ne vit à ses dépens. Le pinnothère profite d'un habitat dans lequel l'eau se renouvelle activement, tandis que la moule bénéficie des reliefs alimentaires que le crabe abandonne. Les bernards, l'hermite et les anémones de mer se prêtent également un mutuel concours, et souvent encore la coquille dans laquelle loge le bernard porte une colonie de polypes qui joue un rôle dans l'association.

Là, comme ailleurs, ce rôle n'est pas toujours nettement défini; mais dans bien des circonstances nous nous rendons compte qu'il touche à la nutrition générale et consiste en de véritables échanges, directs ou indirects et sous des formes multiples. Les divers organismes ne se nourrissent pas de la même manière ; ils n'empruntent donc pas au milieu les mêmes éléments et ne rejettent pas des produits d'excrétion identiques. Si certains d'entre eux sont antagonistes en raison de la similitude de leurs moyens d'existence, un grand nombre d'autres se créent mutuellement des circonstances favorables. Tel champignon, étudié par Molliard, ne prospère bien qu'en présence d'une bactérie et le cas n'est pas isolé ; il rappelle, du reste, le classique lichen. Au surplus, quiconque a tenté d'élever des animaux en aquarium sait bien qu'il existe une sorte d'« équilibre biologique », grâce auquel certaines espèces coexistent dans d'excellentes conditions. Les algues vertes suppriment l'ammoniaque libre dans l'eau, elles dégagent de l'oxygène, tandis que certains animaux, par leur présence, favorisent le développement de certains autres. Suivant Vernon, par exemple, une eau où vivait des mollusques, des crabes, des poissons constitue un excellent milieu pour les larves d'oursins. Suivant toute évidence, les déchets des premiers aident à la nutrition générale des seconds.

Il me paraît inutile de multiplier les exemples. L'ensemble de ceux qui précèdent suffit pour montrer que les relations des organismes entre eux sont infiniment complexes, infiniment plus que ne le laisseraient croire des affirmations simplistes. Certes, bien des organismes vivent aux dépens des autres, et il serait puéril de nier leur action destructrice. Mais il ne faut pas voir en elle un phénomène général qui dérive de la concurrence vitale et nuise nécessairement à la vie individuelle ou spécifique. L'insecte qui cueille le pollen ou aspire le nectar des fleurs, la plante ou l'animal qui vit des déchets organiques, le mallophage (ricin) qui habite dans les fourrures des mammifères ou le plumage des oiseaux et vit de débris épithéliaux, de poils ou de plumes, l'animal qui ronge quelques feuilles, l'herbivore qui broute l'herbe d'un pré ne portent aucune atteinte à la vie de leurs hôtes. Bien des parasites, même, ne provoquent qu'une gêne plus ou moins passagère tout en prélevant quelques fragments de tissus ou tout en détournant à leur profit quelques parcelles alimentaires. Évidemment, au sens littéral, nous devons parler d'action destructrice ; mais nous devons aussitôt ajouter qu'elle se réduit souvent à un incident dénué d'importance et qui ne peut être, sans abus, assimilé à une « lutte ». On n'aperçoit ni conflit, ni résistance. Dès lors, si nous essayons de jeter un regard d'ensemble sur l'activité des êtres vivants, nous apercevons non pas une lutte universelle entre organismes qui s'entre-dévorent, mais une interdépendance générale qui se présente sous les aspects les plus divers et dont on ne saurait dire que l'un domine plutôt que l'autre, ni qu'il prédomine, qu'il est véritablement l'aspect essentiel. Tout organisme influe sur son voisin, il peut le favoriser, le gêner ou lui nuire et c'est en cela que consiste strictement l'interdépendance générale. Si la lutte violente a lieu parfois, elle n'est qu'un épisode, parmi tant d'autres, de cette interdépendance. A tout prendre, même, les véritables actions destructrices se terminant par la mort ne sont pas les plus fréquentes. Bien mieux, elles n'ont pas forcément pour résultat la disparition d'un individu plutôt que d'un autre. Tout spécialement, la lutte entre individus de *même espèce* n'a pas l'importance qu'on lui accorde depuis Darwin. Elle aussi n'est qu'un incident, souvent sans portée, et dont l'issue dépend d'un ensemble de circonstances qui favorisent tantôt les uns, tantôt les autres.

Non vraiment, la lutte n'est pas l'essence de l'être ; la guerre n'est pas la loi du monde.

*
* *

Et cette conclusion s'applique intégralement à l'homme (1). La lutte brutale n'est pas plus inhérente à la nature humaine qu'à celle de n'importe quel organisme.

Pourtant, certains affirment la nécessité de la guerre dans l'espèce humaine ; ils ajoutent même qu'elle est un bien. Steinmetz insiste avec complaisance sur les dangers que courrait l'humanité si la guerre pouvait être supprimée : ce serait l'arrêt du développement de toutes les forces humaines, l'arrêt des progrès de la civilisation, l'engourdissement éternel et la décrépitude du monde. La guerre maintiendrait les États et les peuples dans leur isolement; elle éviterait ainsi l'interpénétration des États qui entraînerait le relâchement des liens sociaux, condition même de l'humanité.

Ce sont là billevesées sans consistance. L'interpénétration des États ne supprime pas la diversité des conditions d'existence, la diversité des produits du sol et, par suite, la diversité des produits industriels et commerciaux ; elle ne supprime pas davantage les besoins intellectuels de l'homme qui sont, eux aussi, objet d'échange. Quelle que soit l'étendue des groupements humains, quel que soit le nom qu'on leur donne, l'existence de ces groupements résulte des nécessités géographiques et politiques, de même que leur interdépendance. La guerre

---

(1) Chalmers-Mitchell a récemment tenté de prouver (*Le Darwinisme et la guerre*, Paris, Alcan, 1916) que l'homme diffère essentiellement des autres organismes parce qu'il avait l'apanage exclusif des phénomènes de conscience. J'ai montré (*Revue scientifique* 1916) que rien n'autorisait cette assertion. — Un autre auteur, par des arguments tout différents, a tenté d'établir que l'homme était d'essence spéciale ; ses affirmations reposent sur une méconnaissance profonde des données biologiques les plus élémentaires, ainsi que je l'ai fait ressortir dans un article de la *Revue scientifique* : (Qu'est-ce que la Biologie humaine?, 1917).

n'y ajoute rien, elle n'est que destructrice. Loin d'aider au progrès, elle provoque, comme on l'a dit souvent, la disparition des meilleurs, elle est l'occasion d'une sélection à rebours.

Steinmetz le nie, déclarant que les exemptés ne sont pas seulement des débiles, mais aussi des hommes affectés d'un léger défaut physique, prétextant, en outre, que les officiers d'un grade élevé, les plus âgés et les moins utiles, sont les plus exposés au danger. Mais il suffit de regarder ce qui se passe aujourd'hui, sous nos yeux, pour être certains que l'élite même de notre jeunesse succombe dans la tourmente et que la nécessité de remplir les vides amoindrit beaucoup la sévérité des conseils de révision. Comment, dès lors, trouver dans toutes ces causes de destruction la moindre cause de progrès? Lorsque des nations entières ont l'esprit tendu vers les moyens de guerre, où trouveraient-elles le temps, la liberté d'esprit nécessaires pour développer les recherches scientifiques, dans le sens le plus large, seule source du progrès intellectuel, industriel et commercial? En créant des conditions défavorables, la guerre supprime les possibilités de cet ordre, tandis que la concurrence pacifique, en provoquant, par l'émulation, la prospérité active, pousse à la poursuite des améliorations de tous ordres.

C'est exactement le contraire de ce que pensait Darwin, mais c'est un fait d'observation. Luther Burbank, qui a consacré sa vie à améliorer les plantes cultivées, n'a jamais obtenu de variations nouvelles que dans un sol riche et dans des conditions générales favorables. La pénurie d'aliments ou leur surabondance excessive entraînent, au contraire, la régression. C'est au moment où les conditions sont les plus rigoureuses, la lutte la plus vive et la sélection la plus active que les organismes évoluent le moins. Et nous en faisons aujourd'hui la terrible expérience : tout stagne ou régresse, nous appliquons les connaissances acquises dans une seule direction ; nous n'avançons pas, nous reculons.

Qu'il y ait des hommes enclins à prendre les armes pour satisfaire un besoin de domination ou obéir à quelque influence mystique, nous ne pouvons que le constater. Mais si les buts que poursuivent ces hommes expliquent *des* guerres en particulier, ils ne légitiment pas *la* guerre en général et ne lui confèrent nullement un caractère de nécessité. D'une part, l'organisation de la rapine est un idéal assez bas qui disparaît devant la civilisation, et d'autre part la tolérance gagne à mesure que l'homme s'instruit et se développe. La conviction se répand de plus en plus que les conflits des intérêts et des idées doivent se résoudre par le travail de la pensée et non par la bataille.

Les faits que nous vivons semblent peut-être en contradiction flagrante avec ces affirmations. Beaucoup moins, cependant, qu'il n'y paraît au premier abord. Malgré tout, les idées cheminent, rayonnent et s'imposent, la civilisation s'étend, et peut-être suffira-t-il de ramener quelques hobereaux prussiens à une plus saine appréciation des contingences pour obtenir des résultats importants.

J'entends venir, cependant, l'objection capitale, l'objection de principe. Les hommes, direz-vous, vivent en sociétés, ils constituent des groupements distincts, nettement différenciés. Entre ces groupements, de même qu'entre les individus à l'intérieur d'un groupement, des frictions sont inévitables. Qui le nie? Les intérêts particuliers se heurtent, à coup sûr, et d'autant mieux que la compétition, parmi les hommes, prend la forme de concurrence économique. Mais encore ici le problème est complexe et n'admet pas la solution simpliste tirée du darwinisme. Dans cette concurrence, le vaincu ne l'est jamais tout à fait et le vainqueur ne l'emporte pas d'une façon définitive. En fait, chacun se trouve finalement ramené à la place que ses qualités lui assignent. Tel individu, tel groupement prospère et tel autre végète avec des fluctuations incessantes. A tout instant, les conditions changent, de grandes affaires périclitent et de petites se développent.

C'est que, là aussi, il faut envisager l'ensemble. La compétition nous impressionne et il nous semble qu'elle est la seule source de toute activité. Or, elle n'est qu'un élément de l'interaction des hommes. Aucun d'eux ne se suffit à lui-même ; aucun pays ne produit tous les matériaux utiles à la vie quotidienne de ses habitants, tandis que presque tous produisent certaines substances en plus grande quantité qu'ils n'en consomment. Dès les temps les plus reculés, les peuples ont échangé leur superflu pour avoir le nécessaire, ils se sont mutuellement porté secours ; confusément, ils ont bien senti leur étroite et inéluctable solidarité, et l'on peut, en conséquence, affirmer que l'entr'aide est beaucoup plus naturelle à l'homme que la guerre.

Oh ! sans aucun doute, les relations d'échange soulèvent, un moment ou l'autre, quelque conflit; sans doute encore, des envieux outillés pour la rapine tentent, par la menace, d'imposer leurs conditions et leur loi. La guerre sera-t-elle donc inévitable? Persuadons-nous bien qu'il n'existe pas d'instinct guerrier et gardons-nous de croire à la fatalité des conflits armés ; gardons-nous surtout de nous lamenter à ce sujet et d'aller répétant que la guerre est un mal inévitable. Tâchons bien plutôt de comprendre qu'elle est l'effet d'un ensemble de circonstances que nous pouvons, que nous devons modifier.

Tout notre effort doit tendre à supprimer la guerre. Il faut pour cela organiser l'interdépendance dans laquelle nous vivons, jeter les bases d'un vaste contrat mondial qui, sans rien diminuer de l'intensité des échanges, empêche les conflits inévitables de dégénérer en catastrophes. C'était l'utopie d'hier, ce sera la réalité de demain.

Mais pour aboutir à cette organisation, il faut avant tout réduire à l'impuissance l'ennemi qui a forcé nos frontières. Il est physiquement le plus fort: déjà contre lui nous avons fait l'union des faibles et, une

fois de plus, nous prouverons que dans la lutte brutale, la force physique dépend des circonstances et n'est que relative ; une fois de plus
nous prouverons que le Français, impétueux et intrépide, ne perd
jamais courage, supporte privations et fatigue, quoiqu'en ait dit
Machiavel. Nous tenons et nous tiendrons! A la force matérielle de nos
ennemis nous opposons une force matérielle au moins équivalente,
et nous ajoutons à ces moyens un élément qui leur donne une puissance
invincible : la force morale. Celui-là, dit-on, aura la victoire qui tiendra un quart d'heure de plus : conservons confiance en notre cause, dans
nos qualités diverses, gardons notre force morale et ce quart d'heure
est à nous.

CONFÉRENCE FAITE A CLERMONT-FERRAND

Samedi 23 Février 1918

La séance s'est tenue à 20 heures, dans le grand amphithéàtre de la Faculté des Lettres, sous la présidence de M. Glangeaud, Professeur à la Faculté des Sciences de Clermont.

Allocution de M. Ph. Glangeaud

Mesdames, Messieurs,

En ouvrant cette séance, je tiens tout d'abord à remercier le nombreux auditoire qui nous a fait l'honneur d'accepter l'invitation de l'Association Française pour l'Avancement des Sciences, notamment M. le Préfet, M. le Recteur Causeret, M. le Général Dantant commandant la 13e région, MM. Mathias et Audollent, doyens des Facultés des Sciences et des Lettres, tous mes collègues et toutes les personnalités de Clermont-Ferrand qui remplissent cette salle.

Nos remerciements vont aussi à l'Association Française pour l'Avancement des Sciences qui porte si allègrement ses quarante-six années d'existence, et qui a tenu deux de ses congrès annuels à Clermont.

Beaucoup d'entre vous se rappellent, sans doute, celui, particulièrement brillant, qui eut lieu en août 1910, où nous entendîmes la grande voix de l'illustre et regretté chimiste anglais Sir William Ramsay, qui a tant lutté, dans son pays, au début des hostilités, pour faire déclarer le coton contrebande de guerre.

Depuis 1916, sous l'initiative de son actif et éminent secrétaire général, le docteur Desgrez, professeur à la Faculté de Médecine de Paris, l'Association Française pour l'Avancement des Sciences, a rendu de nouveaux services au pays en faisant traiter, à Paris et dans des grandes villes, quelques-uns des principaux problèmes qui intéressent le plus l'avenir de notre patrie.

L'un de ces problèmes a trait à notre nouvelle colonie africaine, à ce pays neuf, qui, à peine conquis, nous a montré son amour et son attachement en nous envoyant un grand nombre de ses vaillants enfants pour nous défendre contre des misérables, qui après avoir annexé Dieu, le vilain dieu boche, ne rêvaient pas moins que de nous réduire en esclavage.

Nul n'était plus qualifié pour nous parler du Maroc, demeuré si longtemps fermé à la civilisation européenne avant l'établissement de notre protectorat, que mon ami, M. Louis Gentil, professeur à la Sorbonne, car depuis treize ans il n'a cessé d'explorer l'Empire chérifien, montrant une fois de plus que la pénétration militaire gagne beaucoup d'être précédée de la pénétration scientifique.

M. Gentil a parcouru le Maghreb alors qu'il y avait grand péril à le faire, parfois avec sa vaillante femme. Dans ces conditions, et suivant les traces des Hooker, Ch. de Foucault, Joseph Thomson, marquis de Segonzac, etc., il a pu étudier successivement les différentes parties du Maroc : notamment la trouée de Taza, puis cette grande région montagneuse, peu connue avant lui, le Haut Atlas, dont les hauteurs atteignent 4.000 mètres, le Moyen Atlas, l'Anti-Atlas, les plateaux du Draa et du Tafilet, puis la riche Meseta marocaine, comparable, d'après lui, à la Meseta espagnole et à notre Massif Central français. M. Gentil nous a fait connaître ses belles découvertes qui ont intéressé non seulement les géologues, mais aussi les géographes, les économistes et le monde militaire, car il a été souvent obligé de faire des levés de terrain là où il n'existait aucune carte ou que des cartes rudimentaires.

Il a exploré aussi le grand massif volcanique du Siroua, ce nœud hydrographique de premier ordre entre le Haut Atlas et l'Anti-Atlas ; la chaîne du Rif, qui se prolonge par le Cordillère bétique, et montré que le détroit de Gibraltar, de date relativement récente, n'avait été ouvert qu'après la fermeture d'un détroit sud-rifain, suivant les vallées de la Mlouya et de l'oued Sebou.

Les résultats importants des études de M. Gentil ont fait davantage apparaître cette vérité que tout géographe devrait être doublé d'un géologue, pour comprendre, non seulement l'architecture, mais aussi l'économie d'un pays. N'est-ce pas l'un d'eux, et non l'un des moindres, qui disait avec humour : « La plus grande découverte faite par les géographes, dans ces cinquante dernières années, c'est la géologie. »

Dans ses recherches, M. Gentil a montré la hauteur et la diversité de son esprit. Il a été fréquemment consulté par les généraux d'Amade et Lyautey dans de multiples circonstances, et pendant la conquête, s'est tenu longtemps à l'avant-garde de nos troupes pour rechercher scientifiquement des points d'eau, si importants à connaître pour une armée en campagne et dans un tel pays.

Peu après, il publiait des données très suggestives sur les climats et les diverses terres fertiles du Maghreb. La terrible guerre que nous subissons n'a pas arrêté son activité, car il a traversé treize fois la Méditerranée, depuis le début des hostilités et il a continué ses explo-

7

rations orientées en partie, maintenant, vers un but essentiellement pratique : hydrologique, agricole et minier, but qui doit être celui de toute science. Elles contribueront à une mise en valeur plus rationnelle et plus efficace de notre héritage marocain.

En [vous donnant la parole et en vous exprimant à l'avance tous nos meilleurs remerciements, je suis très heureux de dire, mon cher ami, que l'Association Française pour l'Avancement des Sciences m'a fait beaucoup d'honneur en me demandant de présider cette conférence d'un des meilleurs ouvriers de la colonisation marocaine, d'un grand savant, d'un bon français.

M. Louis GENTIL

Professeur adjoint à la Faculté des Sciences de l'Université de Paris.

LE MAROC, SON PASSÉ, SON AVENIR

Mesdames, Messieurs,

Lorsque le distingué Secrétaire général de l'Association Française pour l'Avancement des Sciences, le professeur Desgrez, m'a demandé, au nom de la Commission des Conférences, de vous entretenir du Maroc, j'ai d'abord éprouvé un profond étonnement.

Tandis que nos frères, nos fils, opposent leur vaillance à l'invasion d'un ennemi aussi rapace que cruel, que chaque jour de nouveaux deuils viennent ajouter au poids de nos tristesses, que notre esprit est tendu vers un seul but : la victoire; comment, en de telles circonstances, pourrais-je traiter, devant l'élite de la population de Clermont, d'un autre sujet que de la guerre?

Mais la réflexion succédant à la surprise, je me suis rendu compte que je pouvais vous parler du Maroc à la condition toutefois, d'envisager le rôle de cette colonie dans la lutte qui, depuis plusieurs années, agite le monde entier.

Le Maroc, en effet, est l'un des plus admirables outils de combat. Son passé évoque toute la genèse de la guerre voulue et déchaînée par un ennemi ambitieux. Enfin, dans l'avenir, il doit contribuer à panser nos blessures, à atténuer les effets d'un cataclysme sans précédent dans l'Histoire.

***

Quelle est, tout d'abord, la configuration générale de notre nouvelle colonie?

Un observateur qui pourrait d'un point de l'espace embrasser d'un coup d'œil l'étendue de pays comprise entre la Méditerranée et le Sahara, la côte atlantique et les confins algériens, serait frappé de voir le Nord-Ouest africain scindé en deux massifs distincts, séparés par une large dépression : au sud l'Atlas marocain, au nord, la chaîne du Rif.

L'Atlas marocain, avec ses sommets pouvant atteindre les hautes altitudes de 4.000 mètres, forme, depuis la côte atlantique, une suite continue de reliefs qui s'élèvent d'abord pour s'abaisser ensuite vers la vallée de la Mlouya ou les régions sahariennes, dans les confins algéro-marocains.

On s'accorde à le subdiviser en plusieurs parties :

1º Le Haut Atlas ou Grand Atlas qui, depuis la région du cap R'ir jusqu'au Haut Guir, court avec une direction E.-N. E-O. S.-O. Il constitue la partie la plus saillante du système orographique du Maghreb. Ses cimes élevées, le djebel Tamjout, le djebel Likoumt et l'Ari Aïach atteignent des hauteurs voisines de 4.000 mètres.

2º L'Anti-Atlas forme un rameau se détachant du Haut Atlas au djebel Siroua (3.300 mètres environ), à peu près aux deux tiers de sa longueur en partant de l'Algérie. Cette chaîne, de plus en plus basse, va s'épanouir vers la côte atlantique, dans le Tazeroualt.

3º Le Moyen Atlas, dont le culminant paraît être au djebel Bou Iblal, se développe au nord du Haut Atlas avec une direction générale sensiblement N.-E. S.-O. Sa jonction avec le Haut Atlas se fait, entre les sources de la Mlouya et Demnat, dans des conditions encore imprécises. Le Moyen Atlas vient mourir entre Taza et la Moyenne Mlouya.

Ces grandes rides montagneuses séparent de vastes étendues de plateaux et de plaines dont la plus importante, comprise entre le Haut Atlas occidental, le Moyen Atlas et le R'arb, est brusquement limitée à la côte atlantique. Cette région, très basse dans la zone littorale, comprend notamment les pays des Chaouïa et des Zaër, des Doukkala et des Abda, ainsi que le Haouz de Marrakech : c'est ce que nous avons désigné sous le nom de *Meseta marocaine*.

Les collines des Djebilet isolent, dans cette région de plateaux, la plaine de Haouz qui s'étend au nord du Haut Atlas, depuis Demnat jusqu'au voisinage de la mer et qui est caractérisée, dans sa partie occidentale, par la fréquence des *gour*.

Plus au sud, le pays du Sous est enserré entre le Haut Atlas occidental et l'Anti-Atlas ; tandis que toute la chaîne de l'Atlas domine une région de plateaux et de plaines, dans le Draa ou le Tafilelt. La monotonie des *gour* et des grandes nappes alluvionnaires y est, parfois, rompue par des collines très étroites, mais pouvant s'étendre sur des centaines de kilomètres, comme celle du djebel Bani.

Dans l'est, les confins algéro-marocains comprennent, encadrées entre les ramifications les plus orientales du Haut Atlas et du Moyen Atlas, d'immenses étendues de plateaux, généralement appelés *gada* (gada de Debdou, de Berguent, du Rekkam, etc.) ou de plaines alluvionnaires couvertes de chotts, parmi lesquels le chott R'arbi.

Le Rif ou Petit Atlas de Ptolémée, tire son nom de la province montagneuse d'Er Rif. On désigne généralement ainsi la chaîne côtière qui, depuis la presqu'île des Guelaïa (Ras Ouark) encadre, au sud, la Méditerranée occidentale jusqu'au détroit de Gibraltar. Elle décrit une courbe assez régulière jusqu'au djebel Moussa ou deuxième colonne d'Hercule.

Le Rif constitue, avec le Moyen Atlas, l'une des parties les moins connues du Maroc. Il s'élève, depuis le cap des Trois-Fourches jusqu'au djebel Tiziren, à près de 2.500 mètres, pour s'incliner ensuite jusqu'au Mont-aux-Singes (djebel [Moussa) qui [domine Ceuta, à l'entrée du détroit.

Il est séparé du Moyen Atlas par la dépression du détroit Sud-Rifain qui offre son maximum de rétrécissement à la « Trouée de Taza ».

Cette dépression, autrefois occupée par un bras de mer, précurseur du détroit de Gibraltar, est aujourd'hui comblée par les sédiments tertiaires ; elle s'élargit, vers l'ouest, entre Rabat et Arzila pour former les plaines du R'arb ; vers l'est, dans la région de la Moyenne Mlouya et des Angad..

Le Rif est peu connu. Il existe une dissymétrie de la chaîne qui, plus ou moins abrupte sur son versant méditerranéen, s'étale en pente douce sur le versant opposé. Ainsi s'explique la forme de la côte déchiquetée en un grand nombre de promontoires qui sont séparés par de profondes vallées sillonnées par des torrents.

Le réseau hydrographique du Maroc diffère de celui du reste de l'Afrique du Nord en ce qu'il comprend des cours d'eau importants, véritables fleuves alimentés en partie, durant la saison sèche, par la fonte des neiges des régions élevées. Les plus remarquables d'entre eux sont généralement encadrés par les principales chaînes de montagnes.

La Mlouya prend naissance à la jonction du Moyen Atlas et du Haut Atlas. Elle coule d'abord (Haute Mlouya) dans une vallée profonde qui sépare ces deux grandes chaînes, puis côtoie la première avant de pénétrer dans la région tertiaire du détroit Sud-Rifain (Moyenne Mlouya). Elle va se jeter dans la Méditerranée (Basse Mlouya) non loin de la frontière algérienne après avoir franchi, dans des gorges profondes, les rides des Beni Snassen et des Beni Bou Yahi.

L'oued Sebou passe auprès de Fez, capitale du Nord. Il développe son réseau sur le flanc septentrional du Moyen Atlas à travers la Meseta marocaine, ainsi que sur le revers méridional du Rif. Il se jette dans l'Océan à Mehdiya, au nord de Rabat ; c'est le seul cours d'eau navigable.

L'Oum er Rbëa descend du Moyen Atlas et l'un de ses affluents les plus importants, l'oued el Abid, coule dans une vallée profonde vers la jonction de cette chaîne et le Haut Atlas. Ce fleuve débouche dans l'Océan à Azemmour après avoir traversé la Meseta marocaine dans une vallée encaissée.

L'oued Tensift, en partie alimenté par les neiges du Haut Atlas, descend du flanc septentrional de cette chaîne et sillonne la grande plaine du Haouz côtoyant, au nord, les collines des Djebilet. Il passe non loin de Marrakech, capitale du sud, et a son embouchure entre Safi et Mogador.

Au sud du Haut Atlas coule l'ouad Sous dont le réseau hydrographique se développe dans la grande dépression enterrée par le Haut Atlas occidental de l'Anti-Atlas ; il prend sa source au pied occidental du massif du Siroua et se jette à la mer, non loin d'Agadir, après avoir baigné la ville de Taroudant.

L'oued Draa est formé de la réunion de deux affluents principaux : l'oued Iriri, qui a son origine sur le flanc oriental du djebel Siroua, et l'oued Dadès qui descend du flanc sud du Haut Atlas.

Après la jonction de ces deux oueds, près de Ouarzazat, le Draa traverse le djebel Sar'ro et forme, au sud de Tamgrout, un brusque coude pour se développer dans la région septentrionale du plateau saharien. L'oued Draa se jette dans l'océan Atlantique auprès du cap Noun.

Enfin des rivières sans issue, l'oued R'ris, l'oued Ziz, l'oued Zousfana (oued Saoura), descendent du Haut Atlas oriental ou du massif des Ksour, coulant vers les régions sahariennes pour aboutir à de grands bassins fermés.

Dans l'Océan se jettent, entre les cours d'eau que nous avons énumérés, de nombreux petits fleuves côtiers dont les plus importants sont l'oued Noun qui longe l'Anti-Atlas et débouche au nord du cap Noun, en passant par la capitale du Tazeroulat, Goulimin ; l'oued Bou Regreg, qui se jette à la mer entre Rabat et Salé et descend, sous le nom d'oued Grou, des contreforts septentrionaux du Moyen Atlas.

*
* *

Il faut remonter bien loin, dans le passé des temps historiques, pour avoir les premières données sur la géographie du Maroc.

Déjà onze siècles avant l'ère chrétienne, les Phéniciens, peuple de marchands et de navigateurs, débordaient la mer intérieure entre les colonnes d'Hercule, installaient des comptoirs sur les côtes d'Ibérie, notamment à Cadix, débarquaient au Maroc occidental où ils entraient en relation avec les nègres du Soudan. Il ne reste rien d'écrit sur leurs voyages, mais le nom d'Atlas semble dériver du mot adrar, colporté par eux et adouci dans la bouche des Grecs. On sait que par ce mot, les Berbères désignent la grande montagne.

Carthage étendit ses provinces sur toute l'Afrique du Nord ; un amiral carthaginois tenta autour du continent noir un voyage resté célèbre sous le nom de Périple d'Hannon, mais qui n'est en réalité qu'un raid effectué jusqu'à Sierra-Leone, sur la côte occidentale africaine.

Les Grecs ignoraient la Méditerranée occidentale parcourue par les Phéniciens. Pour Homère, l'Afrique était la Libye habitée par les Ethiopiens et le détroit de Gibraltar était la source de l'Océan, ce « fleuve mystérieux qui entourait la terre ».

Mais les progrès accomplis dans la navigation et les sciences astronomiques permirent aux Grecs d'étendre peu à peu leurs connaissances géographiques, résumées sur la Mappemonde d'Hécatée (500 ans avant Jésus-Christ). Pour la première fois, on voit figurer une chaîne, l'Atlas, au sud de laquelle vivent les Atlantes. En l'an 220, Eratosthène, Hipparque font paraître les premières projections géométriques ; mais la mesure de l'arc du méridien d'Eratosthène, qui était assez approximative, est diminuée d'un tiers par Posidonius et cette évaluation admise plus tard par Ptolémée, aura, pendant longtemps, une fâcheuse influence sur la cartographie ancienne.

Après la chute de Carthage, les Romains occupèrent le Maroc sous le nom de Mauritanie tingitane. Mais leurs cartes, dressées par les *mensores*, techniciens comparables à nos anciens ingénieurs militaires, ont été perdues. Parmi les expéditions romaines, on peut citer l'exploration entreprise par Polybe (145 ans. avant Jésus-Christ) et, plus tard (42 ans avant Jésus-Christ), l'expédition de Suetonius Paulinus, qui s'avança à travers l'Atlas vers les sources de la Malua (Mlouya), reconnut le Guir qui, par suite de la notation vicieuse de. Ptolémée, fut reporté beaucoup plus au sud et confondu avec le Niger qui se jette dans le golfe de Guinée.

L'atlas de Ptolémée est le premier que nous aient laissé les cartographes anciens. Bien que le manuscrit fût égaré, il nous est connu par des copies et des traductions des géographes arabes ; mais la première édition latine ne parut que très tard au début du XVe siècle, à Florence.

Ptolémée a dressé, d'après tous les documents existants, des tables où il transformait, en positions fixées par la longitude et la latitude, les éléments d'itinéraires connus. Malheureusement, cette œuvre si remarquable est entachée de grosses erreurs à cause du manque d'esprit critique de son auteur qui lui faisait accepter des documents de valeur très inégale. De plus, le géographe alexandrin adopta pour la longueur de l'arc du méridien le chiffre trouvé par Posidonius, si éloigné de la réalité. Il en est résulté des déformations extraordinaires de ses cartes ; c'est ainsi que la Méditerranée est plus longue d'un tiers de ce qu'elle est en vérité.

Ces erreurs de la cartographie ptoléméenne ont pesé sur la géographie jusqu'à la fin du XVIIe siècle. Quoi qu'il en soit, l'image que Ptolémée nous a donnée du Nord-Ouest africain rappelle fidèlement l'état des connaissances, de son temps, sur cette partie du continent noir.

Cette époque est suivie d'une période de stagnation, puis de décadence. Au moyen âge, on revient aux conceptions anciennes, on nie la sphéricité de la terre, on donne au monde des images bizarres parsemées de monstres...

Mais à côté de ces productions fantaisistes se préparent des cartes déjà précises, grâce aux portulans ou routiers des navigateurs italiens et catalans du XIVe siècle. Par l'usage de la boussole, d'importation arabe, et par un sentiment très juste de l'évaluation des distances, ces marins étaient parvenus, en juxtaposant sur parchemin leur nombreux itinéraires, à donner à la Méditerranée une image très précise.

Les plus anciens de ces portulans sont ceux de Visconti (1331) et de Dulcéri (1339) dont s'est inspirée la carte catalane probablement due au Juif Cresques, des Baléares (1375). La chaîne de l'Atlas y est figurée, coupée par une brèche appelée la porte de Dera : c'est sans doute le col de Telouet qui fait communiquer la région atlantique avec le Sahara.

Les géographes arabes, imbus des œuvres de Ptolémée, font faire un pas à la géographie du Maghreb. On peut citer parmi eux Ibn Haukal (Xe siècle), El Bekri (XIe siècle), Ibn Saïd (XIIIe siècle), Ibn Batouta (XIVe siècle). Mais deux grands noms s'élèvent au-dessus des autres, ceux d'Edrisi et d'Aboulféda. Malheureusement, l'élément descriptif et historique domine dans leurs œuvres ; quant à leurs cartes, ce sont des images informes, bien en retard sur celles de Ptolémée.

La renaissance géographique des XVe et XVIe siècles se fait sentir en Allemagne, à Nuremberg et en Flandre, vers la fin du XVIe siècle, avec l'école d'Ortelius et de Mercator. Grâce à l'influence des portulans, le tracé des côtes est bien supérieur à celui de Ptolémée ; de plus, les cartes de cette époque fourmillent de renseignements tirés des géographes arabes, notamment d'Edrisi et de Léon l'Africain, ainsi que de l'historien espagnol Marmol ; elles montrent toute l'incertitude des connaissances géographiques sur le Maghreb.

Mais voici que les progrès de la science, notamment de l'astronomie, vont renouveler la cartographie ancienne au xviie siècle. Le télescope est inventé, Galilée vient de découvrir les « lunes » qui gravitent autour de Jupiter, et Cassini publie les tables des éclipses de ces satellites. La mesure de l'arc du méridien, tentée entre Paris et Amiens par Fernel, est réalisée avec toute la rigueur scientifique par Jean Picard.

On se rend compte alors des erreurs énormes qu'il faut corriger et c'est à un Français, Guillaume Delisle, que revient l'honneur de cette réforme radicale. Ses cartes de 1700 donnent une image de la terre dont toutes les parties sont réduites à leurs justes proportions. L'erreur de Ptolémée, qui allongeait la Méditerranée d'un tiers, a vécu.

On voit pour la première fois la carte du Maroc prendre figure : l'oued Draa et l'oued Sous sont à leur place, l'Atlas a sa véritable direction, l'oasis du Tafilelt est exactement située entre le Draa et l'oued Ziz, etc.

Un nom célèbre devait bientôt éclipser celui du grand réformateur. Les travaux de Bourguignon d'Anville, par suite de la sagacité de leur auteur, de la pénétration d'esprit et du discernement qu'il montre dans le dépouillement des données accumulées dans les tables géographiques, réalisent un grand progrès sur ceux de son devancier.

Entre la mappemonde de Guillaume Delisle (1723) et celle de Bourguignon d'Anville (1761) il y a une différence énorme ; et cependant les matériaux utilisés ont été à peu près les mêmes.

Si l'on rapproche les cartes du Nord-Ouest africain de ces deux auteurs, on constate que celle de Bourguignon d'Anville paraît vide. Et il en est ainsi de toute l'Afrique de d'Anville, ce géographe célèbre ayant fait table rase, dans l'établissement de ses cartes, de toutes les erreurs transmises par la tradition.

L'Afrique nous apparaît alors comme à peu près inconnue, et il en sera longtemps ainsi, jusqu'au jour où des explorateurs modernes nous auront fait connaître le continent noir.

On sait la grande part qui revient à la France dans cette épopée africaine.

Le Maghreb a été, au moyen âge, l'un des pays les mieux connus du monde, grâce à la documentation des géographes arabes ; mais cette période héroïque a été suivie d'une longue stagnation par suite de l'opposition des musulmans à toute pénétration chrétienne. Il en résulte que, tandis que la cartographie progressait rapidement partout ailleurs dans le bassin méditerranéen grâce, aux moyens perfectionnés mis à la disposition des topographes dès le xviiie siècle, le Maroc nous apparaissait, au siècle dernier, comme relativement inconnu ; et cependant de hardis explorateurs dirigeaient de ce côté leurs efforts dès l'année 1800.

Un consul britannique, alors installé à Agadir, James Grey Jackson, publiait un bel ouvrage avec une carte du Haut Atlas occidental et de l'Anti-Atlas.

Puis, un célèbre voyageur, Badia, parcourait le Maghreb de 1803 à 1806, sous le costume musulman et en prenant le nom d'Ali Bey el Abassi. Après avoir traversé le pays de Tanger à Fez, longé la côte jusqu'à Azemmour et atteint Marrakech, il revint à la capitale du Nord d'où il gagna Oujda par Taza. Il fit faire à la cartographie du Maroc un grand progrès par ses itinéraires et ses positions astronomiques. Jusqu'à lui, on croyait que l'Atlas, parti du sud, aboutissait au nord, au djebel Moussa ou deuxième colonne d'Hercule ; Badia fut, au contraire, frappé de ce fait qu'un large sillon séparait l'Atlas du Rif considéré désormais comme une chaîne distincte.

L'occupation de l'Algérie par la France, en 1830, provoque un essor de la cartographie du Nord de l'Afrique qui s'étend jusqu'au Maghreb. Puis la conférence de Madrid, en facilitant le séjour des Européens au Maroc, ouvre une ère nouvelle à partir de 1860.

Les voyages de l'explorateur allemand Gerhardt Rohlfs à travers l'Atlas et le Tafilelt (1862-64), les travaux de la mission anglaise Hooker et Ball dans l'Atlas de Marrakech (1871), le raid de l'explorateur allemand Oskar Lenz, de Tanger à Tombouctou par le Sous et le Draa, inaugurent cette nouvelle période. Parmi ces travaux, ceux de la mission anglaise s'élèvent au-dessus des autres. C'est au cours de ce voyage que Hooker vit, d'un sommet élevé du Haut Atlas, se profiler vers le sud une chaîne basse à laquelle il a donné le nom d'Anti-Atlas, par suite d'une analogie supposée avec l'Anti-Liban.

C'est aux années 1883-1884 que remontent les voyages du vicomte Charles de Foucauld. Ces mémorables reconnaissances marquent une époque dans l'exploration marocaine.

Et l'on ne sait ce qu'il faut le plus admirer dans son œuvre, du soin et de la précision avec lesquels il a relevé ses itinéraires ou de la riche documentation sociologique dont il a embelli son texte. Il semble bien, qu'à ce dernier point de vue, sa tâche ait été facilitée par le costume de rabbin qu'il avait revêtu ; car s'il est difficile d'informer auprès des Musulmans sans éveiller leur méfiance, il n'en est pas de même auprès des Juifs.

Une mission militaire française a été créée en 1877 auprès du sultan Moulay Hassan. Grâce à elle, les capitaines Erckmann, Le Vallois, Thomas, le commandant de Breuille traversent des régions inexplorées et en rapportent d'intéressants itinéraires topographiques.

Puis, la mission anglaise de Joseph Thomson (1888), consacrée au Sud marocain, apporte du flanc septentrional du Haut Atlas de Marrakech de précieux documents, une carte hypsométrique et le premier essai de carte géologique.

Les voyages de La Martinière ont surtout un intérêt archéologique ; ce voyageur pousse une pointe dans le Sous et il renouvelle par Taza la mémorable traversée de Badia entre Fez et Oujda.

Depuis le début de notre siècle, les explorations se précipitent.

On a fait quelque bruit autour des voyages en pays mahkzen d'un géographe allemand, Theobald Fischer, qui s'était fait une spécialité de l'étude du bassin de la Méditerranée. Mais ses travaux, que l'on peut dire corrects, ne brillent ni par l'originalité des vues ni par les interprétations.

A la même époque, le Dr Weisgerber entreprenait une suite d'explorations fort instructives dont il réunissait les résultats en un beau volume. Le capitaine Larras, attaché à la mission militaire, faisait en bled makhzen une série de levés de reconnaissance à grande échelle qui, publiés par le Service géographique de l'armée, ont été plus tard d'un grand secours aux troupes d'occupation. Puis le marquis de Segonzac effectuait ses beaux voyages ; l'audacieux explorateur n'hésitait pas à affronter les régions inhospitalières du bled es Siba. Ses traversées du Rif et du Moyen Atlas, son ascension de l'Ari Aïachi. l'un des culminants du Haut Atlas, lui permettaient de rapporter de précieux documents et il nous faisait connaître, en un style coloré, ses multiples impressions sur des régions à peu près inconnues.

Depuis l'accord franco-anglais de 1904, et malgré le souffle d'agitation qui a passé sur ce pays au cours des dernières années, un grand effort provoqué par le Comité du Maroc, a été réalisé par la science française. Le marquis de Segonzac m'offrait l'occasion d'aborder les régions montagneuses de l'Atlas et, depuis, ce pays musulman n'a cessé d'occuper la plus grande partie de mon activité.

Le général Lyautey avait déjà, par une méthode aussi habile que personnelle, étendu la paix française à de vastes territoires dans la zone algéro-marocaine, créé un véritable service topographique à Aïn-Sefra, réuni des collections grâce à l'accueil bienveillant qu'il réserve à tous ceux qui s'intéressent à la science, lorsque les événements graves de l'assassinat du docteur Mauchamp à Marrakech, du massacre des ouvriers du port de Casablanca préludèrent à l'avénement de notre protectorat : Oujda était occupée, nos troupes débarquaient en Chaouïa.

L'ère des explorations était close. Nous sommes aujourd'hui en possession de documents topographiques qui permettent de nous faire une idée assez exacte de la configuration du Maghreb. Les levés réguliers du Service géographique de l'armée, complétés par les itinéraires d'explorateurs dans certaines régions non encore soumises, nous donnent actuellement une image assez nette du Maroc sur la carte du bassin méditerranéen.

*
* *

Le Maroc a toujours été un mauvais voisin pour l'Algérie.

Déjà, après la prise d'Alger, le sultan Abd er Rahman voulut nous devanceren Oranie : nous occupâmes Oran et il dut renoncer à Tlemcen.

Le traité de la Tafna écartait pour un temps le Maroc tout en reconnaissant à l'émir Abd-el-Kader, des droits sur la plus grande partie de l'Algérie occidentale. Mais celui-ci fut, moralement d'abord, soutenu par le sultan et, à la bataille d'Isly qui se déroulait dans les parages d'Oujda, en 1844, le maréchal Bugeaud avait devant lui, non seulement les partisans de l'émir, mais encore les troupes chérifiennes. Le traité de Lalla-Marnia (1845) impliquait le tracé d'une frontière précisé jusqu'au Teniet es Sassi, à la limite des régions désertiques.

Depuis, les démonstrations de xénophobie des Marocains se sont toujours manifestées.

En 1851, les Anglais bombardaient Salé, ce qui amenait un peu plus tard le sultan à signer le traité (1856) qui reconnaissait le principe de la liberté des transactions dont nous devions profiter parce que celui de Lalla-Mar'nia nous avait accordé le traitement de la nation la plus favorisée.

Les incursions marocaines sur notre territoire n'en continuèrent pas moins : l'une d'elle décida l'expédition du général de Martimprey chez les Beni Snassen (1859) et l'Espagne, attaquée dans ses présides, entreprit celle de Tétouan (1859) qui lui fit reconnaître des avantages.

L'influence de l'Angleterre allait croissant depuis 1856. Cette puissance trouvait abusif le droit de protection reconnu à la France et à l'Espagne en même temps qu'à elle, et elle provoquait en 1880, la conférence de Madrid où elle ne trouva pas les appuis sur lesquels elle comptait. La France put y maintenir ses prétentions, l'Espagne devait en profiter.

Ce fut ensuite une lutte d'influences auprès du Makhzen jusqu'à l'accord franco-anglais (8 avril 1904) qui désintéressait l'Angleterre par des avantages en Egypte et à Terre-Neuve.

Déjà la France avait entrepris, en 1900, la conquête des oasis sahariennes qui devait mettre fin au brigandage dans les régions désertiques. Après la mission scientifique Flamand, attaquée à In Sala, l'annexion du Touât était accompli ; elle devait aboutir rapidement à la pacification du Sahara.

L'accord franco-anglais avait été précédé d'un autre accord entre la France et l'Espagne qui reconnaissait à cette dernière puissance une zone d'influence sur la côte méditerranéenne et une autre sur la côte atlantique, dans l'Extrême-Sud marocain. Et, affranchis de toutes prétentions de l'Angleterre sur le Maghreb, nous allions pouvoir étendre les bienfaits de notre civilisation sur un pays dont l'état anarchique, par la faiblesse du sultan Abd-el-Aziz, avait atteint son paroxysme.

Notre premier acte fut la mission Saint-René Taillandier à Fez, vers la fin de 1904. Notre ministre était chargé d'aller présenter au sultan un programme de réformes sans toucher à l'intégrité de l'empire marocain.

Mais nous avions compté sans notre plus fourbe ennemi.

Jusque-là, l'Allemagne s'était désintéressée du Maroc, ou du moins, elle ne demandait qu'à y étendre son négoce à la faveur des traités. Elle allait entrer en lice alors que rien dans son attitude passée ne le faisait prévoir.

Le chancelier allemand von Bulow avait même reconnu à la séance du Reichstag du 12 avril 1904 que les intérêts commerciaux de l'Empire ne pouvaient que gagner à voir la France mettre de l'ordre au Maroc.

Au début de 1905, à la suite de prétentions déplacées de l'Allemagne dans les pourparlers d'un emprunt turc, le secrétaire d'ambassade von Kühlmann, alors chargé d'affaires à Tanger, conseille au chancelier de venir chercher querelle à la France, au Maroc.

Ce fut le « coup de théâtre de Tanger » du 31 mars 1905. Guillaume II vint en personne manifester de sa puissance sur le sol marocain. Mais il ne se faisait pas fier, le grand empereur, car il eut bien des hésitations avant de débarquer !

Il chargea le représentant du sultan de dire à son maître que, en grand protecteur de l'Islam, il le couvrait de son autorité.

La question marocaine était rouverte, avec plus d'acuité que jamais.

Le « coup de théâtre de Tanger » était aussi le prélude de la guerre européenne. L'Allemagne venait de démasquer ses batteries; mais, par la brutalité de sa méthode, elle allait provoquer un réveil du patriotisme de la France pacifique.

Le sursaut de notre dignité offensée n'a pas tardé à porter ses fruits.

De fait, le Maroc a joui d'une singulière fortune dans notre histoire coloniale. Tandis que le Tonkin et la Tunisie ont soulevé les passions politiques au moment où de grands français voulaient nous engager dans la voie de l'expansion coloniale, le Maroc n'a suscité que des adhésions dans notre pays. Et pourtant nos vues sur le Tonkin et la Tunisie étaient implicitement encouragées par la diplomatie de Bismarck qui pensait ainsi nous détourner de l'idée de revanche et nous faire oublier l'annexion de l'Alsace-Lorraine. C'était méconnaître les plus belles qualités de notre race ; c'était également favoriser le développement d'une armée extra-métropolitaine qui devait se rencontrer un jour, sur la Marne, avec la garde prussienne et rappeler à l'Humanité tout entière que si le Français est pacifique, il est susceptible de se montrer le premier soldat du monde lorsqu'il est injustement attaqué.

Revenons aux intrigues allemandes au Maroc. Elles ne faisaient que commencer et notre adversaire savait ce qu'il faisait en offrant au gouvernement chérifien un appui qui favoriserait sa politique de temporisation.. Non pas que le Marocain ait eu plus de sympathie pour l'Allemagne que pour la France ; mais parce que les agents du Makhzen redoutaient notre intrusion dans leurs affaires, parce qu'ils savaient notre peu de goût pour la vénalité : notre domination en Algérie, notre occupation de la Tunisie étaient là pour les édifier.

J'étais à Marrakech au moment où Guillaume II débarquait à Tanger. Je venais d'accomplir un troisième raid dans le Haut Atlas et j'allais prendre le chemin du retour après une longue absence, lorsque je fus déçu par l'impression assez vive causée sur la population indigène par l'intrusion inopinée de l'Allemagne dans notre diplomatie marocaine. Le Makhzen aidé des agents du kaiser avaient retourné contre nous les sujets du sultan.

Nos actions baissaient ; nous n'étions pas au bout de nos peines.

Sous la menace de Guillaume II la France, qui voulait éviter la guerre, eut la faiblesse, peut-être, de déposer l'homme d'État qui avait préparé la conquête diplomatique du Maghreb ; mais elle s'est montrée sage en acceptant de « causer » avec toutes les puissances intéressées, ou qui avaient la prétention de l'être, dans les affaires du Maroc.

De même que les droits de notre pays durent être reconnus à la conférence de Madrid, en 1880, de même la « Conférence d'Algésiras », où nous proclamions le principe de la souveraineté du sultan, mettait en relief les avantages acquis par notre situation géographique et par nos traités. Du même coup, la puissance germanique commençait à sentir son isolement ; l'Italie même, son alliée, n'avait pas voulu la suivre dans ses revendications outrecuidantes.

Aux yeux du monde entier, l'Allemagne sortait de cet aéropage moralement diminuée.

Mais sa vanité ne se tint pas pour battue. N'ayant pu réussir par la discussion arbitrale à se créer des droits, elle se réservait d'agir par l'intrigue pour obtenir des avantages économiques, en mettant à profit, à sa manière, le principe de la « porte ouverte » au point de vue commercial ou industriel. Elle ne devait pas tarder à nous montrer jusqu'où pouvait la conduire sa perfidie.

Un agent du Makhzen, Moulay Hafid, frère du sultan Abd-el-Aziz, était installé, avec le titre de vice-roi, à Marrakech. Intelligent, mais fourbe, aussi lâche que cruel, il était en suspicion auprès du gouvernement chérifien qui le tenait à l'écart, loin du sultan qui habitait son palais de Fez. Moulay Hafid n'avait qu'une ambition, celle de détrôner son frère.

Tandis que notre ministre, M. Regnault, s'efforçait de consolider l'autorité d'Abd-el-Aziz, le ministre d'Allemagne s'acharnait à créer des situations équivoques qui lui permettraient d'opérer à son aise.

L'installation de la télégraphie sans fil allait lui offrir une bonne occasion de satisfaire ses louches desseins et cette affaire devait avoir comme épilogue un événement retentissant : l'assassinat du docteur Mauchamp.

Une société française avait obtenu du Makhzen l'autorisation de construire et d'exploiter des stations de télégraphie sans fil dans les principales villes du Maroc. La légation d'Allemagne essaya de discuter ce prétendu avantage et, devant la volonté du Makhzen de maintenir la concession à une maison française, suscita contre celle-ci toutes sortes de difficultés.

Le moment de nuire était bien choisi car il était aisé de surexciter les esprits indigènes en leur faisant croire au besoin qu'il y avait quelque chose d'infernal dans ces instruments de la civilisation moderne. De fait, l'entreprise se heurtait à la méfiance des Marocains, parfois même à leur hostilité, en procédant à l'installation des antennes.

L'émotion soulevée par cette affaire était grande lorsque, en février 1907, le docteur Mauchamp et moi partions pour Marrakech, lui pour rejoindre son poste de médecin du dispensaire qu'il avait créé, moi chargé d'une nouvelle mission scientifique.

Mauchamp avait passé plusieurs années à l'hôpital de Jérusalem où il s'était fait remarquer par sa science et son dévouement. Il occupait, depuis une année, le poste de médecin français, de la capitale du Sud marocain, où il avait su gagner la sympathie et la confiance de ses malades. Mais son influence, qui grandissait rapidement, était combattue par un agent de l'Allemagne, homme instruit, mais de mentalité très douteuse, qui ne craignait pas au besoin, pour effacer le prestige du docteur, de dire à ceux qu'il avait soignés : » Méfie-toi, le tebib (médecin) est très habile, il a des remèdes qui guérissent très bien, mais un beau jour, tu mourras subitement. »

Mauchamp eut le tort de croire à la bonne foi et à la sincérité de Moulay Hafid qui en avait fait son ami. Aussi, lorsque nous arrivâmes en caravane, au début de mars, à Marrakech, le médecin français était-il attendu par le vice-roi qui avait envoyé des mules et une escorte au-devant de nous, à Mazagan.

Mauchamp lui apportait en cadeau un grand tapis, en un long rouleau qui devait nous suivre à quelques jours de là par une caravane de chameaux. Lorsque le fatal colis traversa la porte de la ville, l'agent consulaire d'Allemagne, immédiatement prévenu, proclama que « l'appareil de télégraphie sans fil qu'apportait la mission française était arrivé ».

Ce fut le signal d'une agitation, préparée pour empêcher la prétendue installation télégraphique et qui devait coûter la vie à l'infortuné médecin. Le lendemain, il était lâchement assassiné par une population en armes. De notre côté, avec les miens et trois autres Français, nous devions notre salut à cette circonstance que nous n'étions pas au dehors à ce moment ; de plus, Moulay Hafid nous faisait protéger par sa garde nègre, immédiatement après le meurtre de l'infortuné docteur. Je crus, à ce moment, à la loyauté du vice-roi; mais j'appris plus tard, par maints témoignages de personnalités marocaines, qu'il avait, en réalité, trempé dans ce crime odieux, provoqué par les intrigues des agents du kaiser.

Il n'était pas à son aise, l'agent consulaire d'Allemagne, lorsque je le convoquai chez moi. Il m'accorda tout ce que je lui demandai. Il s'agissait d'apaiser l'émeute. Aidé d'un compatriote dévoué, un enfant d'Auvergne, Jean Lassallas, qui était installé depuis quelques années au Maroc, nous obtenions du pacha de la ville que des gardes fussent placées dans les rues. Nous pûmes alors faire partir le corps du docteur que nous rejoignîmes en caravane, après que le calme fut complètement rétabli à Mazagan. Et l'anxiété de la légation allemande à Tanger était grande, lorsque nous arrivâmes, avec les restes de notre pauvre ami, sur le croiseur *Lalande*.

Le jeu de Moulay Hafid en cette affaire est facile à comprendre. Profitant de la lutte d'influence créée par les Allemands, il voulait démontrer que l'autorité de son frère était affaiblie au point de ne plus assurer la sécurité des Européens et laisser croire que, sans son intervention, le massacre de Mauchamp eût dégénéré en un pogrom.

Mais l'assassinat de notre infortuné compatriote servait mal les intérêts de l'Allemagne. Le Gouvernement français décidait d'occuper Oujda, ville marocaine située non loin de la frontière algérienne. Le général Lyautey, alors commandant la division d'Oran, était chargé de cette opération militaire qui se faisait, le 29 mars 1907, sans effusion de sang.

A partir de ce moment, l'anarchie marocaine, les ambitions de Moulay Hafid et les ambitions allemandes vont précipiter les événements.

Le 31 juillet de la même année, hnit Européens, dont cinq Français, employés aux travaux du port de Casablanca sont massacrés. Cet incident, auquel Moulay Hafid n'est certainement pas étranger, provoque le bombardement de la ville, puis le débarquement de 3.000 hommes de troupes, sous le commandement du général Drude. Casablanca est occupée.

Le 1er janvier 1909, le général d'Amade prend la tête du corps d'occupation qui est porté à 15.000 hommes et il achève, en quelques mois, la pacification du pays des Chaouïa.

Au cours de l'été Abd-el-Aziz, sentant que l'agitation créée dans le

Sud par son frère menaçait son pouvoir, résolut d'aller rétablir l'ordre à Marrakech ; mais son armée fut mise en déroute et l'infortuné monarque, menacé malgré son autorité religieuse, dut se réfugier en toute hâte dans nos lignes. De son côté Moulay Hafid se dirigeait vers Fez où, avec l'appui des intrigues allemandes, il se faisait proclamer sultan, à la faveur du mouvement de xénophobie.

Une violation de la frontière algérienne et une attaque de nos postes décidaient la campagne de Beni-Snassen admirablement conduite, avec le minimum de pertes, par le général Lyautey.

L'incident des déserteurs de Casablanca provoquait une crise entre l'Allemagne et la France. Des pourparlers devenaient nécessaires, que l'Allemagne semblait désirer : ils aboutirent à l'accord du 8 février 1909 qui stipulait de la part de la France sa volonté de maintenir l'égalité économique, de la part de l'Allemagne « qu'elle ne poursuivrait que des intérêts économiques au Maroc ».

Mais il apparut bientôt, alors que cet accord nous assurait la prépondérance politique au Maroc, que l'Allemagne mettait au premier plan les questions d'intérêts économiques et l'on pouvait redouter que, soutenant ses nationaux, elle fût amenée à en abuser.

Au début de 1909, le général d'Amade passant son commandement au général Moinier, les effectifs du corps expéditionnaire de Casablanca étaient réduits à 6.000 hommes, sous la pression et les suggestions de l'Allemagne qui sentait que le Maroc, objet de ses convoitises pangermanistes, allait lui échapper.

La lutte sourde de nos ennemis — consuls, sujets ou protégés allemands soutenus par leur gouvernement, ne faisait que s'accentuer. Elle devait se prolonger jusqu'à la déclaration de guerre, elle devait même persister pendant la grande guerre par l'excitation contre nous de tribus insoumises.

Malgré toutes ces difficultés, notre œuvre se poursuivait. Pour parer à l'insuffisance des effectifs, nous sollicitions le concours des Marocains qui, après s'être loyalement mesurés avec nous, s'installèrent avec leurs familles autour de nos postes militaires, pour y compléter leur instruction et se faire à nos méthodes et prendre part, dans la suite, à nos colonnes.

Alors, notre installation en Chaouïa devient définitive. La première étape de la conquête marocaine est terminée.

Pendant ce temps l'œuvre de pacification, aussi habile qu'efficace, du général Lyautey, se poursuit dans les confins algéro-marocains. Une action dans le Haut Guir le conduit jusqu'à Bou Denib et, dans l'amalat d'Oujda, sa ténacité lui permet d'étendre l'occupation jusqu'à la Mlouya. Notre autorité s'affermit du côté algérien, mais celle du Makhzen va toujours en décroissant dans le Maroc occidental. Mouley Hafid, par sa rapacité, ses dilapidations, bien loin de

rétablir l'ordre dans son empire, précipite l'anarchie créée par la faiblesse de son frère.

Au début de 1911, le Maroc subit une nouvelle crise d'agitation.

En janvier un officier est tué à la casbah de Merchouch et une effer-
vescence se produit chez les Zaër. Puis les tribus berbères assiègent
Fez où le sultan est prisonnier dans sa capitale avec les colonies européennes et notre mission militaire.

Mouley Hafid réclame notre protection. Doutant de la fidélité de
ses propres sujets il sollicite le secours des troupes françaises. Tous
les consuls se joignent à lui à ce sujet.

Le Gouvernement français décide alors l'envoi d'une colonne, forte
de 27.000 hommes, qui, sous le commandement du général Moinier,
parvient, par une marche forcée, à débloquer la capitale et à délivrer
le sultan ainsi que nos nationaux et les colonies étrangères.

A ce moment, l'Allemagne nous montre qu'en dépit de ses accords,
elle ne se désintéresse pas politiquement du Maroc. Craignant que
l'occupation de Fez ne fût une mainmise définitive sur le pays, elle
envoie devant Agadir le petit croiseur *Panther* pour nous forcer à
« causer ».

Ce fut le « coup d'Agadir » en juin 1911, qui aboutit, après
de longues et angoissantes négociations, à la cession à l'Allemagne
d'une partie du Congo en échange de prétendus droits sur le Maroc.

La convention du 4 novembre 1911 reconnaissait implicitement
notre protectorat sur le Maroc tout en maintenant le principe de la
liberté économique.

Dès cet accord ratifié, M. Regnault fut envoyé à Fez pour la faire
reconnaître par le sultan.

Le traité franco-marocain du 30 mars 1912, rappelant le traité du
Bardo, lie les deux gouvernements, français et chérifien, pour inau-
gurer un nouveau régime comportant les réformes de toute nature que
la France jugeait utile d'introduire dans l'empire chérifien.

Ce traité devait être suivi d'accords avec l'Espagne fixant les limites
des zones d'influence espagnole dans le Nord et dans l'Extrême-Sud
du Maroc.

Mais au moment où, après de laborieux marchandages, notre traité
était signé avec Moulay Hafid, éclatait à Fez une mutinerie de tabors
qui dégénéra en une émeute qui entraîna le massacre de 68 Européens
dont 16 officiers. Sa répression par le général Brûlard nous coûta plus
de 300 morts ou blessés.

Les causes multiples des « sanglantes journées de Fez » sont mal
déterminées. L'attitude de Moulay Hafid n'y est pas étrangère, si
toutefois sa fourberie n'a pas contribué à l'organiser.

Devant la gravité des événements, le Gouvernement décidait d'envoyer au Maroc un résident militaire : le général Lyautey était désigné,

**
*

Tout était à faire dans un pays qui rappelait le moyen âge par ses mœurs féodales, qui ne pouvait être parcouru qu'en caravanes, sur des pistes souvent inaccessibles en hiver, lorsque le général Lyautey vint prendre possession de son poste de Commissaire Résident-général de la République française au Maroc.

Son premier soin fut d'apaiser l'insurrection. Fez était entourée de tribus soulevées qui assiégeaient la ville. « Je suis campé en pays ennemi », télégraphiait le Résident général à son arrivée à la capitale chérifienne.

Après avoir frappé plusieurs coups, dispersé les dissidents, dégagé la capitale, l'éminent chef songea à se débarrasser du principal élément de trouble : Moulày Hafid, qui entretenait la force d'inertie, hostile à notre action civilisatrice, d'un Makhzen sans autorité.

Le sultan fut contraint d'abdiquer en faveur de son frère Moulay Youssef qui, depuis, d'ailleurs avec tous les égards dus à son prestige de « Commandeur des Croyants », a donné maintes preuves de son loyalisme à la France.

Assuré de ce côté d'une collaboration morale indispensable à son action, le général s'est proposé un double but : étendre la pacification, organiser et mettre en valeur les régions soumises.

On pouvait croire, qu'en soldat, il aurait d'abord le souci d'accomplir la première partie de son programme avant de passer à la seconde. Mais, en émule des plus grands maîtres de la colonisation française, des Bugeaud, des Faidherbe, des Gallieni, qu'il a égalés d'abord, puis dépassés, il a mené de front à la fois la soumission des tribus hostiles et l'organisation des régions pacifiées. C'était à la fois plus sage et plus rapide.

Il était nécessaire, en effet, après leur avoir donné l'impression de la force, d'inspirer aux indigènes la confiance. Il fallait les persuader que nous étions là non pas pour les spolier, mais pour collaborer loyalement avec eux, pour travailler à leur assurer la justice et, autant que possible, leur donner le bien-être.

C'est ainsi que le général Lyautey appliqua, en plus grand, sa méthode de « la tache d'huile » qui lui avait si bien réussi dans la zone frontière algéro-marocaine où il avait efficacement contribué à préparer l'avènement de notre protectorat. Il se servait des amitiés qu'il nous créait parmi les tribus fraîchement soumises pour préparer la conquête des peuplades voisines encore hostiles à notre influence. Il étendait ainsi la pacification française avec le minimum d'effusion de sang.

Cette tactique lui réussissait à merveille notamment dans le Sud marocain, dans les régions de l'Atlas.

Après avoir frappé un grand coup à Marrakech, il s'assurait

l'amitié des grands caïds montagnards, sorte de seigneurs féodaux qui dominent de vastes étendues de pays de leurs casbahs comparables aux châteaux-forts du moyen âge. Et, par leur collaboration, il maintenait le calme dans une région montagneuse de plus de 300 kilomètres où, par l'action directe, eût inutilement coulé le sang de nos soldats.

Avant notre occupation, le Maroc était divisé en deux catégories de tribus : les unes *makhzen*, étaient plus ou moins soumises au sultan ; les autres, *siba*, échappaient complètement à son autorité ; à tel point que, malgré son prestige religieux, le sultan ne pouvait, sans danger, s'aventurer dans certaines parties du « bled es siba » (pays de révolte).

L'étendue du bled *makhzen* était très instable suivant l'autorité et l'activité du « chérif » ; il ne comprenait guère que les régions de plaines, les régions fertiles ou peu accidentées, parce que le monarque ne se souciait guère de la montagne, improductive au point de vue agricole, où d'ailleurs le berbère, bien retranché, lui eût fait payer cher sa témérité de le plier à sa puissance.

Moulay Hassan, le père des trois derniers sultans, actif, aimant la guerre, était parvenu à maintenir sous sa loi une bonne partie du Maroc. Jamais le bled makhzen n'avait été plus étendu.

Par sa faiblesse, Abd-el-Aziz vit rapidement diminuer l'héritage de son père et son frère, Moulay Hafid, ne fit rien pour le reconquérir.

On se fera une idée des progrès rapidement réalisés par le général Lyautey, dans l'œuvre de pacification qu'il avait entreprise dès le début de notre protectorat, en pensant, qu'à la déclaration de la guerre, en juillet 1914, après deux années d'une activité soutenue, le bled makhzen atteignait une importance que le Maroc n'avait jamais connue.

Cependant, l'organisation du pays soumis avançait. Des services, d'abord rudimentaires, étaient installés à Rabat, autour de la Résidence générale ; l'hygiène était introduite dans les villes indigènes qui l'avaient, jusque-là, méconnue ; les grands travaux publics commençaient ; les finances mettaient de l'ordre dans un état anarchique ; l'agriculture prévoyait, les forêts étaient mises en valeur, les richesses minières étaient prospectées ; des villes européennes se construisaient.

Le Résident général ne laissait bâtir qu'en dehors des villes arabes, sur des plans bien conçus, bien étudiés. Il épargnait ainsi le cachet pittoresque de ces agglomérations curieuses, tout en respectant les mœurs de leurs habitants. Il était, en outre, possible de prévoir les travaux de canalisation indispensables à la salubrité publique alors que la ville indigène, avec ses rues tortueuses et étroites, ne peut pas être aménagée pour recevoir l'Européen.

Ceux qui, comme moi, ont vu fréquemment le Maroc, étaient frappés des progrès rapidement réalisés. C'était, chaque fois, un nouveau

Maroc : ici un tronçon de route achevé, là, une ville sortie de terre, ailleurs des sources captées pour l'alimentation d'une grande agglomération...

***

Il semblait que la guerre européenne, brutalement déchaînée par l'agression de l'Allemagne, dût mettre un frein, sinon un terme, aux progrès de cette œuvre de colonisation si magnifiquement commencée.

Depuis le jour où le canon a tonné, au contraire, le Maroc s'est multiplié et la période troublée que nous traversons aura mieux mis en relief le génie organisateur du grand chef qui présida à ses destinées.

Par suite des nécessités impérieuses créées par le péril qui menaçait la France, notre Protectorat allait, vraisemblablement, en envoyant ses troupes sur les champs de bataille européens, être de nouveau livré à l'anarchie : sa pacification s'est étendue. Les grands travaux allaient être interrompus : ils ont redoublé. La mère-patrie ne pouvait guère compter sur le concours d'une aussi jeune colonie : elle en a reçu, avec des contingents d'excellents soldats, un ravitaillement inespéré.

Au premier jour de la mobilisation, le général Lyautey recevait naturellement l'ordre d'envoyer d'urgence toutes les bonnes troupes qui lui avaient permis de pacifier le Maroc. Le Gouvernement lui demandait, en outre, d'abandonner les postes de l'intérieur du pays pour se replier à la côte où il pourrait protéger la colonie avec de très faibles effectifs.

Vouloir évacuer des postes solidement établis, après des luttes parfois acharnées, c'était mal connaître le Marocain; c'était l'inciter à nous poursuivre dans notre retraite, puis nous harceler dans nos retranchements. C'était aussi méconnaître la hardiesse du chef militaire qui les avait soumis à sa volonté.

Après avoir expédié en toute hâte ses meilleurs soldats en France, le Résident général résolut de défendre les postes les plus avancés avec ses effectifs réduits au minimum, augmentés des colons mobilisés sur place. Il demanda aussi l'envoi au Maroc de quelques bataillons des formations territoriales du Midi et, avec ces éléments forcément très imparfaits, il se proposa de tenir et de conserver tout le terrain conquis.

Il était bien inspiré et il ne présumait pas trop de son énergie si l'on en juge d'après les résultats de son action militaire au Maroc depuis le début des hostilités.

Non seulement il n'a rien abandonné des territoires soumis, mais le bled Makhzen s'est enflé de tous côtés, dans la région de Taza, le Moyen Atlas, au Tadlâ, dans l'extrême-sud. Et pourtant il eut à lutter contre les manœuvres hypocrites des agents allemands qui, dans le nord avec Adbel Malek, dans le sud avec El Hiba, excitèrent les dissidents qu'ils approvisionnaient en armes et soutenaient de l'argent ennemi.

Malgré l'effort militaire qu'il devait consacrer à la pacification, le général Lyautey n'abandonnait rien de sa méthode d'avant la guerre ; il poursuivait sans relâche l'organisation et la mise en valeur de notre nouvelle colonie.

Il fallait beaucoup d'argent pour transformer ce pays musulman livré à l'anarchie, où tout était à faire, lorsque la France y étendit son protectorat.

Un premier effort avait été fait pour mettre de l'ordre dans les finances. En 1913-1914, grâce à deux emprunts, les dettes antérieures du Makhzen avaient été liquidées, les grands travaux commencés, les services administratifs installés ; mais le premier budget se soldait par un déficit de 5 millions et demi de francs. De plus, les nécessités de l'organisation allaient faire passer en trois ans le budget de 21 à 40 millions (1).

Par une bonne répartition des impôts indigènes, l'accroissement des revenus domaniaux, la création d'impôts sur l'alcool, le sucre, les tabacs, non seulement le Protéctorat a pu solder la garantie des emprunts des deux premières années — soit 8 millions — mais il a constitué un fonds de réserve d'environ 20 millions !

Il convient toutefois de ne pas oublier que les dépenses ne feront qu'augmenter, en même temps que les charges d'intérêts des emprunts nécessités, notamment, par la construction d'un réseau ferré ; que les excédents de recettes tiennent surtout aux ressources agricoles, les récoltes ayant été favorisées par de bonnes pluies.

Le Maroc est un pays de grandes cultures. Les vastes étendues de plaines et de plateaux qui bordent, sur de grandes profondeurs, la côte atlantique, de l'oued Tensift à la zone espagnole, sont favorisées par un climat assez chaud et humide. Les sols y sont formés d'alluvions ou de terres riches en humus (*tîrs* ou terres noires) dont les rendements sont rémunérateurs, pour peu qu'elles soient arrosées par des pluies propices.

Les surfaces cultivées augmentent chaque jour depuis notre occupation; mais elles ne représentent guère, actuellement, que le dixième de la zone pacifiée. Il faut tenir compte, il est vrai, des forêts et des pâturages assez étendus ; d'ailleurs les surfaces productives augmentent chaque année. C'est ainsi qu'en 1916 l'augmentation a été de 200.000 hectares sur l'année précédente.

---

(1) J'ai emprunté les statistiques qui vont suivre à deux conférences, fort instructives, prononcées à la foire de Rabat, l'été dernier, par MM. Boissière, conseiller économique et financier et Nacivet, chef du Service de l'Hydraulique et des Améliorations agricoles du Protectorat.

Les céréales (blé, orge, avoine, maïs) recouvrent les 95 centièmes des ensemencements, de sorte que le Maroc est un pays de mono-culture. C'est là un gros inconvénient, parce que les céréales sont toutes soumises aux mêmes conditions climatériques : des pluies inopportunes ou insuffisantes peuvent compromettre la production totale comme c'est le cas de l'année 1913 où les exportations en blé, orge ont été presque nulles.

Le Protectorat, soucieux d'atténuer le plus possible les effets de ces années de sécheresse, a créé un service d'hydraulique agricole qui, par une utilisation méthodique des eaux de surface et des eaux souterraines, pourra compenser, dans une certaine mesure, l'insuffisance des pluies d'une année sèche.

La culture des arbres fruitiers promet d'être intéressante : orangers, citronniers, oliviers, figuiers, amandiers, ainsi que la vigne pourront enrichir notablement l'agriculture actuelle. Au point de vue de la main-d'œuvre, des efforts couronnés de succès, sont entrepris par les inspecteurs agricoles qui, sur place, incitent les indigènes, très accessibles à leurs conseils, à améliorer leurs semences, à greffer, tailler et sélectionner les arbres jusqu'ici traités par les méthodes les plus primitives.

A côté des productions du sol l'élevage offre une ressource très importante. Le cheptel de l'année 1916 se chiffrait de la façon suivante : 856.324 bovins, 4.054.334 ovins, 1.227.071 chèvres, 29.405 porcs, 97.724 chevaux, 42.819 mulets, 250.978 ânes et 62.949 chameaux.

Des améliorations sérieuses y ont été apportées par le Service zootechnique du Protectorat ; mais il reste beaucoup à faire. Les indigènes laissent le bétail en plein air, sans abris, ils ne font pas les fourrages indispensables dans la période sèche, ils n'ont pas d'abreuvoirs suffisants et les points d'eaux manquent parfois sur de grandes étendues, pendant la saison d'été. Mais la Direction de l'Agriculture, le Service de l'Hydraulique agricole et le Service de l'Elevage, travaillent à l'amélioration du cheptel qui est susceptible de donner d'excellents animaux de boucherie.

Les richesses forestières du Maroc sont importantes et notablement supérieures à celles des autres parties de notre Empire colonial nord-africain, l'Algérie et la Tunisie. On y compte déjà 250.000 hectares de chênes-liège, 300.000 de cèdres, 200.000 d'arganiers. On y rencontre, en outre, le sumac, le chêne-vert, le poirier sauvage, l'érable, le peuplier, une essence riche en tanin : le tizrac. Le premier rôle du Service forestier a été de protéger ces richesses contre les déprédations des indigènes qui détruisaient les plus beaux chênes-liège pour tirer de leur écorce la substance tannante qu'ils utilisaient dans la teinture des laines, qui abattaient des cèdres séculaires pour en tirer quelques madriers. Il a fallu aussi mettre, autant que possible, les plus belles forêts, comme celles de la Mâmora, à l'abri des incendies ; enfin, ouvrir ces richesses forestières à l'exploitation. Celle-ci a rapidement progressé : il suffit de dire, pour se faire une idée du progrès réalisé à ce point de vue, que l'exploitation forestière du Maroc a produit en 1914-1915 environ 200.000 francs, contre 550.000 en 1916-1917.

La richesse minière du Protectorat est encore peu connue. Il est difficile de faire des prévisions pour les productions du sous-sol marocain ; mais il est, dès à présent, permis de croire que notre nouveau Protectorat a un avenir tout tracé à ce point de vue.

Déjà les grands traits de la structure géologique sont connus et de nombreuses observations permettent de délimiter les grandes zones minéralisées dans les régions actuellement explorées. Des gîtes de fer (Chaouïa), de manganèse (Maroc occidental), des indices de cuivre, de plomb, de zinc, sont déjà reconnus. Des phosphates de chaux, aux mêmes niveaux géologiques qu'en Algérie orientale et en Tunisie, affleurent dans la Tadlâ, à l'est de Casablanca ; ils sont l'objet d'une prospection méthodique de la part du Service des Mines. Si les teneurs atteignent celles des phosphates de la Tunisie, le Maroc sera l'un des pays les plus riches en phosphates, à cause de la grande étendue et de la parfaite régularité des couches qui les renferment, ce qui laisse entrevoir une exploitation facile. On peut encore espérer la présence de sels solubles comme le chlorure de potassium et de pétroles.

L'existence d'hydrocarbures dans le sous-sol marocain n'est pas discutable et les recherches entreprises pour atteindre les poches et les nappes du précieux combustible méritent d'être encouragées. On sait que ces recherches sont délicates et onéreuses et qu'elles sont toujours pleines d'aléas, quelle que soit la richesse des champs pétrolifères explorés ; mais le Service des Mines du Protectorat fera tout pour les faciliter.

J'ai dit quelles transformations prodigieuses ont été réalisées au Maroc depuis que nous avons étendu notre protectorat sur ce pays musulman. Si l'on est frappé, après quelques années d'occupation, de l'œuvre de pacification accomplie dans ce pays anarchique, on l'est, non moins, des facilités de circulation créées, de toutes pièces par la Direction générale des Travaux publics.

Nous venons de nous rendre compte des richesses agricoles et forestières, qu'il s'agit d'y exploiter, des richesses minérales qu'il convient d'y rechercher ; mais rien de cela n'était possible sans l'établissement d'un réseau de routes et de voies ferrées, sans l'aménagement de ports ou d'abris permettant les échanges faciles entre les diverses zones du pays et l'extérieur. C'est ce que le Résident général a compris en faisant ouvrir, dès le début du Protectorat, les grands travaux publics.

L'œuvre accomplie dans ce sens tient du prodige.

Le 1er janvier 1917, le réseau de routes, commencé en 1913, présentait déjà 1.000 kilomètres entièrement construits sur des crédits d'emprunt, et depuis, le réseau a considérablement augmenté.

Il est doublé d'un réseau de chemins de fer militaire, avec petite voie stratégique de 0 m. 60, que nous ont imposée les accords internationaux, mais qu'un éminent ingénieur, M. Bursaux, a admirablement mis en exploitation. C'est ainsi que, ouvert au commerce depuis le 1er mai 1916, ce chemin de fer minuscule transportait, au cours de l'été 1917, en outre des voyageurs civils et militaires, plus de 700.000 tonnes kilométriques par mois, qu'il réalisait des recettes commerciales qui atteignaient, entre le 1er mai 1916 et le 30 avril 1917, près de 2 millions 1/2 de francs. Et l'on peut entrevoir le jour où la ligne de plus grand trafic, de Casablanca-Fez, longue de 330 kilomètres, atteindra 20.000 francs de recette kilométrique. Ce chiffre est d'autant plus remarquable que les recettes kilométriques de lignes à voies de 1 mètre, comme celles de la Tunisie et de l'Indo-Chine, ne dépassent pas 12.000 francs.

La voie militaire de 0 m. 60 que nous ont imposée les puissances signataires de l'acte d'Algésiras, à l'instigation de notre grande ennemie, l'Allemagne, est forcément destinée à disparaître : elle ne suffira bientôt plus à assurer le trafic d'un pays en progression comme le Maroc. Aussi le Protectorat se préoccupe-t-il du tracé d'un réseau à voie large, dont l'étude est à peu près terminée.

Un seul grand port est en construction au Protectorat, à Casablanca. Malgré les difficultés inhérentes à l'état de guerre il est déjà avancé et de petits bateaux viennent accoster à sa jetée est, terminée.

C'est vers le port de Casablanca que rayonneront les grandes voies ferrées, qu'aboutissent déjà les grandes artères du réseau de routes. C'est surtout par Casablanca que le Maroc sera ouvert au trafic d'outre-mer.

D'autres abris, de moindre importance, se construisent en d'autres points de la côte atlantique : à Kenitra, dans l'estuaire du Sebou, dans ceux de Rabat et de l'oued Bou Regreg, à Mazagan, à Fedhala, où il est déjà pourvu de l'outillage nécessaire.

On se fera une idée du changement apporté au Maroc par ces grands travaux, notamment par le réseau de routes et de rails, en rappelant que, en 1912, le blé valait 72 francs à Fez et seulement 25 à 30 francs à la côte.

L'industrie et le commerce marchent forcément de pair avec les travaux publics dans un pays neuf.

De nombreuses entreprises se sont installées dès le début de notre occupation, s'ajoutant à la petite industrie indigène digne de considération. Une grande usine de chaux hydrauliques et ciments fonctionne à Casablanca depuis le début du Protectorat, d'autres se montent

mment à Petitjean. Des minoteries, des fabriques de
taires, des huileries, des tanneries, surgissent un peu
installations de brasseries et de malteries sont en projet.
ectriques, des entreprises de distribution d'eau, se créent
cipales villes. Des études sont faites de plusieurs cours
iels pour en capter la force hydraulique, comme c'est le
er Rebëa, et créer, avec l'énergie électrique obtenue,
ndustries productives.

ustriel du Maroc est d'autant plus remarquable qu'il
e des difficultés multiples pour construire la moindre
pays sans communications et dépourvu du moindre
avènement de notre protectorat.

t eu l'avantage d'assister à l'exposition de Casablanca
res de Fez et de Rabat (1917), n'avaient pas besoin de
tatistiques des échanges avec l'extérieur pour se faire
prospérité du commerce de notre jeune colonie.
uiffres suffiront à vous édifier à cet égard. En 1916,
extérieur a atteint 310.854.188 francs alors qu'en 1911
de 139.698.980 francs
sépare les importations des exportations, on est frappé
nde supériorité des premières. (228.983.198 francs) sur
81.870.990 francs).
porte donc plus qu'il n'exporte et ce déficit a été en
's 1912.
de l'expliquer par les besoins sans cesse grandissants
tout était à créer, où de gros capitaux placés n'ont
té tous leurs fruits.
û, malgré cet excédent des importations sur les expor-
sa balance commerciale. La même difficulté a été
nt la guerre, par certains États européens qui ont dû
s ressources annexes, la France recourant aux intérêts
ouverts chez elle par des États étrangers ; l'Angleterre
balance par le fret de sa marine marchande; l'Italie
ommes considérables de ses émigrants, etc.
u jusqu'ici comme compensation, des emprunts repré-
capitáux avancés par la France, les capitaux apportés
par les entreprises privées, enfin les sommes dépensées
le pour l'entretien du corps expéditionnaire.
yens sont forcément provisoires et le Protectorat se
à présent, de l'amélioration de sa balance commer-

ment plus rationnel, à ce sujet, d'augmenter les expor-
que de chercher à diminuer les importations. Mais

peu à peu ces dernières cesseront de croître, tandis que tout l'avoir du Maroc réside dans la progression constante de ses propres productions.

*
* *

Le Maroc est un pays d'avenir. Sa richesse indiscutable et sa situation remarquable à côté de l'Algérie, à proximité de la France, sont de sûrs garants de sa prospérité.

Avant notre occupation, il apparaissait plein de promesses, du moins par la valeur de son sol et par les qualités des races qui l'habitent ; si bien que le premier programme qui s'imposait à nous était d'y développer une agriculture primitive, d'y faire de la puériculture. Mais peu à peu, il nous a révélé d'autres ressources susceptibles de favoriser son essor économique.

Fort heureusement, notre Protectorat, datant de la veille de la grande guerre, n'a pas été arrêté dans son développement aux heures de trouble que nous vivons depuis l'agression de l'Allemagne. Bien au contraire, il a bénéficié d'un essor très rapide, sous l'impulsion du grand Français qui préside à son organisation et à son avenir.

La question de la natalité est aussi capitale au Maroc qu'en France. Ce pays musulman, contrairement aux prévisions antérieures, n'a même pas 4 millions d'habitants. Or, sa population est surtout formée de Berbères, qui appartiennent à une race vigoureuse, intelligente, susceptible d'adaptation à certains progrès de notre civilisation. Elle donne une excellente main-d'œuvre, depuis longtemps appréciée dans la colonie voisine, l'Algérie, main-d'œuvre qu'il faudra développer, non seulement dans l'intérêt du Maroc lui-même, mais encore pour combler, autant que possible, en France, les vides creusés par la guerre la plus dévastatrice que l'Histoire ait jamais connue.

Cette question primordiale n'a pas échappé à la sagacité du général Lyautey qui a multiplié les organisations médicales indigènes, répandu jusque dans les tribus les visites de médecins expérimentés et de sages-femmes parlant l'arabe ; il a en outre installé dans les grands centres des instituts anti-syphilitiques pour combattre le mal le plus répandu dans ce pays musulman. Enfin il n'a rien négligé pour améliorer l'hygiène des villes indigènes et donner au Marocain les notions de salubrité publique qu'il est loin de dédaigner, étant, par tradition, très accessible à la propreté.

Il est certain que la population indigène du Protectorat ira, grâce à ces mesures humanitaires, rapidement en croissant. Il est même permis d'espérer qu'elle sera plus rapidement doublée que l'a été, sous notre domination, celle de l'Algérie.

Au point de vue économique, il serait dangereux de se reposer sur la prospérité actuelle du Protectorat et de ne pas reconnaître que le

Maroc dépend beaucoup trop de l'extérieur, ce que nous indique une balance commerciale défavorable.

Or il est possible, grâce à sa valeur intrinsèque, de renverser cette balance en développant le plus possible ses propres productions.

A ce sujet, les remarques de M. Boissière, conseiller économique et financier du Protectorat, sont des plus suggestives.

Les efforts doivent d'abord porter sur l'agriculture. Il convient non seulement d'augmenter les surfaces ensemencées, mais encore de faire donner aux sols de meilleurs rendements. Le recensement des terres domaniales étant à peu près achevé, de grandes propriétés pourront se créer où seront utilisés les moyens les plus modernes de cultures. Il sera possible aussi d'assécher certaines régions marécageuses, comme celles des grandes « merdjas » du R'arb, livrer ainsi aux colons européens des terres fertiles qui augmenteront d'autant la richesse du pays.

Ailleurs, les terres sont le plus souvent entre les mains des indigènes. Il ne s'agit certes pas de les en déposséder; mais la collaboration sera souvent possible, de façon à tirer de ces terres des rendements supérieurs. On est frappé, en effet, lorsqu'on se rend compte de la richesse, accusée par l'analyse, de certains sols marocains, de constater que l'indigène n'en tire pas plus de 8 à 10 quintaux de céréales à l'hectare, tandis que des pays beaucoup moins favorisés, comme l'Allemagne du Nord et les Etats-Unis, font donner à des terres plus pauvres, sous des climats moins propices, des rendements dépassant le double de ce chiffre.

L'emploi des engrais, qui a assuré le succès de l'agriculture allemande, aura *a fortiori* tout son effet au Maroc où les sols naturels sont bien plus riches. Telle terre chargée d'humus manque de phosphate, telle autre serait admirablement adaptée à certaines cultures, grâce à l'emploi d'engrais potassiques, etc...

Il convient aussi de varier les productions agricoles pour mettre, autant que possible, le pays à l'abri des effets désastreux des années de sécheresse qui sont particulièrement défavorables à la culture des céréales. A ce point de vue, l'exemple de l'Algérie et de la Tunisie est à suivre : les fruits, les légumes, le lin, le chanvre pourront apporter un appoint sensible au chiffre des exportations. De plus, il ne faudrait pas, sous le prétexte de ménager la susceptibilité de la colonie voisine ou du Midi de la France, écarter la vigne du programme de l'agriculture marocaine, car il serait regrettable de ne pas soulager nos importations du vin indispensable à la colonie européenne.

Nous avons vu qu'il faut beaucoup attendre de l'élevage, le bétail marocain, le cheval, le mulet étant susceptibles d'être exportés. Le Service zootechnique du Maroc travaille activement d'ailleurs à améliorer, par sélection, les animaux indigènes.

L'industrie promet déjà, elle aura notamment son rôle dans l'application de ses procédés aux produits de l'agriculture du pays. Les minoteries, huileries, tanneries, brasseries, malteries, etc., devront se multiplier ; des abattoirs frigorifiques devront être installés pour faciliter l'exportation des viandes de boucherie. La fabrication de l'alcool industriel pourra être envisagée par l'utilisation de l'orge, du maïs, peut-être aussi du sucre si la betterave peut être cultivée.

L'exploitation des vastes forêts du Protectorat, déjà commencée, est pleine d'avenir. Le liège seul peut représenter à assez brève échéance une ressource de 6 à 7 millions, d'après les estimations du Service forestier.

Les ressources piscicoles sont également importantes. La côte atlantique est riche en espèces excellentes de poissons, de crustacés (langoustes) ; le Sud marocain semble, à ce point de vue, destiné à un certain avenir ; les fleuves, même, devront être pêchés, pour l'alose dans les estuaires, la truite en haute montagne.

Quant au sous-sol, il promet, mais les recherches sont trop peu avancées pour donner une idée approximative de ce que le Protectorat peut en attendre. Déjà les phosphates, des minerais de fer et de manganèse font entrevoir une certaine richesse et les zones minéralisées des régions montagneuses laissent entrevoir certains espoirs. Aussi peut-on applaudir aux efforts éclairés du chef du Service des Mines qui facilite de tous ses moyens les recherches des industriels.

La Tunisie équilibre sa balance commerciale en grande partie grâce aux richesses qu'elle exhume du sous-sol et il est permis d'espérer que le Maroc pourra un jour, dans une certaine mesure, équilibrer ses échanges grâce à ses richesses minérales.

Enfin jusqu'au tourisme qui mérite d'être encouragé, dans un pays admirable, sous un beau ciel, avec les sites les plus pittoresques et les vestiges les plus purs d'une civilisation passée.

Le général Lyautey a été bien inspiré en protégeant de son mieux les restes de la domination musulmane, en écartant des agglomérations confuses, mais si curieuses, des musulmans de ces contrées l'Européen qui, sans aucun avantage, aurait profané l'habitat de l'indigène que nous avons le devoir de protéger.

On sait que l'Algérie se créa des ressources non négligeables en accueillant le voyageur désireux de s'instruire. A ce point de vue, le Maroc est encore plus privilégié.

On ne peut espérer sans doute que le touriste apportera au Maroc la même prospérité qu'à la Suisse et l'Italie, mais la création de syndicats d'initiative, de touring-clubs, etc., pourra, en guidant le voyageur, apporter au Maroc certaines ressources et favoriser du même coup la petite industrie artistique des indigènes, si digne de considération.

*\
* *

Le Maroc n'aura pas été inactif pendant la guerre. Il a participé, dans une large mesure, à l'effort gigantesque réalisé par la France pour le triomphe du droit et des libertés.

Loin de constituer une charge pour la métropole, il est devenu un auxiliaire des plus précieux depuis le début des hostilités, en participant, d'une part, à son ravitaillement, en lui fournissant aussi d'excellentes troupes.

Dès le mois d'août 1914, le général Lyautey proposait au Gouvernement de contribuer au ravitaillement de la France.

Nous avons vu que le Maroc est surtout producteur de céréales : les blés, les orges, les maïs, malgré les rendements relativement faibles que les indigènes font donner à des sols qui pourraient bien mieux produire, étaient exportés en quantités importantes avant les hostilités et, grâce à des frets avantageux, étaient en majorité dirigés sur Hambourg.

Le Résident général prit, dès le début de la guerre, des dispositions pour diriger sur la France tout l'excédent de la production en céréales. Il s'attacha également à faire recenser et embarquer les laines, les peaux de chèvres, les peaux de moutons, les porcs. Puis, par suite des difficultés croissantes du ravitaillement, les fèves, les pois chiches, le sorgho, etc.

C'est ainsi que le général Lyautey n'avait pas attendu l'appel lancé de la tribune de la Chambre, à la suite de l'hiver rigoureux 1916-17 qui avait porté atteinte aux récoltes de la métropole. Il s'agissait de « produire » si l'on voulait « tenir ». Cet appel trouva son écho dans nos colonies, en particulier au Maroc. Une mission d'ingénieurs agronomes, sous la direction de M. Cornier, président de la Commission d'agriculture de la Chambre des députés, fut déléguée dans l'Afrique du Nord : le Protectorat marocain a d'abord été son principal objectif. Elle trouva, à ce point de vue, le Maroc organisé : une Commission de ravitaillement fonctionnait, les services de l'Intendance étant chargés des achats.

La difficulté était grande. Il s'agissait d'abord de ne pas se limiter à la production de la zone littorale qui trouve, à proximité, des points d'embarquement ; il fallait, en outre, évacuer de l'intérieur vers la côte. Les routes déjà construites et le petit chemin de fer militaire ont rendu, à ce sujet, d'inappréciables services. Enfin, il fallait assurer les transports maritimes, opérations qui offraient déjà des difficultés en temps normal, à plus forte raison avec la crise des frets que nous subissons par ces temps de guerre sous-marine. Ces expéditions furent assurées par l'Intendance, qui passa des contrats avec les compagnies maritimes.

Le succès a été tel que, depuis août 1914 au 15 septembre 1917, les transports ont porté sur 387.000 tonnes de marchandises.

Ces exportations se décomposent de la façon suivante :

Pour le blé	714.000	quintaux
Pour l'orge............	2.845.000	—
Pour le maïs	201.000	—
Soit.........	3.760.000	quintaux de céréales.

Peaux de chèvres.......	1.320.000	peaux
Peaux de moutons......	375.000	—
Laine.................	6.100.000	kilogs
Porcins...............	6.500	
Bovins...............	5.000	

Les sommes dépensées pour l'achat et l'expédition de ces produits s'élèvent à plus de 100 millions de francs, ce qui a économisé à la France au moins 100 millions d'or, car les mêmes produits, achetés en Amérique, eussent coûté plus de 120 millions de francs.

Des considérations d'ordre politique ont amené le Protectorat à ravitailler en partie nos alliés à Gibraltar, la ville internationale de Tanger et la zone espagnole de l'Empire chérifien, auxquels ont été fournis, globalement, du mois d'août 1914 au 15 septembre 1917, 150.000 quintaux de blé, 150.000 d'orge et 7.000 de maïs.

Enfin, le Maroc a contribué à la guerre par ses propres soldats.

Aux premiers jours de la mobilisation, le général Lyautey embarquait pour la France ses meilleures troupes : les zouaves et les tirailleurs algériens et tunisiens, l'infanterie coloniale, les bataillons de la Légion étrangère dépouillés de ses indésirables ; en un mot, des contingents de tous les corps du nord de l'Afrique et des colonies qui représentent l'armée coloniale.

On a beaucoup médit, avant 1914, de ces troupes formées, loin de la métropole. Tout en reconnaissant leur grande utilité dans les colonies on ne leur accordait généralement pas, dans les états-majors de France, une valeur militaire suffisante pour leur permettre de jouer un rôle important dans une guerre européenne.

Ce reproche s'adressait, évidemment, plus aux officiers supérieurs ou généraux qu'aux soldats de cette armée extra-métropolitaine. Mais il suffirait de citer, parmi les chefs, des noms comme ceux de Gallieni, de Gouraud, de Mangin, de Franchet d'Esperay, pour faire ressortir ce qu'il y avait d'injuste dans ce jugement un peu téméraire.

Les reproches des camarades de France étaient au moins très exagérés en ce qui concerne les officiers supérieurs. Mais ce qui ne peut être discuté, c'est la valeur des hommes de troupes instruits et entraînés hors de France.

Cette armée coloniale, avec ses soldats indigènes, bien encadrés, a fait merveille dans la grande guerre : les victoires de la Marne, de l'Yser, de Verdun peuvent en témoigner.

Les aptitudes de ces troupes coloniales étaient bien connues de tous ceux qui les avaient vues à l'œuvre, dans nos colonies. La vie en pays lointain, dans « le bled », indépendamment de l'entraînement qu'elle procure,développe au plus haut point le courage et l'esprit d'initiative, qui sont parmi les plus belles qualités de notre race.

On devait s'attendre au magnifique élan de ces troupes coloniales qui se sont couvertes de gloire. Pour ma part je n'en avais jamais douté.

Parmi ces troupes, il en est qui ont forcé l'admiration du monde entier par leur conduite au feu, face à l'envahisseur. Je veux parler du soldat marocain.

Alors que notre première action militaire au Maroc remontait à quelques années, que notre protectorat s'étendait sur ce pays musulman depuis deux ans seulement, on a vu, sur les champs de bataille d'Europe, des fantassins et des cavaliers marocains ralliés à notre cause, rivaliser de courage et d'entrain avec leurs camarades français, pour refouler l'ennemi. Il en était même, parmi eux, qui se mesuraient avec nos troupes, sur la terre d'Afrique, quelques mois auparavant

C'est que le Marocain est essentiellement guerrier. Le Berbère, surtout, est un « homme de poudre » habitué de génération en génération à défendre son bien, à cultiver son champ, le fusil à la main.

Mais ce qui peut étonner, c'est son loyalisme, son dévouement si prompt à sa nouvelle patrie d'adoption.

Ici apparaît la supériorité du Français en matière coloniale.

Il n'y a qu'en France qu'on ait dit que nous n'étions pas des colonisateurs. Nous le sommes, au contraire, dans la plus belle, la plus noble acception du mot.

Nous sommes des colonisateurs à notre manière et la France se distingue en cela des autres pays.

C'est ainsi que l'Anglais ne cherche pas à coloniser, au sens effectif du mot, les pays lointains qu'il a soumis à sa domination. Aux Indes, par exemple, où il y a 150 millions d'indigènes, il n'y a pas de colons. Après les avoir placés sous son protectorat, l'Anglais affranchit ses colonies lointaines pour demeurer lié avec elles par le négoce.

L'Allemand emploie, en matière coloniale, sa méthode habituelle en toutes choses, c'est-à-dire la manière forte. Il soumet, asservit, pressure les peuplades primitives pour en tirer le maximum de rendement.

Le principal souci du Français, au contraire, n'est pas d'asservir, ni d'exploiter, mais de collaborer avec les indigènes dont il a fait des sujets, de les rendre meilleurs, de leur procurer la liberté et le bien-être. Il s'attache, autrement dit, à les assimiler.

Que ceux qui, en vertu de principes appliqués de façon exclusive, se sont toujours opposés à notre action coloniale, aillent faire un tour au Maroc. Ils verront avec quels sentiments d'humanité l'indigène est traité, sous l'égide d'un de nos plus grands colonisateurs, le général Lyautey.

Qu'ils méditent aussi cette vérité inéluctable qu'avec ses 40 millions d'habitants, à peine, la France ne pouvait pas rester une puissance de premier rang; qu'il lui fallait, pour conserver sa place et son rôle civilisateur, dans le monde, doubler au moins, par son expansion coloniale, le nombre de ses sujets.

C'est ce que de grands Français, comme Jules Ferry, avaient, dès 1881, bien compris. C'est ce que la psychologie d'un grand homme d'État allemand, Bismarck, semble avoir ignoré.

En essayant de favoriser notre expansion coloniale, l'Allemagne ne nous a pas détournés de nos préoccupations patriotiques; elle n'a pas affaibli notre armée, elle nous a implicitement encouragés dans la voie que nous devions suivre et qui nous permet aujourd'hui, de faire figure parmi les grandes puissances.

Il semble que notre ennemie se soit aperçue de son erreur lorsqu'elle a entrepris, au Maroc, l'action déloyale dont je vous ai parlé. Mais il était trop tard. La France suivait ses destinées. Elle soulève, aujourd'hui, l'admiration du monde entier.

CONFÉRENCE FAITE A RENNES

Samedi 23 Février 1918.

La réunion a eu lieu, à 17 heures, dans la grande salle du Cinéma Pathé, sous la présidence de M. Gérard-Varet, Recteur de l'Académie de Rennes. M. Lucien Perquel, Trésorier de l'Association, si dévoué à notre œuvre dans toutes les manifestations de son activité, s'était joint à M. Désgrez, pour représenter le Conseil à cette Conférence. M. Gérard-Varet, qui avait souhaité la bienvenue dans les termes les plus flatteurs aux délégués de l'Association, a terminé la séance par une allocution du plus haut intérêt pour l'avenir industriel de notre pays.

M. Fernand KERFORNE,

Chargé de cours à la Faculté des Sciences de Rennes.

LES RICHESSES MINÉRALES DU MASSIF BRETON

Je remercie l'Association française pour l'Avancement des Sciences et en particulier M. le Professeur Desgrez de m'avoir fait l'honneur de me demander de faire une conférence sous ses auspices et de me permettre de traiter ainsi devant un grand public une question qui m'est chère et que je crois éminemment intéressante, surtout à l'heure actuelle.

Je remercie M. le Recteur Gérard-Varet d'avoir bien voulu la présider et de manifester ainsi l'intérêt qu'il porte et l'appui qu'il donne aux efforts que je fais depuis de nombreuses années pour la reconnaissance et la mise en valeur des richesses minérales de notre sous-sol breton.

Avant d'aborder le sujet proprement dit de cette conférence, je crois utile de rappeler aussi brièvement que possible *ce que c'est qu'une mine, ce que c'est qu'un minerai, comment on les explore et comment on les exploite*, ces questions étant généralement peu connues avec précision.

Les exploitations des substances utiles contenues dans l'écorce terrestre sont classées dans la législation française actuelle en trois catégories principales :

Les mines ;

Les minières ;

Les carrières.

Les *mines* sont les exploitations de substances concessibles, c'est-à-dire pour lesquelles un décret de concession est nécessaire. Ces sub-

9

stances sont les *combustibles minéraux* et, d'une façon générale, les *minerais*.

Les *minières* sont les exploitations soumises à un régime particulier et portant sur les gisements de fer superficiels et les tourbes; leur exploitation est libre et n'est soumise qu'à une simple déclaration à la préfecture.

Les *carrières* sont des exploitations de matières utiles quelconques ne rentrant pas dans les catégories précédentes.

On rencontre ces trois sortes d'exploitations dans le Massif breton ; mais, obligé de me restreindre, je parlerai presque exclusivement des premières : les *mines* ou exploitations de combustibles minéraux et de minerais.

On appelle *minerais* les minéraux métallifères, simples ou complexes, dont on peut retirer, *avec profit* et *en grand*, des métaux ou des combinaisons métalliques utiles à l'industrie.

La teneur nécessaire pour qu'un minéral soit un minerai, varie avec la valeur des métaux et avec le progrès des méthodes industrielles ; ainsi, un grès ferrugineux contenant 25 0/0 de fer n'est pas un minerai de fer, tandis qu'une roche contenant 15 grammes d'or à la tonne est un minerai d'or.

Les gîtes de minerais peuvent se classer de la façon suivante :

1° Gîtes sédimentaires ;

2° Gîtes filoniens ;

3° Gîtes alluvionnaires.

Gîtes sédimentaires. — Les gîtes sédimentaires sont ceux qui constituent des couches ou des amas déposés, formés comme les roches sédimentaires ordinaires, c'est-à-dire résultant du dépôt, sous l'influence d'actions mécaniques, chimiques ou organiques, de particules analogues aux sables, aux argiles, aux calcaires qui se déposent aujourd'hui sous les eaux.

On donne encore ce nom aux roches sédimentaires ordinaires, c'està-dire stériles au moment de leur formation, qui ont été imprégnées contemporainement, ou postérieurement, de substances minérales par suite de la circulation d'eaux de source chargées de ces substances.

Ces gisements sédimentaires sont surtout les gisements de *combustibles minéraux* et les gisements de *minerais de fer ou de manganèse*, mais on peut en trouver d'autres : des *minerais de cuivre*, par exemple.

Postérieurement, ces couches de minerai ont été recouvertes par le dépôt au-dessus d'elles d'autres roches sédimentaires et elles peuvent ainsi se trouver portées à une profondeur plus ou moins éloignée de la surface actuelle du sol.

Elles ont subi de plus, en général, des modifications diverses, par suite de la pression qu'elles ont supportée, et des eaux qui les ont imprégnées; de meubles qu'elles étaient au début, elles sont devenues agglomérées et plus ou moins compactes, comme les sables se sont transformés en grès, les argiles en schistes, etc.; souvent même leur composition chimique s'est modifiée.

Ces gisements s'étendent dans toutes les directions jusqu'à une distance plus ou moins grande, limite du dépôt effectué ; leur épaisseur, quelquefois assez faible, peut être grande; ainsi la couche de minerai de fer de Bas-Vallon, dans les Côtes-du-Nord, atteint plus de 10 mètres de puissance; certains amas pyriteux de Norwège atteignent 26 mètres.

Quelquefois, mais rarement, surtout dans notre région, les roches sédimentaires et les couches minéralisées qu'elles renferment à différents niveaux, ont conservé l'horizontalité primitive de leur dépôt; le plus souvent il n'en est rien et elles ont été plissées; elles ont formé des ondulations plus ou moins parallèles, plus ou moins profondes dont les parties basses, c'est-à-dire les cuvettes, sont appelées *synclinaux,* tandis que les parties hautes portent le nom d'*anticlinaux.*

L'érosion étant venue par la suite enlever la tête de tous ces plis, nous voyons affleurer à la surface du sol actuel, en longues bandes plus ou moins parallèles, les tranches des couches minéralisées et nous sommes obligés, pour les exploiter, d'aller les chercher dans les synclinaux où elles sont conservées et dans lesquels elles s'enfoncent sous un angle variable, quelquefois voisin de la verticale.

C'est le cas de la plupart des couches de minerai de fer du Massif breton.

Gîtes filoniens. — Les gîtes filoniens sont des remplissages de fentes ou failles formées postérieurement au dépôt des roches qui les encaissent.

Ces fentes sont dues le plus généralement aux mouvements de plissement de l'écorce terrestre, affectant des roches de plasticité faible ou nulle. D'autres sont dues à des mouvements d'effondrement ou à des pressions, d'autres enfin sont des fentes de retrait dans un magma éruptif en voie de solidification ou sur son pourtour.

Ces fentes sont innombrables dans le Massif breton, mais toutes ne sont pas minéralisées ; les unes ont été remplies par de la matière en fusion montant de la profondeur, ce sont les filons éruptifs, d'autres par des matières stériles déposées par les eaux qui y ont circulé, tels sont beaucoup de filons de quartz, d'autres n'ont pas été perméables ; quelques-unes enfin ont été remplies par le dépôt d'un mélange de substances stériles et de substances métalliques contenues en dissolution dans des eaux thermales remontantes, ce sont les *filons métalliques.*

Ils se présentent comme des espèces de veines, plus ou moins régulières, s'étendant dans le sens de la longueur à une distance plus ou moins grande de l'origine, s'enfonçant dans l'écorce terrestre sous un angle plus ou moins grand, quelquefois voisin de la verticale, et présentant une puissance, c'est-à-dire une épaisseur variable.

Ils sont le plus souvent rectilignes en gros, mais ils peuvent présenter des écarts plus ou moins grands dans leur *direction* et dans leur *inclinaison.*

Les parties latérales s'appellent les *salbandes,* ce sont souvent les parties les plus richement minéralisées, les parois de la fente portent le nom d'*épontes.*

En direction leur longueur est très variable ; elle peut atteindre plusieurs kilomètres, mais être beaucoup moindre.

Vers le bas elles s'étendent pour la plupart au delà de la région dans laquelle les travaux de mines peuvent pénétrer, mais non sans subir quelquefois des modifications dans leur minéralisation.

Un filon peut être vertical, oblique ou même couché ; quand il n'est pas absolument vertical, la paroi du dessus s'appelle *toit,* celle du dessous *mur.* Ces expressions sont du reste employées aussi pour les couches.

La puissance, c'est-à-dire l'épaisseur comptée perpendiculairement aux épontes, est très variable; elle varie le plus souvent de 0 m. 50 à 1 mètre, mais elle peut s'écarter beaucoup en plus ou en moins de cette moyenne.

Le remplissage est constitué par des matières stériles et par des minerais. Les matières stériles ou *gangues* sont le plus souvent du quartz, quelquefois du sulfate de baryum, des carbonates, etc.

Exceptionnellement la gangue est très réduite, ordinairement c'est elle qui domine.

Le minerai est inclus dans la gangue, quelquefois irrégulièrement, souvent en bandes successives plus ou moins bien délimitées ; tantôt il est localisé dans la partie médiane du filon, tantôt à une salbande, quelquefois aux deux.

La quantité relative de minerai que contient un filon est très variable et elle n'a pas toujours besoin d'être très élevée pour que l'exploitation soit possible.

Pratiquement, dans les mines, on suppose tout le minerai contenu dans le filon concentré sur une paroi et on calcule cette épaisseur d'après la quantité de minerai extraite sur un certain nombre de mètres. C'est ce qu'on appelle la *puissance réduite* du filon. Cette épaisseur n'est jamais considérable ; à Pontpéan, les moyennes annuelles ont varié de 4 cm. 2 à 7 cm. 6. Dans la Cornouaille anglaise on exploite des filons d'étain ayant à peine quelques millimètres de puissance réduite.

La puissance peut varier beaucoup du reste dans un même filon, la distribution du minerai n'étant pas uniforme, il s'en faut. Le plus généralement certaines parties contiennent très peu de minerai et ne sont pas exploitables, d'autres sont plus riches : on les appelle *colonnes* et elles sont seules exploitées. A Pontpéan, par exemple, il y avait deux colonnes exploitables, celle du nord et celle du sud, séparées par un grand intervalle où le filon était à peu près stérile.

Gisements alluvionnaires. — Les gisements alluvionnaires proviennent de la destruction par l'érosion des affleurements des gisements anciens et de leur dépôt à nouveau après un entraînement par les eaux à une distance plus ou moins grande; en général il se produit, par suite de la densité plus grande des particules minéralisées, un triage mécanique naturel qui enrichit certaines parties des alluvions, au point souvent de les rendre plus riches que les gisements primitifs. Tels sont certains gisements d'or, d'étain, etc.

Etude d'un gisement. — Supposons maintenant qu'un gisement ait été trouvé et voyons comment on l'étudie.

Il s'agit de reconnaître s'il est exploitable, quelle est sa valeur et comment il se présente.

On ne peut pas songer, en effet, à faire des travaux d'exploitation longs et coûteux, sans savoir ce qu'il en est à ce sujet. On ne donne du reste une concession que quand il a été prouvé qu'elle est réellement exploitable ; la loi de 1810 qui régit les mines ne reconnaît même le titre et le droit d'*inventeur* qu'à celui qui a fait connaître non seulement le lieu où se trouve une substance concessible, mais encore sa disposition, son allure, sa valeur, en un mot ce qui peut démontrer la possibilité de son exploitation.

On étudie le gisement par des tranchées, par des petits puits, par des sondages et en même temps il y a lieu de faire l'étude géologique aussi précise que possible de la région. Cette étude est de première importance.

Déjà la carte géologique au 1/80000, dressée pour toute la France sous la direction du Service des Mines, donne des indications intéressantes; mais elle est à une échelle trop faible pour suffire à une reconnaissance précise du gîte. Le mieux est de dresser une nouvelle carte géologique à l'échelle du 1/10000 au moins et de multiplier les reconnaissances sur le terrain.

Je n'ai pas besoin de souligner l'importance primordiale de cette étude pour les gisements en couches qui occupent une position précise dans l'échelle des terrains et dont l'allure et les accidents sont les mêmes que ceux des terrains qui les contiennent.

La plupart des Sociétés minières le reconnaissent.

Je donnerai cependant un exemple de son intérêt, tiré de notre histoire minière locale.

Quand on a commencé il y a quelques années les recherches de minerai de fer de profondeur dans la région de Châteaubriant, on croyait, sur la foi de travaux antérieurs, que le minerai était situé près du contact des grès armoricains et des schistes ardoisiers ; beaucoup de travaux ont été faits sur cette donnée et sont restés infructueux. Or, l'étude géologique détaillée de la région, aidée par des travaux de reconnaissance sur le terrain, a montré que, près de ce contact, il n'y avait pas de minerai. Une première couche est située bien au-dessous et est séparée des schistes ardoisiers par une dizaine de mètres de grès quartziteux, 120 mètres environ de schistes qui avaient été méconnus et 160 mètres environ de grès, ce qui fait une différence de position de près de 300 mètres. Une seconde couche, souvent la meilleure, est à 50 mètres au-dessous de la première. Maintenant que la région est scientifiquement connue avec précision, on peut trouver le passage des couches, à coup sûr, à quelques mètres près.

Pour les filons, qui recoupent toutes les roches encaissantes, quelles que soient leur nature et leur disposition, on fait moins souvent appel à la science du géologue. A mon avis, c'est une grave erreur. Les filons sont des remplissages de fentes, mais ces fentes ne sont pas quelconques ; elles font partie en général d'un système qui obéit à des lois ; le géologue seul peut les rechercher et les déterminer. Elles sont de plus très souvent en relations avec des déplacements des couches sédimentaires, des rejets comme nous disons. C'est ainsi que la grande faille minéralisée de Pontpéan est parfaitement visible pour le géologue sur le terrain. A l'est elle a rejeté les schistes rouges de plus de 600 mètres vers le sud.

Le faisceau minéralisé de Montbelleux paraît être en relations avec une déviation considérable des couches sédimentaires, avec cassures et rejets, situées vers le sud-ouest. Il en est de même des failles du Huelgoat et j'en pourrais citer bien d'autres.

La nature de la roche sédimentaire encaissante et par suite sa disposition géologique ne sont pas indifférentes non plus ; c'est ainsi qu'on a vu le riche filon aurifère de la Lucette se réduire et s'appauvrir en passant des grès dans les schistes situés au-dessous.

Pour les mines filoniennes, comme pour les autres, il faut une étude géologique précise de la région; sans elle, non seulement on peut méconnaître l'allure du gîte, mais encore travailler sur un filon pauvre en passant à côté d'un filon riche méconnu dont on aurait pu soupçonner la présence par l'étude précise du système de cassures.

Les tranchées et les puits permettent de reconnaître la direction du gisement, son inclinaison, sa continuité, sa puissance, sa valeur, etc. Les puits doivent être poussés jusqu'à ce qu'on atteigne la région où l'altération due à l'action des eaux de surface ne s'est pas manifestée ; là seulement on peut reconnaître la véritable valeur du gîte. Dans nos régions, cette zone se trouve en général à la distance d'une vingtaine de mètres de la surface.

Avant de commencer les grands travaux d'exploitation, il y a intérêt à reconnaître le gisement plus profondément ; on le fait souvent au moyen de sondages. Ce procédé donne de bons résultats, surtout dans les gisements sédimentaires qui sont plus réguliers, plus puissants et en général moins inclinés que les autres. Pour les filons il est moins recommandable ; d'abord les filons sont souvent très rapprochés de la verticale, ce qui ne permet guère de les atteindre à coup sûr; d'un autre côté, comme la minéralisation est le plus souvent irrégulière, le sondage ne peut pas en donner une idée précise et vraie.

Depuis quelques années on emploie couramment des sondeuses à grenaille d'acier, au lieu des anciennes sondeuses au trépan et des sondeuses à couronne de diamant. Elles permettent d'extraire à toute profondeur un échantillon des roches traversées, ce que l'on appelle une *carotte*, et on a ainsi une connaissance sérieuse et précise du gîte et des roches qui l'encaissent.

Figurez-vous un tube creux en acier, animé d'un mouvement de rotation rapide, qui s'enfonce dans le sol. Une pompe envoie dans le tube un courant d'eau sous pression qui passe entre le tube et le cylindre rocheux découpé, pénètre sous le tube et remonte en dehors par l'extérieur. De temps en temps, on injecte avec l'eau de la grenaille d'acier qui vient au-dessous de la couronne du tube aider à l'usure de la roche.

Quand on a creusé ainsi une certaine profondeur, on injecte avec l'eau des graviers de quartz qui produisent un double effet ; par leur accumulation dans le bas, ils rongent la base du cylindre rocheux, puis ils le coincent en s'insinuant entre lui et le tube d'acier ; la carotte finit par se casser à sa base. On retire le tube et on la recueille ; on redescend le tube et ainsi de suite. On peut par ce procédé faire des sondages de plusieurs centaines de mètres et recueillir des échantillons de toutes les couches traversées.

Exploitation d'un gisement. — Tous ces travaux préparatoires étant faits, le gîte étant bien reconnu et la concession accordée, on procède à l'aménagement pour l'exploitation. Le procédé le plus général consiste à creuser un grand puits dans un endroit judicieusement choisi. De ce puits partent de distance en distance des galeries horizontales, dites *travers-bancs*, qui vont rejoindre la couche ou le filon. Puis dans le minerai, ou à côté de lui, on creuse à chaque niveau une *galerie de roulage* le suivant en direction.

Cela fait, de distance en distance on remonte dans le minerai par des sortes de petits puits que l'on appelle des *cheminées*. Les cheminées vont jusqu'à la surface ou jusqu'au niveau précédent.

On a ainsi découpé le minerai en une série de compartiments que l'on exploitera en général de bas en haut.

Le minerai extrait est conduit par les cheminées dans les galeries de roulage, de là dans les travers-bancs, puis dans le grand puits où il sera remonté au jour.

De cette façon, on peut occuper plusieurs centaines de mineurs dans un gîte et faire une extraction en grand, la seule qui convienne.

Le Massif breton. — Le Massif breton, c'est-à-dire la région, dont la Bretagne est en quelque sorte le noyau, et qui a la même constitution géologique qu'elle, comprend toute l'ancienne province de Bretagne, une partie de la Normandie, du Maine, de l'Anjou et de la Vendée. Sa limite orientale passe à l'est de Cherbourg, au sud de Bayeux et de Caen, à l'ouest d'Argentan, d'Alençon et du Mans, à l'est d'Angers, un peu au nord de Fontenay-le-Comte. Il est formé de roches éruptives variées, disposées en massifs et en filons, de roches cristallophylliennes, de terrains sédimentaires anciens et fortement plissés ; il est recoupé de cassures et de failles multiples. Il constitue par suite une région éminemment propice au grand nombre et à la variété des gisements minéralisés. Sa composition géologique et sa structure sont les mêmes que celles des pays les plus renommés du monde pour leur richesse minière : le Plateau Central, la Cornouaille anglaise, le Pays de Galles, la Suède et la Norvège, le Harz, la Saxe, la Bohême, les régions minières espagnoles et portugaises, etc.

Il n'est pas douteux qu'il y ait eu des exploitations minières dans le Massif breton à l'époque gallo-romaine et même antérieurement.

On y a exploité l'or, l'étain, le fer, peut-être même le cuivre. Les exploitations d'étain en particulier ne peuvent être mises en doute. Dans le Morbihan, dans le massif de granite à mica blanc qui s'étend au sud de Josselin et où est située aujourd'hui la concession dite de La Villeder, on a trouvé les traces d'exploitations anciennes; il en est de même à Montbelleux, près de Fougères; à l'embouchure de la Vilaine, une pointe porte le nom celtique de Pennestin : pointe de l'Étain. Le comte de Limur attribue même la présence des colliers d'ambre assez nombreux dans le Morbihan, et conservés précieusement dans les familles comme talismans, à d'anciens trafics d'étain pour lesquels ces boules d'ambre auraient été données en paiement.

Le gisement d'étain découvert par M. Davy entre Abbaretz et Nozay a été exploité à une époque très reculée. Dans cette région on trouve une longue série rectiligne d'excavations, de levés de terre, de talus qui ont été pris longtemps pour d'anciennes fortifications gauloises ; M. de Kerviler les rapporte, d'après les objets qui ont été recueillis, au dernier siècle avant l'occupation romaine. Tous ces travaux sont les restes d'anciennes exploitations d'étain ou les fortifications élevées par les mineurs pour se protéger.

L'étain a donc été exploité en Bretagne avant l'occupation de la Gaule ; il en a du reste été de même dans la Marche et le Limousin, d'après Mallard.

Il en est de même de l'or. Déjà l'abondance des objets en or trouvés dans les monuments de l'époque préhistorique en est un indice ; mais on a trouvé les restes d'anciennes exploitations, en particulier à Saint-Pierre-Montlimart, dans l'Anjou, et à Beslé (Loire-Inférieure).

Le fer a été exploité à une époque très reculée, témoin les anciennes excavations qui accompagnent les gisements et les scories catalanes si répandues un peu partout. Dans une ancienne galerie de la forêt de Gâvre, M. Davy a recueilli une médaille de Faustine, femme de Marc-Aurèle.

Combien de ces anciens travaux ont disparu aujourd'hui, comblés et recouverts par la culture et cependant ne sont pas épuisés, car, avec les moyens primitifs dont on disposait à cette époque, on était obligé d'arrêter rapidement l'exploitation en profondeur à cause de la venue d'eau qu'on ne pouvait pas épuiser!

Pendant le moyen âge, l'exploitation des mines paraît avoir été peu florissante en Bretagne, comme du reste dans toute la France; cependant on a gardé le souvenir de concessions accordées au xve siècle à des Anglais et à des Allemands; de plus, à diverses reprises, les ducs de Bretagne ont fait exploiter certains gisements, par exemple ceux de plomb du Huelgoat et de Châtelaudren.

Quoi qu'il en soit, la recherche et l'exploitation des mines étaient en complète décadence au commencement du xviie siècle, alors qu'elles étaient florissantes en Hongrie, en Angleterre, en Allemagne, etc.

A ce moment, le Massif breton fut exploré par la baronne de Beausoleil. Cette femme, très instruite et très intelligente, avait épousé le baron de Beausoleil, commissaire et délégué de l'empereur d'Allemagne à l'administration des mines de Hongrie ; elle avait visité la plupart des régions minières connues à cette époque et avait acquis en partageant les travaux de son mari des connaissances très étendues. Elle vint en Bretagne en 1630, accompagnée de cinquante mineurs allemands et de dix mineurs hongrois et elle commença la prospection de la contrée. Elle fut en butte à toutes sortes de persécutions de la part des habitants et même du parlement ; à Morlaix elle encourut même la terrible accusation de sorcellerie. Aucune des belles promesses qui lui avaient été faites par le cardinal de Richelieu ne fut tenue. Enfin, à bout de ressources, elle adressa en 1640 à Richelieu un mémoire intitulé : *La Restitution de Pluton*, demandant humblement l'autorisation d'exploiter les nombreux gisements qu'elle avait découverts et dont elle donnait une longue liste.

Le résultat de ce mémoire fut désastreux pour elle; le cardinal répondit en l'enfermant à la Bastille et son mari à Vincennes, où ils finirent leurs jours.

La liste de la baronne de Beausoleil nous a été conservée par Gobet, elle comprend l'énumération par évêchés et par paroisses de nombreux gisements d'or, d'argent, de plomb, de cuivre, et de fer.

Il est remarquable de constater que presque tous les gisements qui ont été exploités depuis figurent sur cette liste. Malheureusement, on manque de renseignements précis sur la position exacte des autres et beaucoup n'ont pas encore été retrouvés.

L'élan était cependant donné et l'exploitation des mines reprit un certain essor, en particulier du fait des Anglais exilés avec leur roi Jacques II et de la famille Danycan, mais il fut très localisé.

Au xixe siècle l'activité industrielle prit un développement plus considérable, mais elle se porta surtout sur quelques gisements, tels que ceux de plomb argentifère et de fer et les combustibles minéraux. J'en reparlerai plus en détail en étudiant les diverses catégories de gisements.

Combustibles minéraux. — Les gisements de *houille* et d'*anthracite* sont peut-être les mieux connus du Massif breton ; ils ont été l'objet au siècle dernier de nombreuses études et de nombreuses recherches et une quarantaine de concessions ont été instituées dans le Maine-et-Loire, la Mayenne, la Sarthe, la Loire-Inférieure et la Vendée. Ce sont surtout des anthracites et des houilles maigres.

En 1869, le Maine-et-Loire a produit 10.000 tonnes, la Loire-Inférieure 108.121, la Sarthe et la Mayenne 126.985. Ce sont malheureusement des produits de qualité inférieure qui trouvèrent leur emploi dans la cuisson des calcaires pour la chaux, mais qui ne purent pas lutter contre la concurrence des charbons anglais. Au début de la guerre peu d'exploitations fonctionnaient encore.

Etant donné la crise actuelle du charbon, il serait intéressant d'étudier leur remise en exploitation. On doit même se demander si, en temps normal, il ne serait pas possible de s'organiser pour les utiliser.

Certains gisements, appartenant au carboniférien supérieur, c'est-à-dire au niveau des gisements du Plateau central, contiennent de la houille de meilleure qualité et des schistes bitumineux ; ce sont en général les moins bien connus et ils mériteraient d'être étudiés à nouveau, en particulier ceux des environs de Carentan (Le Plessix, Littry) et ceux du Finistère (Quimper et baie des Trépassés).

On parle de faire des recherches sérieuses dans le bassin de Carentan ; à mon avis on devrait en faire aussi dans le Finistère. Il y a un tel intérêt économique à trouver dans notre région de la houille de bonne qualité et exploitable que, quelque coûteuses qu'elles soient, ces recherches doivent être faites.

Il existe dans le Massif breton, et souvent en quantité considérable, un autre combustible minéral, *la tourbe,* qui, jusqu'à présent, a été complètement négligé au point de vue industriel proprement dit. Seules des exploitations localisées ont été faites par les propriétaires et les fermiers pour leurs besoins personnels.

Sans être aussi nombreuses et aussi étendues qu'en Allemagne, en Russie, en Scandinavie, les tourbières occupent souvent dans l'Ouest une superficie intéressante, par exemple dans la Grande-Brière, dans les marais du mont Saint-Michel-de-Brasparts, dans la plaine de Carentan, etc., et presque partout il y a des gisements restreints qui

pourraient être mis en valeur en ce moment. En dehors de quelques
louables initiatives trop rares et trop timides, rien n'a été fait dans nos
tourbières bretonnes alors qu'on aurait dû les mettre en exploitation
et sécher la tourbe l'été de façon à avoir l'hiver ce précieux appoint de
combustible.

Fig. 1. — Exploitation de la tourbe dans les marais
du mont Saint-Michel-de-Brasparts.

En plus de ces exploitations destinées à parer à la crise actuelle, on
doit songer dès maintenant à faire une exploitation vraiment rationnelle des grandes tourbières et une tourbière d'une quarantaine d'hectares est déjà intéressante à ce point de vue.

Les emplois de la tourbe sont multiples : chauffage en briquettes
et en poudre (sous cette forme elle a pu être utilisée pour le chauffage
des locomotives), distillation, engrais, litières, etc.

Minerais de fer. — Le Massif breton est riche en minerais de fer et
il ne le cède sous ce rapport à aucune région européenne, pas même
à la Lorraine.

Comme nous l'avons vu, le fer a été l'objet d'exploitations actives
à diverses époques, en particulier à l'époque gallo-romaine, au moyen
âge et au XIXᵉ siècle; mais jamais, avant une date relativement récente,
les exploitations n'ont dépassé la profondeur de 15 à 20 mètres, non
pas par suite de disparition ou d'appauvrissement du gîte, mais parce
que la venue d'eau rendait l'exploitation difficile par les moyens dont
on disposait, souvent aussi parce que le fer oxydé de surface se transformait en profondeur en fer carbonaté, qui n'était pas utilisé.

Les minerais étaient traités sur place au bois, d'abord par la méthode
catalane, puis dans des hauts fourneaux fixes de petites dimensions.

Il y en avait une cinquantaine en activité en 1835 ; de 1865 à 1879, tous furent arrêtés, à la suite des traités de commerce admettant en franchise les fontes anglaises. Avec eux s'arrêtèrent toutes les exploitations.

Depuis cette époque, jusqu'à ces dernières années, des exploitations ont repris mais seulement dans quelques localités, surtout en Normandie et dans l'Anjou où des exploitations en profondeur sont venues démontrer la continuité des gîtes ; de plus des exploitations en minières, mais infiniment moins nombreuses qu'autrefois ont été rétablies.

Malgré ces travaux intéressants, les minerais de l'Ouest, surtout ceux de Bretagne et même aussi ceux de l'Anjou, tombèrent dans le plus grand discrédit. On enseignait couramment, il y a dix ans, que ces minerais étaient irréguliers, pauvres, siliceux, trop phosphoreux et même qu'ils ne se continuaient généralement pas en profondeur, ou on n'en parlait pas.

Depuis quelques années l'étude des minerais de l'Ouest a été reprise et elle a donné des résultats inespérés. La Normandie, la première, fut prospectée avec soin, mais les industriels français s'y laissèrent devancer presque partout par les Sociétés allemandes et hollandaises, bien que les premiers gisements reconnus en profondeur l'aient été par des Sociétés françaises : Saint-Rémy et La Ferrière-aux-Étangs.

L'Anjou fut également repris et enfin toute la région située entre l'Anjou et la Vilaine, dite région de Châteaubriant, fut étudiée à fond. Le mouvement s'étendit dans une partie du Morbihan et dans les Côtes-du-Nord, et si la guerre n'était pas survenue il aurait gagné maintenant toute la Bretagne.

Dans l'Anjou et en Bretagne, ce furent des Sociétés françaises et en particulier les grandes firmes métallurgiques de l'Est qui prirent la tête du mouvement, à l'exclusion presque absolue des Sociétés étrangères.

Les résultats furent considérables : le départ fut fait entre les gisements superficiels et les gisements de profondeur ; la position géologique des couches ainsi que leur nombre, leur puissance, leur allure, la nature et la qualité du minerai furent reconnus et au moment de la déclaration de guerre 63 demandes de concession étaient en instance en Anjou et en Bretagne, 20 en Normandie.

Voyons les caractères propres de ces deux régions, bien connues aujourd'hui et je dirai ensuite quelques mots sur les autres régions ferrifères du Massif qui sont beaucoup moins bien connues.

Bassin normand. — Ce que l'on appelle le bassin normand comprend un certain nombre de synclinaux isolés, plus ou moins distants les uns des autres et dont quelques-uns s'enfoncent sous les formations secondaires du bassin de Paris. M. Nicou a estimé sa minéralisation à 120 millions de tonnes par 200 mètres de profondeur, chiffre qui est certainement au-dessous de la réalité. Le minerai est situé dans les schistes à Calymmènes de l'ordovicien moyen, vers leur base et à une faible distance du grès armoricain qui se trouve au-dessous. Il est constitué par une couche régulière et continue de minerai de fer oolithique carbonaté, dont la puissance varie de 2 m. 50 à 6 mètres, mais dans ce dernier cas il n'y a guère que 2 m. 50 à 3 mètres qui soient pratiquement exploitables. Sa teneur, une fois grillée, varie de 45 à 51 0/0 de fer.

En général la partie supérieure de la couche, jusqu'à une certaine profondeur, est transformée en hématite ; cette transformation a même atteint le synclinal tout entier à Saint-Rémy. L'hématite donne de 45 à 52 0/0 de fer ; celle de Saint-Rémy est la plus riche. La teneur en silice varie de 10 à 15, celle du phosphore de 0,6 à 0,7. Ces données s'appliquent aux minerais exploitables, on en trouve dans certains gisements avec des teneurs inférieures en fer et supérieures en silice, qui ne sont pas jugés utilisables pour le moment.

21 concessions sont instituées dont 14 dans le Calvados et 2 dans la Manche.

La plus grande partie du minerai est dirigée sur le port de Caen où on construit du reste des hauts fourneaux.

FIG. 2. — Mines de fer de Diélette.

En dehors de ces gisements, de nombreuses recherches sont en cours et 20 nouvelles demandes de concession sont en instance. Dans les recherches du sud du bassin, on a trouvé plusieurs couches s'étageant dans l'ordovicien moyen; la plus intéressante est plus haute dans la série que celle qui est actuellement exploitée dans le nord.

En parlant du bassin normand, je dois citer la mine de Diélette, près
de Cherbourg, bien que son minerai appartienne à un tout autre

Fig. 3. — Mines de fer de Segré. — Chambre des machines.

niveau, au dévonien ; cette mine était exploitée avant la guerre par

Fig. 4. — Mines de fer de Segré. — Transporteur aérien.

l'Allemand Thyessen ; les couches y sont au nombre de 6 et la principale à 7 m. 50 de puissance. Le minerai est un mélange de magnétite et d'oligiste qui titre 57 0/0 de fer, 11,8 de silice et 0,24 de phosphore.

Bassin de Châteaubriant. — On peut donner ce nom à la région ferrifère qui s'étend au sud de Rennes depuis la limite orientale du Massif breton, à peu près vers le méridien d'Angers jusque un peu au delà de la Vilaine. Il comprend ainsi les gisements de l'Anjou, les premiers reconnus, et leur prolongement vers l'ouest.

Il est formé de plusieurs synclinaux rapprochés, dirigés presque est-ouest; vers l'ouest, ils se relèvent un peu après la Vilaine; vers l'est, ou ils se relèvent, ou ils plongent sous les terrains secondaires.

Si on mesure les longueurs d'affleurement de la zone minéralisée dans chacun de ces synclinaux et si on les ajoute, on obtient un développement qui dépasse 350 kilomètres ; si on cherche à évaluer la richesse du bassin, comme l'a fait M. Nicou pour le bassin normand; en mettant toutes les choses au pire, on trouve un tonnage qui dépasse 600 millions de tonnes pour une profondeur de 200 mètres.

La position des couches de minerai est aujourd'hui bien précisée ; leur nombre peut varier ; il est de 4 là où il y en a le plus, c'est surtout vers l'est ; il se réduit à 2 dans l'ouest du bassin et même quelquefois à une.

Leur position géologique n'est pas la même que dans le bassin normand ; au lieu de se trouver dans les schistes à Calymmènes, c'est-à-dire dans l'ordovicien moyen, elles sont dans le grès armoricain, c'est-à-dire dans l'ordovicien inférieur. Le grès armoricain présente dans cette région trois divisions précises et constantes qui ont été désignées de la façon suivante :

1º Grès armoricain inférieur ;

2º Schistes intermédiaires ;

3º Grès armoricain supérieur.

Le minerai se trouve exclusivement dans le grès armoricain inférieur. La couche la plus élevée est à 5 ou 10 mètres au-dessous des schistes intermédiaires qui le surmontent. La deuxième couche est à 50 mètres environ au-dessous.

Ce sont les meilleures, surtout la seconde.

Souvent à une centaine de mètres au-dessous de la seconde existe une troisième couche encore intéressante.

Enfin il y a encore quelquefois au-dessous une quatrième couche, généralement siliceuse et inexploitable.

Le minerai est de la magnétite et de l'hématite avec quelques passages de carbonate. La magnétite domine vers l'est, l'hématite vers l'ouest. On trouve quelquefois un mélange des trois minerais.

La puissance varie de 3 à 6 mètres ; en général les bancs supérieurs sont les plus riches, quelquefois les seuls exploitables.

La teneur varie généralement de 50 à 55 0/0 de fer, 6 à 25 de silice,

0,5 à 0,8 de phosphore, ils sont donc de meilleure qualité que les minerais normands.

Les premières études sur ce bassin ont été faites en Anjou et, de 1875 à 1910, 9 concessions ont été instituées. La région qui s'étend de l'Anjou à la Vilaine était beaucoup plus difficile à prospecter et a été longtemps négligée ; on disait même qu'elle ne contenait pas de gisements de profondeur. Depuis 1910, les études et les recherches dans cette région ont pris un essor extraordinaire et inespéré surtout sous l'impulsion des grandes firmes métallurgiques de l'Est.

Pour en donner une idée, les Sociétés dont je suis le géologue conseil : la Compagnie minière armoricaine, la Société nantaise des Minerais de l'Ouest, la Compagnie générale des Mines de Fer de Bretagne, la Compagnie des Forges et Aciéries de la Marine et Homécourt, la Société des Hauts Fourneaux et Fonderies de Pont-à-Mousson, les Aciéries de Micheville, les Aciéries de Longwy, les Etablissements de Saintignon et de Marc Raty, ont fait en chiffres ronds :

6.200 mètres de tranchées de 1 à 6 mètres de profondeur;
1.850 mètres de sondages;
1.850 mètres de puits de recherches en surface ou en profondeur;
1.900 mètres de galeries et de travers-bancs.

Cet effort gigantesque est le fruit du travail des quatre ou cinq années qui ont précédé la guerre ; il a permis de reconnaître parfaite-

FIG. 5. — Minière de Rougé.

ment la région, 58 demandes de concessions sont en instance et, dès qu'elles seront accordées, les travaux d'aménagement pour l'exploitation pourront commencer. Un brillant avenir est donc assuré prochainement à ce bassin, d'autant plus intéressant qu'il est sillonné de nombreuses voies ferrées et placé à proximité des grands ports de Nantes et de Saint-Nazaire où de grands établissements métallurgiques pourront s'installer et décongestionner la région de l'Est trop rapprochée de la frontière. Combien on doit regretter que cela n'ait pas été fait plus tôt !

Je ne le quitterai pas sans parler d'un autre intérêt qu'il présente : en plus des minerais de profondeur dont je viens de parler, il contient un très grand nombre de gisements de minerais de fer superficiels qui ont été et peuvent encore être exploités en minières. Leur rendement avant la guerre atteignait 250 à 300.000 tonnes par an. Ils se présentent en couches horizontales d'hématite brune de puissance variable, atteignant souvent 4 à 6 mètres, exceptionnellement 15 mètres à la minière de Rougé. Le minerai est compact à la base et passe à la partie supérieure à des rognons. La teneur moyenne en fer est de 45 0/0; leur teneur en silice, de 15 à 18.

Il y a lieu de noter aussi dans le même bassin la présence de minerais de fer exploitables situés à un autre niveau géologique, au gothlandien, et sur lesquels on a fait quelques travaux.

Autres régions du Massif. — Le bassin normand et le bassin de Châteaubriant suffiraient à eux seuls à faire du Massif breton une région ferrifère de premier ordre, mais ils ne sont pas les seuls ; dans tout le Massif, il y a des minerais de fer. Ils n'appartiennent pas aux mêmes niveaux géologiques ; en dehors des régions dont je viens de parler, l'ordovicien inférieur est stérile, mais il y a encore des minerais dans l'ordovicien supérieur, dans le gothlandien, dans le dévonien, comme ceux de Diélette, et jusque dans le carboniférien (Saint-Pierre-la-Cour), sans parler des minerais tertiaires qui sont abondants dans beaucoup de localités et pourront être exploités avantageusement en minière surtout lorsqu'il y aura des établissements sidérurgiques dans le pays.

Tous ces minerais ont été exploités à diverses époques, mais seulement en surface et les recherches en profondeur s'imposent ; la plupart sont du fer carbonaté, quelques-uns de la magnétite. A en juger par leurs affleurements, ils promettent des résultats intéressants.

Déjà des recherches sérieuses ont été faites dans quelques localités, en particulier dans la forêt de Lorges et à Gouarec (Côtes-du-Nord).

Dans la première des travaux importants, commencés en 1908, ont reconnu au Pas une couche de fer carbonaté de 4 mètres de puissance, à Bas-Vallon une couche de magnétite de 10 à 11 mètres et titrant 55 0/0 de fer. Une concession est en instance.

A Gouarec, à la limite des Côtes-du-Nord, du Finistère et du Morbihan, aux environs des forges des Salles-de-Rohan, qui sont peut-être les plus anciennes de Bretagne, des travaux, poussés en profondeur un peu au delà des exploitations anciennes, ont reconnu la présence de plusieurs couches de minerai carbonaté et font bien augurer de l'avenir de cette région que traverse le canal de Nantes à Brest.

Fig. 6. — Anciennes forges des Salles-de-Rohan.

Après la guerre il y aura lieu de poursuivre ces recherches et de les généraliser à tout le Massif breton ; car il est ferrifère dans toutes ses parties.

De cette étude trop rapide des ressources en fer du Massif breton, il ressort qu'il se présente, comme je l'ai déjà dit, comme une des régions les plus favorisées de l'Europe tant par la quantité que par la qualité et la variété des minerais qu'il contient; il ressort aussi que, malgré les beaux résultats déjà obtenus et les recherches pleines de promesses qui ont été faites, il est encore très loin d'avoir montré tout ce qu'il recèle. Son étude n'est qu'à ses débuts. On peut dire qu'il n'y a encore que deux régions restreintes bien reconnues : le bassin normand et le bassin de Châteaubriant.

Sans parler du charbon que le Massif breton peut fournir et qui, malgré son intérêt, est peu de chose pour une activité sidérurgique moderne, il peut recevoir par ses nombreux ports des charbons anglais dans de bonnes conditions ; dans son sol, d'un autre côté, on trouvera toute la castine nécessaire.

Dans ces conditions, il y a lieu d'espérer que l'industrie du fer s'y développera après la guerre dans des proportions considérables, d'autant plus que par sa situation maritime, même péninsulaire, il se prête plus qu'aucune autre région à l'exportation facile des fontes, des aciers et des produits manufacturés.

Minerais de plomb, zinc et argent. — Les gisements de plomb et de zinc sont généralement associés et dans notre région il n'y a pas de gisements d'argent distincts de ceux de plomb et de zinc.

Ces minerais ont été exploités très anciennement en Bretagne ; Poullaouen et Huelgoat étaient exploités en 1578 et c'était la reprise d'une exploitation plus ancienne; Carnoët et Coat-an-Noz sont signalés dans les mémoires des Intendants de 1698; Carnoët était exploité à cette époque, Coat-an-Noz le fut en 1766, Châtelaudren était exploité en 1707 et l'avait été longtemps auparavant ; il en est de même de Pontpéan dont les premiers travaux historiquement datés remontent à 1731.

Fig. 7. — Mines de plomb argentifère de Pontpéan.

Ces différentes mines ont été exploitées pendant de longues périodes et avec succès, Huelgoat, Poullaouen et Pontpéan ont été comptées parmi les plus importantes de France.

De 1806 à 1846, il a été extrait de Poullaouen : 26.058.563 kilog. de galène ; de Huelgoat 13.994.997 kilog. de galène, 5.289.587 kilog. de terres argentifères représentant ensemble une valeur de 19 à 20 millions. De 1847 à 1864 on a retiré environ 8 millions de francs.

Pontpéan, en 1890, occupait 1.062 ouvriers et produisait :

7.757.000 kilog. de minerai de plomb ;

1.134.000 kilog. de minerai de zinc ;

2.629.000 kilog. de pyrite de fer.

A la fin du XIXe siècle, les concessions étaient au nombre de 8 :

Pontpéan (Ille-et-Vilaine).

Huelgoat (Finistère).
Poullaouen (Finistère).
La Touche-en-Vieuxvy (Ille-et-Vilaine).
Saint-Maudé, près Baud (Morbihan).
Crossac (Loire-Inférieure).
Surtainville (Manche).
Trémuson (Côtes-du-Nord).

Fig. 8. — Mines de plomb argentifère de La Touche-en-Vieuxvy.

Au moment de la déclaration de guerre les travaux d'exploitation étaient arrêtés un peu partout ou peu importants, mais ou pouvait espérer une reprise prochaine de l'activité minière : on travaillait à Huelgoat et à Poullaouen ; on avait réouvert les travaux à Trémuson et à Surtainville ; on songeait à reprendre la Touche et surtout Pontpéan, qui n'a été arrêté que par suite de circonstances malheureuses indépendantes de la valeur de la mine ; enfin on avait fait des recherches dans plusieurs autres gisements : le Hinglé (Côtes-du-Nord), la Chapelle-Saint-Melaine, Saint-Aubin-d'Aubigné, Saint-Aubin-du-Cormier (Ille-et-Vilaine), Granville (Manche), etc.

Arrêté par la guerre, ce mouvement doit reprendre et s'étendre. Le Massif breton est en effet une région très riche en gisements de plomb et de zinc argentifères. A côté des gisements qui ont été exploités ou fouillés et qui sont loin d'avoir dit leur dernier mot, il y en a un nombre très considérable d'autres qui n'ont encore été l'objet que de recherches complètement insuffisantes ou même qui n'ont pas été prospectés du tout.

A chaque instant, à l'occasion du tracé d'une route, de l'exploitation d'une carrière, du creusement d'un puits, on en trouve de nouveaux.

On peut dire, sans beaucoup exagérer, qu'il n'y a pas un canton de Bretagne qui ne contienne un gisement de plomb.

Le champ des recherches est presque illimité.

Fig. 9. — Mines de plomb argentifère du Huelgoat.

Minerais d'antimoine. — Ce n'est qu'à une époque relativement récente que l'antimoine a été étudié dans l'Ouest et l'exploitation de la Lucette, près le Genest, est la première en date.

Sans être aussi nombreux que les gisements de plomb argentifère, les gisements d'antimoine sont cependant bien représentés dans le Massif et leur intérêt s'augmente de ce qu'ils sont souvent accompagnés de minerais aurifères intéressants.

Aux gisements connus :

Le Genest (Mayenne) ;

Saint-Hilaire-des-Landes (Mayenne) ;

Martigné-Ferchaud (Ille-et-Vilaine) ;

Liffré (Ille-et-Vilaine) ;

Saint-Aubin-de-Cormier (Ille-et-Vilaine);

Combourtillé (Ille-et-Vilaine) ;

Belle-Isle-en-Mer (Morbihan) ;

Kerdévot (Finistère) ;

Rochetréjoux (Vendée), etc., beaucoup d'autres pourraient sans doute être ajoutés.

Les gisements que je viens de citer sont tous filoniens ; on a trouvé encore du sulfure d'antimoine (stibine) dans des calcaires anciens et dans des grès, par exemple à Erbray (Loire-Inférieure), à Bois-Roux (Ille-Vilaine), etc., il semble bien que sa présence dans ces roches sédimentaires soit due au voisinage d'une fente filonienne.

FIG. 10. — Mines d'antimoine de Rochetréjoux.

Minerais de cuivre. — Les gisements de minerai de cuivre connus sont relativement peu abondants et ils ont été peu étudiés, sans doute parce qu'ils n'ont guère paru dignes d'intérêt ; cependant quelques-uns mériteraient de l'être davantage et bien qu'on ne doive pas s'attendre à rencontrer des gisements comparables à ceux de l'Espagne et de l'Amérique, rien ne prouve qu'il n'y ait rien à faire de ce côté.

En dehors des gisements de cuivre spéciaux, ce métal est souvent bien représenté dans quelques gisements de plomb, comme ceux de Trémuson et de Carnoët par exemple.

La baronne de Beausoleil cite un certain nombre des uns et des autres dont beaucoup n'ont pas été retrouvés ; quelques-uns au moins pourraient l'être avec quelques recherches.

A Montbelleux, le cuivre accompagne le wolfram et il est surtout abondant à Villeray, dans la partie ouest de la concession, au point qu'à lui seul il justifierait des recherches. On n'y a fait, et seulement au début de la prospection, que des recherches insignifiantes : quelques tranchées et un petit puits de 16 mètres.

A Saint-Aubin-d'Aubigné, on a fait, il y a peu de temps, quelques petites recherches sur des filons quartzeux irréguliers, inclus dans le grès armoricain et contenant galène, blende et une forte proportion relative de minerai de cuivre, que j'ai signalés en 1903.

Les filonnets étudiés ne paraissent pas présenter par eux-mêmes un bien grand intérêt industriel, mais la venue minéralisée peut être en relations avec une cassure plus importante qui est à chercher.

A Romazy, on a fait aussi autrefois quelques petites recherches.

Il y a enfin dans le Morbihan un ou deux gisements qui pourraient être intéressants

Minerais d'étain et de wolfram. — Les minerais que je viens de passer en revue se trouvent dans des remplissages de fentes sans rapport immédiat avec aucune roche particulière. Quand ils sont comme à Pontpéan ou à Martigné-Ferchaud en relations avec un filon de roche éruptive, ce n'est que pure coïncidence et par suite de réouverture de la fente ayant donné passage à la roche éruptive ou de cassures postérieures dans celle-ci. Il n'y a donc pas de raisons de les chercher dans une localité plutôt que dans une autre, sinon la proximité de gisements déjà connus.

En dehors de l'étude des cassures des régions connues pour leur minéralisation, le prospecteur n'a pas de guide ; aussi le plus souvent leur découverte est due au hasard, que favorise du reste l'aspect physique spécial du minerai qui attire l'attention du moins prévenu.

Il n'en est pas de même des minerais d'étain et de wolfram : ils sont toujours en relations étroites avec une roche éruptive bien déterminée : le granite à mica blanc (granulite) et ne se trouvent que dans son voisinage immédiat. Leur recherche peut donc se faire méthodiquement et suivant des règles précises. D'un autre côté les minerais, de couleur brune ou noire, d'aspect non métallique, n'attirent pas l'attention des personnes non prévenues et ils sont souvent en faible quantité et étroitement incorporés à la roche encaissante. Etant donné leur valeur, il suffit du reste d'une petite quantité de minerai et de filonnets très minces pour que le gisement soit intéressant.

Il en résulte que la découverte de ces minerais n'est faite en général que par des personnes compétentes et le rôle du prospecteur devient prépondérant.

En dehors des gisements d'étain et de wolfram connus actuellement, il peut donc y en avoir beaucoup d'autres. Il suffit de jeter les yeux sur les cartes géologiques pour voir combien le granite à mica blanc, sous toutes ses formes, est répandu dans le Massif breton et quel vaste champ de recherches est ouvert aux chercheurs.

Cette étude de la Bretagne pour l'étain et le wolfram n'a pas été faite et est à faire ; ce que l'on connaît permet de penser qu'elle doit être fructueuse.

L'étain, comme nous l'avons vu au début de cette conférence, a été exploité en Bretagne à une époque très reculée ; puis il semble que tous les gisements soient tombés en sommeil jusqu'au début du siècle dernier où quelques-uns ont été découverts à nouveau.

Le wolfram, dont l'utilisation pour la métallurgie des aciers spéciaux, n'était pas connue autrefois, n'a été exploité que tout récemment.

Les principaux gisements filoniens d'étain connus actuellement en Bretagne sont : la Villeder (Morbihan) et ses environs où une concession a été instituée en 1896, Montbelleux (Ille-et-Vilaine), où il accompagne le wolfram dans une partie localisée de la concession; Abbaretz et Nozay (Loire-Inférieure), où des recherches sont en cours; Tréhiguier, près de l'embouchure de la Vilaine; Questembert (Morbihan), etc.

A côté de ces gisements filoniens il existe de l'étain alluvionnaire provenant de la désagrégatoin et de la concentration secondaire des têtes de filons. Tels sont les gisements de Penestin, de Piriac, de la vallée des Haies entre Sérent et Malestroit. Il y a lieu de noter qu'avec l'étain alluvionnaire on trouve une petite quantité d'or natif.

Quant au wolfram il n'a encore été exploité qu'à Montbelleux, près de Fougères ; tout le minerai en ce moment est employé pour la défense nationale.

Fig. 11. — Mines de wolfram de Montbelleux. — Le puits Collet.

Il y en a certainement d'autres gisements en Bretagne : le docteur Le Hir en a signalé un aux environs de Morlaix ; on en a trouvé près de Dinan et dans les fentes des granulites des environs de Nantes.

Une campagne de prospection pour l'étain, qui se trouve dans les mêmes conditions de gisement exactement, amènerait très probablement la découverte de gisements de wolfram exploitables.

L'intérêt de cette découverte serait très considérable car on en a un
besoin urgent pour l'industrie, en particulier pour les aciers destinés
aux machines-outils, auxquels il donne la propriété de ne pas se détrem-
per à la chaleur et cet intérêt survivra à la guerre.

FIG. 12. — Mines de wolfram de Montbelleux. — Le grand puits.

Minerais de molybdène. — La molybdénite accompagne le wolfram
à Montbelleux, on en connaît encore aux environs de Nantes et il
y en a en petite quantité accompagnant l'étain à la Villeder. Aucun
de ces gisements ne paraît exploitable, mais il peut y en avoir d'autres.

Minerais de bismuth. — Les minerais de bismuth sont très rares
et d'un prix très élevé ; il est par suite intéressant de signaler leur présence à Montbelleux. Ils ont été reconnus dans l'ouest de la concession
où ils accompagnent le wolfram, la molybdénite et les minerais de
cuivre. Comme je l'ai déjà dit, cette partie de la concession n'est pour
ainsi dire pas connue.

Minerais de manganèse. — On a exploité autrefois du manganèse
à Groroi dans la Mayenne et une concession y avait même été instituée ; d'après les anciens documents qui s'y rapportent, il s'agirait
d'un gisement tertiaire.

On a fait quelques recherches aux environs de Laval sur des minerais oxydés riches, paraissant provenir de l'altération de carbonate
de manganèse d'âge carbonifférien.

A Saint-Thurial (Ille-et-Vilaine) il y en a également, inclus dans
les calcaires.

Par ailleurs, le manganèse a bien été signalé dans de nombreuses localités à l'état de carbonate, de silicate ou d'oxyde (Wad), mais ces gisements ne paraissent pas présenter d'intérêt industriel, sans qu'on puisse affirmer cependant qu'il n'existe pas dans notre région de gisement exploitable.

Minerais de nickel et de cobalt. — Pour mémoire je rappelle que le nickel a été signalé par M. Barrois au contact immédiat des kersantites du Finistère. La présence de ce métal a été signalée aussi comme accompagnant les minerais de plomb de Trémuson.

Quant au cobalt, il y en a en faible quantité dans la plupart des gisements de manganèse.

Rien de tout cela ne paraît avoir d'intérêt industriel.

Minerais de titane. — Le titane existe sous forme d'oxydes et de fer titané. Les oxydes, quoique assez abondants dans certaines localités, aux environs de Vannes, par exemple, ne paraissent pas susceptibles d'exploitation.

Quant aux fers titanés il n'en est peut-être pas de même, en particulier dans la Loire-Inférieure où ils ne sont pas rares et où leur recherche peut devenir intéressante.

Minerais de mercure. — Le mercure, à l'état de cinabre, existe dans le Cotentin, au Menildot, près de la Chapelle-en-Juger et il y a été l'objet d'une exploitation de 1730 à 1742. Quelques recherches ont été faites depuis, mais il semble bien qu'elles n'aient jamais été suffisantes pour constituer une étude sérieuse du gîte et surtout de la région où, d'après Duhamel, il y aurait plus de vingt filons méritant d'être sondés et peut-être meilleurs que ceux que l'on a travaillés.

Minerais d'or. — L'or se présente dans la nature sous deux états, à l'état d'or libre et à l'état d'or combiné. Les gisements de la première catégorie ont seuls été exploités aux époques anciennes et nous avons vu qu'ils l'ont été dans le Massif breton.

La présence de l'or libre a été reconnue à la Villeder, dans les sables stannifères voisins des gisements d'étain filoniens, en particulier dans la vallée des Haies, à Penestin, à Piriac. On l'a trouvé dans les alluvions de la Vilaine à Redon et à Saint-Perreux, dans certains filons de quartz du Morbihan, où on a même recueilli une pépite d'une très grande valeur. Des documents anciens divers ou des traditions en signalent la présence dans un assez grand nombre de localités. .

On en a trouvé un échantillon dans une granulite des environs de Nantes. Il a été certainement exploité par les anciens dans les parties superficielles du filon de Saint-Pierre-Montlimart. On l'a exploité à l'époque actuelle, aux mines de la Lucette. Dans les recherches de Beslé (Loire-Inférieure), on en a trouvé soit dans le quartz du filon, soit dans les argiles des salbandes ; un lavage à la batée de ces argiles donnait toujours, quel que soit l'échantillon essayé, des paillettes ou de la poudre d'or.

Ces exemples montrent que la recherche de l'or libre dans l'Ouest n'est pas sans intérêt, bien qu'elle soit rendue très difficile par ce fait que les parties superficielles des gisements qui en contenaient ont été exploitées aux époques anciennes et que souvent il ne reste nulle trace aujourd'hui ni des anciens affleurements, ni des anciens travaux.

L'or combiné existe également, associé à la pyrite et surtout au mispickel, principalement dans les gisements d'antimoine et d'étain. Sous cette forme il a été exploité ou recherché à la Lucette, à Saint-Pierre-Montlimart, à Martigné-Ferchaud, à Beslé et dans quelques autres endroits. En dehors de ces gisements, de nombreux filons du Massif ont donné aux affleurements des teneurs variant de 4 à 10 grammes à la tonne ; à la Chapelle-Saint-Melaine il y a des associations d'antimonio-sulfures comme dans le Plateau central.

La question de l'or est donc à étudier dans le Massif breton et elle peut donner des résultats intéressants.

Platine. — Il y a lieu de citer la présence de paillettes de platine dans les sables aurifères et stannifères de Pénestin.

Minerais radiifères. — La question de la présence de minerais de radium en Bretagne est encore complètement vierge ; elle mérite d'être étudiée. Sans s'attacher à rechercher des minerais précis comme la pechblende et l'uranite il y aurait lieu de faire des essais à l'électroscope de Curie des gisements minéralisés, même de ceux dont la minéralisation apparente ne paraît pas devoir justifier des recherches ; les gisements associés aux granites à mica blanc, c'est-à-dire du groupe de l'étain, sont particulièrement intéressants à ce point de vue.

L'exposé rapide et incomplet que je viens de faire des richesses minières du Massif breton montre que ce qui a été fait jusqu'à présent est en réalité peu de chose à côté de ce qui reste à faire. Les années qui ont précédé la guerre, on commençait à le comprendre et tout annonçait le début d'un essor minier remarquable. Cette activité naissante ne doit pas s'arrêter, bien au contraire; dès maintenant il faut rechercher les moyens de mettre la région en valeur aussi complètement que possible. Les résultats obtenus jusqu'à présent montrent ce qu'on peut en attendre.

Aucune partie de notre sous-sol, comme de notre sol, ne doit rester improductive après la guerre, ce n'est pas avec des chiffons de papier que nous paierons les vivres et les munitions que nous envoient les États-Unis et les autres nations, ce sera avec les produits de notre industrie et les matières extraites de notre sol. Ce ne sera plus le moment de se livrer à ce malthusianisme industriel qui n'a été que trop pratiqué en France. Il faudra produire et produire beaucoup.

Il était déjà pénible autrefois de voir une région aussi riche que le Massif breton si peu industrialisée, ce serait aujourd'hui un crime contre la Patrie de la laisser dans cet état; et si nos méthodes de travail dans l'Ouest n'ont pas été ce qu'elles auraient dû être, il faut y transporter aujourd'hui celles qui ont fait la fortune des pays industriels.

Je n'ai parlé que des produits miniers de notre sous-sol, il faudrait y joindre tous les autres : granites, grès, sables, ardoises, argiles, kaolins, calcaires, etc., qui sont si variés dans notre région et n'attendent que l'industrialisation générale de leur exploitation.

La Bretagne a donné généreusement son sang pour la défense de la grande Patrie et si glorieusement que les Allemands ont dit pour justifier un échec : nous avions des régiments bretons devant nous !

La Bretagne donnera aussi généreusement les richesses de son soussol pour panser les blessures économiques de la guerre et vaincre encore les Allemands sur ce nouveau terrain.

Allocution de M. GÉRARD-VARET

Vous avez entendu la savante et révélatrice conférence de M. Kerforne ; vous me permettrez d'en dégager la philosophie, j'entends la philosophie pratique :

Deux résultats ressortent, qui, pour se réaliser, dépendent de vous, de nous :

1º La méthode scientifique généralisée, — appliquée surtout à l'industrie;

2º A la faveur de cette application, toute une Bretagne nouvelle à créer.

Sur ces deux points on heurte les idées reçues.

I. — Le Français, par tradition, par goût, est surtout un artiste ; il voit son métier sous forme de beauté : plaidoirie de l'avocat, diagnostic du médecin, leçon du professeur, rabot du menuisier, fouet de Petitjean. Le « chef-d'œuvre » de l'artisan d'autrefois, longuement, patiemment ouvré, est le symbole connu de cette conception.

Le métier ainsi entendu, œuvre d'art, est inspiration individuelle, initiation individuelle, pratique individuelle : il se suffit à lui-même, il est comme un îlot d'action humaine, où les profanes n'ont que le droit de spectateurs. De quel sourire narquois le paysan accueille la science agricole, l'industriel les tâtonnements du laboratoire! Théories, songes en l'air, chimères vaines ! Seuls comptent le coup d'œil, le tour de main de l'initié.

Plusieurs conséquences en résultent : le mépris de la Science d'abord — on l'écarte au nom de l'expérience professionnelle, seule efficace, sorte d'intuition supérieure à la réflexion méthodique. L'empirisme, traite de haut la méthode expérimentale. L'ignorance se prend elle-même pour le vrai savoir.

Ensuite la défiance des idées neuves, le poids de la routine. Les déboires des inventeurs, nulle part plus fréquents qu'en France, l'attes-tent avec un fâcheux éclat.

Enfin l'art, essentiellement individuel, est réduit aux ressources de l'individu. C'est fort bien dans la musique ou dans la peinture, c'est désastreux dans l'entreprise industrielle. L'individu, sauf des hasards heureux et rares, ne peut que voir petit, et le minimum de dépenses, l'économie à tout prix, devient l'instrument par excellence de l'enrichissement.

Sur tous ces points, la grande industrie hors de France a pris le contrepied de cette méthode. Le rôle de l'inspiration, le coup d'œil se maintiennent dans le pouvoir de direction, dans le rôle du chef, du grand capitaine d'industrie. Pour tout le reste il emploie deux instruments trop négligés chez nous, — l'institut scientifique, le groupement des capitaux.

L'institut procure, outre l'ingénieur d'hier, toujours connu en France mais en nombre insuffisant, un nouvel auxiliaire, *le chercheur*. Toute entreprise à présent aux États-Unis fait dans son personnel une place au jeune diplômé qui a pour office propre de chercher des procédés nouveaux, des perfectionnements. Combien de chefs d'indus-trie en France ont compris une telle fonction? Leur sort cependant en dépend ; ils devront à leur tour signer la pacte de l'usine et du laboratoire.

Le pacte à son tour ne portera fruit que si les instituts sont large-ment outillés ; les universités millionnaires d'Amérique, Harvard Colombia, Cincinnati, et bien d'autres, sont à la France une sévère leçon.

Le groupement des capitaux, la puissante société, est l'autre condi-tion d'existence. Il y en a déjà en France, il n'y en a pas assez. Elles devront devenir la règle et se multiplier. Elles seules en effet sont capables des grandes dépenses, source unique à leur tour des grandes richesses.

II. — La Faculté des Sciences de Rennes, dans la personne de son géologue, M. Kerforne, a depuis une dizaine d'années parcouru, observé, sondé la Bretagne ; cet ouvrier de la première heure, sa Faculté, ses laboratoires, réduits à leurs seuls moyens, ont fait une belle besogne, ils ne peuvent pas tout. Il dépend des sociétés et des initiatives locales, comme en Lorraine, de les aider. Ainsi ils hâteront ce qui n'est qu'une ébauche, le programme grandiose qui, réalisé, ferait monter à la lumière une Bretagne inconnue : non plus celle des poètes et des légendes, — le vieux père Brandan errant sur les mers à la recherche des îles enchantées, — ou les pélerins de la Lande et de ses mystères, — mais une Bretagne qui de ses profondeurs tirera des richesses fabuleuses. L'Armor des aïeux, en conservant sa mer et ses splendeurs, deviendra en outre notre Lorraine de l'Ouest.

CONFÉRENCE FAITE A LIMOGES

Samedi 20 Avril 1918.

La réunion a eu lieu le samedi 20 avril, à 16 heures. Un auditoire nombreux et choisi, où étaient représentées l'armée, la magistrature, l'université et nos grandes administrations publiques, remplissait la vaste salle des fêtes du Café de Paris. Sous la présidence d'honneur de M. Betoulle député, maire de Limoges, la Conférence était présidée par M. Crevelier, inspecteur d'académie, avec la double autorité de sa personne et de sa fonction. En ouvrant la séance, il a donné la parole à M. Garrigou-Lagrange, délégué du Conseil de l'Association française.

Allocution de M. GARRIGOU-LAGRANGE

Mesdames, Messieurs,

Il est de tradition à l'Association française qu'au début de chacune de ses conférences, on trace en quelques traits le tableau de sa vie et de son fonctionnement. Cette mission revient habituellement et à juste titre à notre sympathique et dévoué Secrétaire du Conseil, M. le Professeur Desgrez. Empêché, à notre grand regret, de venir à Limoges, il m'a prié de l'excuser et de le remplacer.

J'aurais hésité à accepter, si j'avais eu à vous présenter des visages entièrement nouveaux. Heureusement il n'en est rien et l'Association française n'est pas une inconnue à Limoges. Beaucoup d'entre vous ont assisté au Congrès qu'elle y tint en 1890 ; les autres en ont ouï parler et ont retrouvé, dans la bibliothèque de leurs aînés, le volume qui atteste l'importance de ces assises scientifiques.

En temps normal, je me serais borné à éveiller ces souvenirs. J'aurais évoqué l'animation et la vie intense de ces réunions annuelles, qui permettaient aux amis de la science de se retrouver périodiquement, qui entretenaient entre la province et Paris d'heureuses et fécondes relations et je n'aurais eu garde d'oublier l'intérêt de ces visites artistiques et industrielles, le charme de ces excursions qui ont fait parcourir à nos collègues, avec tant d'agrément et à si peu de frais, les plus beaux coins de notre chère France.

Mais hélas ! nous ne vivons pas en un temps normal et dès lors il convient que vous sachiez que l'Association française, privée de ses moyens d'action et de ses congrès annuels, ne s'est pas abandonnée et qu'elle s'est groupée autour de son drapeau, plus vaillante sous l'épreuve.

Elle a fait de sa vie deux parts. Dans l'une elle a contribué aux œuvres de la défense nationale ; elle a collaboré par ses plus autorisés représentants aux grandes commissions de l'armée : aviation, explosifs, télégraphie sans fil, navigation sous-marine, etc. Comme l'a si bien dit M. le Professeur Desgrez à notre dernière assemblée générale :
» Qu'il se soit agi de la défense du sol de la patrie, de la préparation,
» pour notre vaillante armée, des moyens d'attaque ou de protection,
» des soins à donner aux blessés, de l'assistance à toutes les victimes
» de la guerre, nos collègues ont accompli leur tâche, sans un instant
» de défaillance, avec la même patriotique émulation. »

Mais, à côté de ce rôle, l'Association a pensé qu'elle avait encore une mission à remplir, c'était de ne pas laisser éteindre le feu sacré, de ne pas permettre que fussent interrompus en France la tradition et le goût du travail, et, depuis trois ans, elle va de ville en ville, apportant à la jeunesse les bonnes et saines méthodes, exposant et commentant les principales découvertes scientifiques. A ce titre elle mérite que nous allions à elle aujourd'hui comme hier et en ce jour surtout où, voyageuse infatigable, elle revient à Limoges évoquer de vieux et chers souvenirs, elle mérite que nous la saluions avec reconnaissance et que nous l'accueillions les bras ouverts.

Allocution de M. CREVELIER

Mesdames, Messieurs,

Nous devons être reconnaissants à l'Association française pour l'Avancement des Sciences d'avoir bien voulu, cette année, désigner Limoges comme l'une des villes où sont données ces conférences qui, depuis la guerre, remplacent son ancien congrès annuel. Cet honneur n'a pas été prodigué. Nous pouvons donc en être fiers, d'autant plus qu'il nous permet de croire qu'on n'ignore pas au dehors l'activité moderne de notre grande ville, et qu'on espère trouver chez nous un nombre suffisant d'esprits capables de s'intéresser au progrès scientifique, et de comprendre les notions qui permettent de le réaliser.

M. Garrigou-Lagrange, le très érudit et très distingué directeur de l'Observatoire, vous a exposé le but et les moyens d'action de la

Société dont nous sommes aujourd'hui les hôtes. Vous me permettrez, j'en suis sûr, de dire en votre nom combien nous admirons cette action qui, malgré les souffrances et les angoisses de l'heure présente, continue aussi méthodique et aussi confiante que par le passé. Est-il un plus bel acte de foi que de préparer l'avenir sous l'épée brandie de l'ennemi? C'est que, si la menace est terrible, l'Association sait très bien qu'elle restera vaine ; la France ne mourra pas ; et, comme sa nature est d'être flamme, il suffira qu'elle survive pour reprendre son rôle de flambeau.

La pure qualité de cette foi en notre avenir éclate surtout à nos yeux dans le sujet même qu'a choisi notre éminent conférencier. A un moment où, sans répit, tout ce qui touche à la guerre assiège nos pensées et presse notre cœur, il s'en écarte délibérément, et nous offre une question qui ne peut nous attacher que par elle-même et non parce qu'elle se rapproche plus ou moins de nos préoccupations obsédantes.

C'est donner une preuve de courage que de faire un tel choix. J'ajouterai que c'est en donner une autre, dans une certaine mesure, que de parler avec sympathie du cinéma. Depuis quelque temps le cinéma n'a pas une bonne presse. Il a joué le rôle du bouc émissaire dans les écrits des moralistes de nos journaux les plus répandus. Il serait la cause unique de l'aggravation de la criminalité enfantine, et l'on ne parlait de rien moins que de prendre contre lui des mesures définitives.

Je m'intéresse, autant et plus que ces messieurs, à la moralité de l'enfance, et je persiste à croire qu'on la protégerait mieux en fermant les neuf dixièmes des cabarets qu'en supprimant les cinématographes. Sans doute les cinémas populaires ont montré trop souvent à de petites âmes trop ingénuement passionnées des spectacles qui ne leur convenaient pas. Mais enfin ces spectacles n'étaient pas destinés à l'enfance. Parle-t-on de supprimer les théâtres parce qu'on y joue d'autres pièces que de Corneille et les bibliothèques parce qu'on y prête d'autres ouvrages que de Bossuet? Il y a un mauvais cinéma comme un mauvais théâtre et de mauvais livres. Qu'on prenne des mesures pour empêcher les enfants de voir des films dangereux, qu'on avertisse les parents de la nécessité d'un contrôle efficace, rien de mieux. Mais ce n'est pas une raison pour jeter une défaveur, pour créer un préjugé, comme on l'a fait, contre une invention admirable, et je me promets le plus vif plaisir et la plus complète satisfaction à entendre M. le Professeur Turpain vous démontrer le merveilleux outil scientifique et pédagogique qu'elle devrait être et qu'elle sera le jour où nous saurons enfin tirer parti de toutes nos ressources.

L'art lui-même y trouvera son compte. Seul le mouvement permet à la forme de développer toute la beauté qui se trouve en puissance en elle. Fixer le mouvement, quel rêve! Les plus grands sculpteurs n'ont pu enfermer dans les lignes de leurs statues que des possibilités d'action.

Mais cette continuité dans le changement que réalise le déplacement des lignes par le geste, n'avait jamais pu s'inscrire, avant l'invention de la photographie animée, que sur le sable du souvenir. Cette merveilleuse œuvre d'art qu'est une grande actrice sur la scène s'évanouissait avec le rideau baissé ; que dis-je? elle disparaissait à proportion qu'elle se réalisait, et mourait pour ainsi dire de son existence même. Maintenant, grâce au cinéma, le mouvement aussi participe à la durée, à l'immuabilité de l'œuvre d'art.

Soyons reconnaissants à M. le Professeur Turpain de bien vouloir nous démontrer que le cinéma peut devenir tout autre chose qu'une amusette dangereuse. Ai-je besoin de vous dire que personne en France n'est mieux qualifié que lui pour le faire? M. Turpain est un de nos physiciens les plus écoutés, un de ceux dont l'étranger guette les travaux, un de ceux qui ouvrent à la science française de larges portes sur l'avenir. Son activité s'est exercée en différents sens, et il a publié des études sur la lumière, dont le cinéma est tributaire. Mais il semble qu'il soit toujours revenu avec une curiosité plus passionnée vers son point de départ, vers ces belles expériences de télégraphie sans fil qui ont fait de lui —,et l'honneur n'est pas mince — un des précurseurs de Marconi, qui réalisa en 1896 seulement le dispositif pratique de l'invention décrite par M. Turpain dès 1894. Je crois bien que personne en France n'a plus et mieux écrit que lui sur les ondes électriques. Les conséquences de ces travaux furent considérables. M. le Directeur de l'Observatoire me rappelait encore l'autre jour tout ce que la météorologie y gagna.

Nous sommes très sensibles à l'honneur que nous fait un tel savant en venant parler devant nous. Mais j'ai déjà trop retardé le moment de l'entendre, et je me hâte de lui donner la parole.

M. Albert TURPAIN,

Professeur à la Faculté des Sciences de l'Université de Poitiers

LE CINÉMATOGRAPHE
HISTOIRE DE SON INVENTION — SON DÉVELOPPEMENT — SON AVENIR

Invention d'hier, brusquement épanouie et déjà fortement charpentée, la cinématographie rappelle ces fleurs tropicales, à l'éclosion rapide, qui, volumineuses et colorées, fixent l'attention et forcent l'étonnement.

Peu de domaines qu'elle n'ait envahis.

Pour elle on s'enthousiasme, contre elle on s'insurge. Telle la langue, au dire d'Esope, la cinématographie paraît également capable de tout le bien, et provoque mêmement tout le mal.

Sans écouter ceux qui la dénigrent ni ceux qui la louent, elle suit son destin, tel un enfant vigoureux qui veut vivre et vivre totalement ; elle se développe d'une façon grandiose.

La plus humble cité lui bâtit des temples. Les foules vont vers elle comme aux sources de l'art et au foyer de la pensée.

Qu'est donc cette nouvelle venue parmi les expressions du geste? Est-ce un art? Est-ce une science? D'où vient-elle? — Et si, comme on le dit, elle n'a d'autres expressions et d'autres moyens que ceux d'un rigoureux mécanisme, si le laboratoire l'a tout entière enfantée, comment prétend-elle lutter avec la scène et avec le théâtre ?

Ce sont ses origines, l'histoire de son invention, de son développement que le Conseil de notre Association française pour l'Avancement des Sciences a jugé dignes de l'une des conférences qu'il organise annuellement. — Il a bien voulu me charger de vous exposer ce soir ce sujet.

L'origine du cinématographe ne le cède, ni en merveilleux, ni en étonnant, au développement véritablement gigantesque que l'application de cette découverte a pris en quelques années seulement.

Il me suffit d'indiquer en effet que cette invention, dans ce qu'elle présente d'absolument essentiel, est le fait d'un savant qui était déjà aveugle lorsqu'il en a combiné les données. Si j'ajoute que le cinématographe fut imaginé par ce savant plusieurs années avant l'invention de la photographie, vous m'accorderez bien le caractère d'admiration que j'invoquais pour cette découverte.

Mais n'anticipons pas. Souffrez que je rappelle brièvement les données du problème.

L'hiver, tisonnant devant l'âtre, prenez une brindille en braise qui brille en se consumant. Décrivez, dans l'espace, un trait circulaire avec l'extrémité en feu. En allant rapidement vous dessinerez pour l'œil un cercle lumineux continu. Pourquoi cela? Parce que l'œil conserve l'impression de lumière un court instant : un dixième de seconde. Il suffit, en effet, que vous tourniez la brindille éclairante à la vitesse de dix tours à la seconde pour produire l'illusion d'un trait continu lumineux.

Cette particularité de la rétine de conserver un dixième de seconde l'impression reçue, cette *persistance des sensations lumineuses*, disons-nous, en physique, est à la base d'une méthode d'analyse des mouvements rapides, — la stroboscopie, — dont le bref exposé vous fera saisir le principe essentiel du cinématographe.

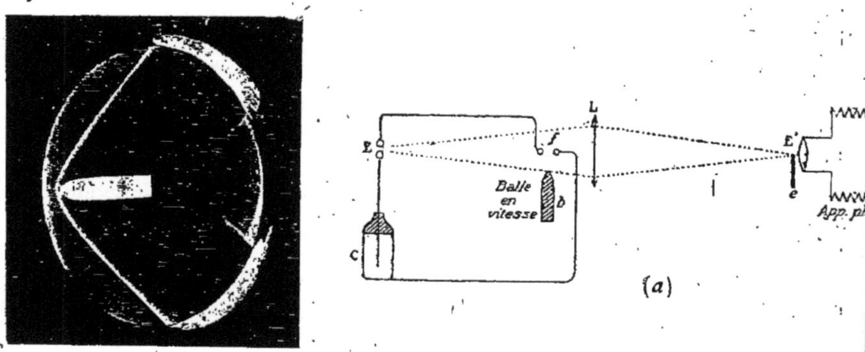

Fig. 1. — Photographie d'une balle en mouvement : les ondes de condensation s'aperçoivent, accompagnant le projectile. — a) Dispositif montrant comment la balle produit elle-même l'étincelle électrique de durée extrêmement courte qui permet de la photographier comme si elle était au repos.

Voulez-vous analyser en détail le mouvement d'un projectile, le drame matériel qui se produit entre une balle et la vitre qu'elle brisera au passage par exemple? — Quelle déformation de la vitre précédera la rupture? — Quels mouvements la suivront? — Il semble que ce soit un défi jeté à la science expérimentale que de lui demander l'analyse de mouvements aussi rapides.

Et cependant les ressources de l'expérience sont telles qu'elle a relevé ce défi, comme elle a solutionné avec la patience et l'ingéniosité qui la caractérisent bien d'autres problèmes dont le seul énoncé paraissait une gageure.

La méthode stroboscopique consiste à éclairer le corps en mouvement pendant un instant extrêmement court, si court que, pendant la durée extrêmement fugitive de l'éclairement, le corps n'ait pas le temps de se déplacer d'une manière appréciable. Il est alors saisi par l'œil, comme s'il était en repos, dans la phase même du mouvement dans laquelle il se trouve au moment de l'éclairement.

Voici (fig. 1) la vue d'une balle, éclairée ainsi par une étincelle, dont en passant la balle détermine elle-même l'éclatement, étincelle qui n'éclaire la balle que pendant quelques millionièmes de seconde seulement. Malgré la grande vitesse de la balle, cette durée est trop courte pour lui permettre de se déplacer d'une manière sensible pendant l'éclairement.

Si le corps est lumineux par lui-même (cas de notre tison en ignition) ou bien encore s'il est éclairé d'une manière continue, un moyen de le saisir dans une phase unique et détachée de son mouvement rapide, c'est de l'observer à travers un écran percé de fentes qu'on déplace par rotation rapide à vitesse convenable.

C'est justement cet artifice qu'imagina le savant dont je parlais tout à l'heure, le physicien belge Plateau, et vous verrez bientôt que c'est là l'un des deux dispositifs essentiels de tout cinématographe.

Les images que nous venons de saisir, grâce à la stroboscopie, forment non seulement une analyse des mouvements, mais elles permettent encore d'effectuer une synthèse des plus intéressantes de ce mouvement. Elles permettent de reconstituer ce mouvement.

Si, en effet, après avoir obtenu la série des images correspondant, par exemple, au vol d'un oiseau, on fait passer devant l'œil, dans leur ordre même de succession, ces diverses images, avec une rapidité assez grande pour que l'impression laissée dans l'œil par l'une d'elles ne soit pas éteinte quand la suivante se présente, les impressions de ces images successives se soudent, pour ainsi dire, l'une à l'autre et donnent l'illusion d'assister au vol de l'oiseau.

Tel est le principe de l'ingénieux appareil imaginé par Plateau sous le nom de *phénakisticope* et qui, devenu aujourd'hui un jouet d'enfant, doit être considéré comme le premier des cinématographes.

Une combinaison bien connue, due au docteur Paris, le *thaumatrope*, utilise déjà comme illusion la persistance des sensations lumineuses. Tout le monde peut aisément le construire : sur les deux faces d'un carton blanc on dessine, au recto une cage vide, au verso un oiseau perché sur le baton. Attachons le carton à deux bouts de fil et à leur aide imprimons-lui un rapide mouvement de rotation. L'oiseau nous apparaîtra dans la cage. On ne saurait toutefois voir même une parenté d'inspiration entre cet effet, simplement curieux, et l'invention de Plateau qui, elle, constitue une vraie synthèse de mouvements préalablement analysés.

Traçons, avec le physicien belge, sur la périphérie d'un disque de carton blanc, les phases successives d'un mouvement simple. Dessinons, par exemple, étagées sur le pourtour du disque, les positions diverses que prend un sauteur (fig. 2). Puis garnissons la couronne circulaire extérieure du même disque de minces fentes radiales. Si, nous plaçant en face d'une glace (fig. 3), nous visons, à travers les fentes, les images réfléchies par la glace, alors que le disque tourne régulièrement, qu'observons-nous? Les images défilent successivement et rapidement devant notre œil, isolées chacune de la suivante, grâce à la visée à travers les fentes étroites. Chacune nous offre donc la per-

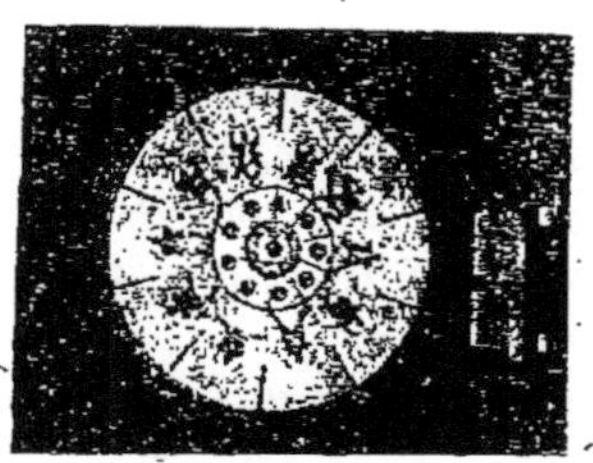

Fig. 2. — Disque du *phénakis-ticope* de Plateau, muni de fentes radiales et sur le pourtour duquel sont dessinées les différentes poses successives d'un sauteur.

ception fugace d'une des positions du sauteur. Les sensations se soudent les unes aux autres, et nous croyons voir sauter un personnage unique. Nous assistons à la synthèse, à la reproduction du saut, que les dessins successifs du disque de carton analysent.

On a donné des formes diverses très nombreuses à l'appareil de Plateau, lui appliquant dès leur mise en pratique les perfectionnements et les découvertes successives de l'optique, mais on n'a pu en changer le principe. Horper, dans le *dédaléum*, dessine les positions successives

d'un joueur de bilboquet par exemple, sur une bande de carton qu'il enferme à l'intérieur d'un cylindre creux mobile autour de son axe et dont le bord supérieur est percé de fentes étroites servant à la visée (fig. 4). M. Reynaud, dans le praxinoscope (1872), observe les dessins successifs de la bande, mise en rotation et bien éclairée, par réflexion dans les facettes garnies de glaces d'un polyèdre central (fig. 5). Uchatius songea le premier à projeter sur un écran les images mobiles du phénakisticope de Plateau.

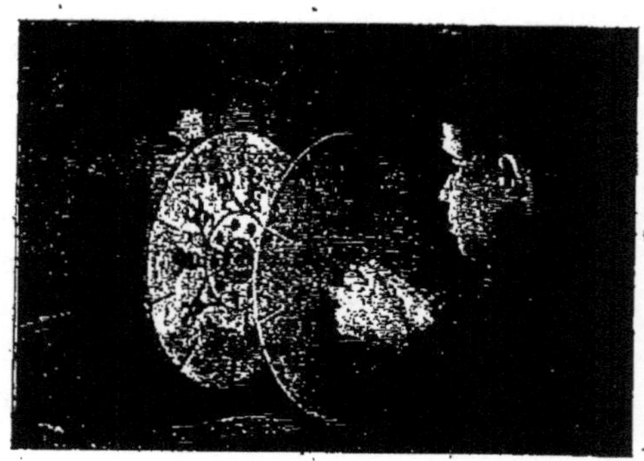

Fig. 3. — *Phénakisticope* de Plateau. — On fait tourner le disque devant un miroir et l'on isole chaque image par la visée à travers la fente correspondante.

C'est en appliquant les appareils de projection au praxinoscope qu'en 1892 M. Reynaud réalisa le théâtre optique.

Mais voici que la photographie va s'emparer du praxinoscope, et dès lors les perfectionnements et l'évolution du cinématographe se précipitent. Dès 1878, un photographe de San Francisco, Muybridge applique la photographie instantanée à la stroboscopie. Il prend 40 photographies successives d'un coursier au galop, utilisant des poses de 1/500e de seconde. « L'admirable méthode inaugurée par Muybridge, écrit en 1882 Marey, et qui consiste à employer la photographie instantanée à l'analyse des mouvements de l'homme et des animaux, laissait encore au physiologiste une tâche difficile. » C'est cette tâche que Marey et ses collaborateurs ont remplie. Les efforts fructueux de cette phalange de chercheurs, au premier rang desquels figure Demeny, créèrent les méthodes chronophotographiques dont l'importante application aux sciences biologiques justifia la création d'un institut international, l'Institut Marey, dont les services rendus aux sciences naturelles ne se comptent plus. Ce sont la ténacité et l'ingéniosité de ces chercheurs de l'Institut Marey qui aiguillèrent la cinématographie vers ses

FIG. 4. — Formes diverses données au phénakisticope : Dédaleum d'Horper.

destinées actuelles. Si le praxinoscope de Plateau est le germe fécond, et complet, d'où sortit le cinéma, le fusil photographique de Marey et le chronophotographe de Demeny en sont les expressions des premières formes pratiques.

Le seul problème pratique, tout de combinaison mécanique, qui restait à résoudre, non pour créer le cinématographe, mais seulement pour perfectionner le phénakisticope et le transformer en cinématographe, résidait dans la séparation bien nette, lors de l'inscription, comme lors de la projection, des phases successives du mouvement. Lors de l'inscription on doit laisser à la bande sensible, momentanément arrêtée, le temps

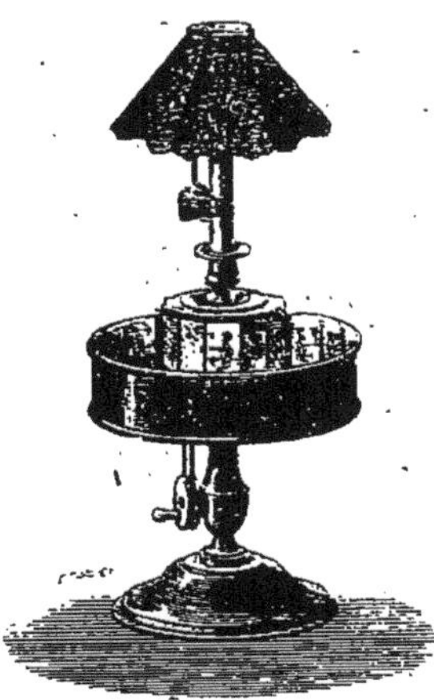

FIG. 5. — Formes diverses données au phénakisticope : Praxinoscope de Reynaud.

d'enregistrer une image nette et *fixe*. Si l'on a réalisé cette fixité, on fournira à la rétine, lors de la projection, une image nette, que sa propriété physiologique de persistance des sensations lumineuses soudera aux images précédente et suivante. J'ai dit la bande sensible : la plaque du photographe poursuivant, à grands pas, ses progrès, s'était muée en effet en bande souple que le kodak a vulgarisée et dont les films cinématographiques réalisent des longueurs de plusieurs centaines de mètres.

Une application correcte de la photographie à la cinématographie réclame l'arrêt de la bande sensible pendant l'instant très court de l'impression comme aussi pendant la projection du positif obtenu.

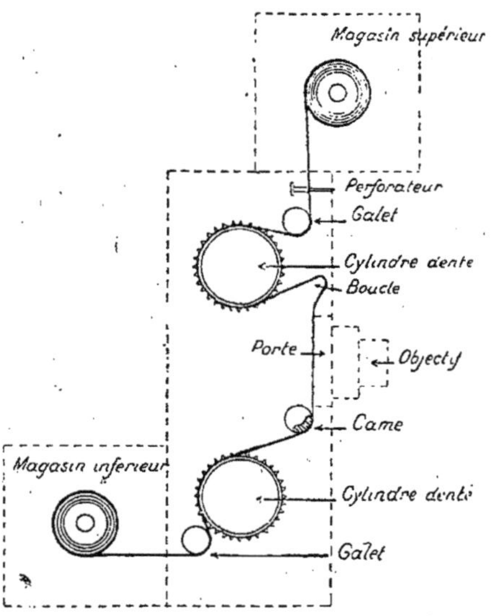

Fig. 6. — Perfectionnement pratique important de Demeny : Une came produit, par sa rotation, l'arrêt de la bande sensible pendant un court instant et, par là, la séparation bien nette des poses successives.

Avec Muybridge on prenait autant d'objectifs et de plaques photographiques qu'on désire d'images de l'objet mobile. Avec Marey et avec Edison, revenant en somme à la forme primitive même du phénakisticope de Plateau on enregistrait, au moyen d'un seul objectif soit sur une plaque unique (Marey), soit sur une bande mobile (kinétographe Edison, 1894), les images animées de mouvement. Edison déroulait la bande d'un mouvement uniforme dans son kinétoscope. Il la démasquait, un instant assez court pour qu'elle ne se déplaçât pas sensiblement pendant la durée soit de l'impression, soit de la projection. D'où nécessité de très courtes durées d'impression, partant de films extrêmement sensibles. Les scènes du kinétoscope, manquent de profondeur, chaque épreuve étant démasquée un temps trop court.

C'est Demeny qui, de 1891 à 1894, appliqua l'excentrique à l'arrêt momentané de la bande. La figure 6 montre comment, au cours du mouvement du mécanisme, une came, pendant une partie seulement de sa révolution, tire sur le film. Ce dernier reste donc un moment immobile. Pour éviter toute fatigue du film, lors des tractions par la came, des roues d'entraînement font dévider à l'avance une partie du film qui reste à l'état de bande imparfaitement tendue.

Aujourd'hui de nombreux dispositifs, très perfectionnés, réalisent l'arrêt de la pellicule ou film. Tous y arrivent par le moyen du mouvement excentrique dont l'emploi en mécanique pratique est très ancien ; came, croix de malte, bielle, mais dont l'application au problème en question est due à Demeny.

Dans le cinématographe des frères Lumière un cadre muni de dents enfoncées dans les trous-guides de la pellicule descend en l'entraînant, puis reste immobile, dégage ses dents, remonte ensuite vers le haut pour recommencer un mouvement de descente au cours duquel il entraînera à nouveau la pellicule. La pellicule reste donc immobile les deux tiers du temps et emploie le dernier tiers à descendre.

En 1909, M. de Proszoncki perfectionna l'entraînement du film pour réduire le papillottement dû à l'intermittence de la lumière. La substitution d'une vue à la suivante ne dure que 1/150ᵉ de seconde, ce qui permet de laisser relativement longtemps l'image sur l'écran.

Aujourd'hui le cinéma a pénétré notre vie sociale à l'instar du téléphone, aussi s'est-il vulgarisé. On se préoccupe de le faire pénétrer au foyer domestique, comme le phonographe. Déjà les carnets cinématographiques, folioscope, mutoscope, kinora, réunissent les vues successives sur les pages d'un petit bloc dont on fait défiler sous l'ongle du pouce la série des pages sans en sauter une, ce qui donne l'illusion du mouvement.

La technique du film s'est actuellement développée à l'extrême : la fabrication d'une bande de cinématographe comporte de très nombreuses opérations : toute une industrie, employant des machines très précises et très perfectionnées s'est créée. Machines à perforer, machines à brosser, débarassant les films des minuscules poussières de celluloïd qui lors du tirage produiraient des taches. A cause de la grande sensibilité des films négatifs au gélatino-bromure, leur brossage est spécial : il faut éviter, au cours de la fabrication, les effluves par frottement qui impressionneraient la couche sensible.

Le mécanisme des appareils de prise de vue ne diffère pas essentiellement de celui des appareils de projection. Un démultiplicateur permet toutefois de dérouler très lentement le film sensible, et, si l'on veut, de le dérouler à l'envers.

Les films impressionnés, enroulés autour de châssis de bois, sont développés, lavés, séchés dans de vastes ateliers, — dont certains faiblement éclairés en rouge.

Le négatif passe à l'atelier d'arrangement. Il y a peu d'années encore, pour 100 mètres de négatifs utilisables, il fallait prendre 300 mètres et plus de bande. Aujourd'hui la technique de la prise des vues s'est

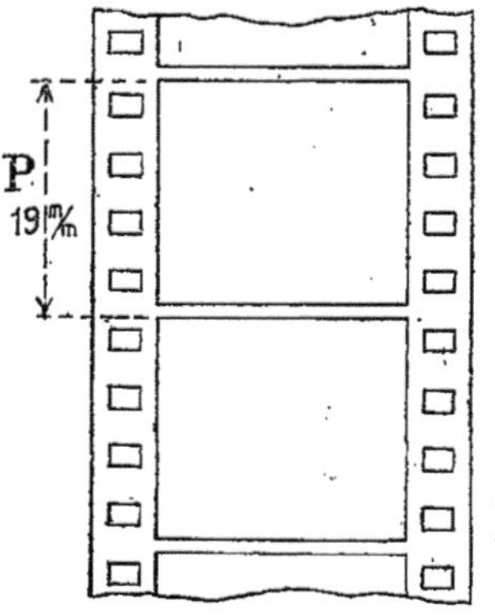

Fig. 7. — Fragment d'un film de cinématographe. — La bande de celluloïd est perforée sur les côtés. Ces perforations servent de guide. — Chaque pose correspond à quatre perforations. Le pas de l'avancement d'une pose à la suivante est de 19 m/m.

Fig. 8. — Schéma du dispositif permettant le traitement mécanique des films, automatiquement, depuis le développement photographique jusqu'au séchage inclus.

remarquablement développée. La proximité des ateliers de prise de vue et de développement y a beaucoup aidé. Un bon négatif, obtenu au prix de mille soins et qui revient fort cher, produit d'ailleurs des milliers de kilomètres de bandes positives.

Le négatif, bon pour le tirage, est enroulé, doublé d'une bande sensible. Dans l'appareil de tirage une lampe à incandescence impressionne, image par image, la bande positive, dont le traitement s'opère ensuite, comme pour les négatifs, dans des pièces moins obscures toutefois.

L'atelier de coloris des positifs mérite une mention. Naguère chacune des 30.000 images que comportent certaines vues était individuellement peinte à la main. On utilisait la division du travail : une même ouvrière peignait toutes les figures et les mains, n'utilisant que la couleur chair, une autre peignait les bleus, etc.

On pratique maintenant le coloris au pochoir, procédé employé déjà depuis longtemps pour les cartes postales. Plusieurs positifs sont utilisés à faire des pochoirs. Dans l'un on découpera les figures, les mains, les parties nues du corps, tout ce qui doit être couleur chair. Cette partie découpée, exactement appliquée sur le film à colorier, on passe un tampon de ouate faiblement imbibé de couleur. Trois pochoirs suffisent aux films coloriés communs. Sept à huit sont utilisés au coloris des films richement nuancés. Le travail délicat et soigné du découpage du pochoir est opéré à la machine ; on y utilise avec succès le pantographe. Un traçoir suit les contours de l'image agrandie du film, projetée sur un cadre dépoli; une tige coupante, dont les déplacements sont quatre fois plus petits, découpe ainsi d'une manière d'autant plus précise le pochoir.

Des machines ingénieusement combinées effectuent aujourd'hui le coloriage, d'autres encore effectuent mécaniquement le repérage, opération des plus importantes. Les négatifs, par leur passage dans les divers bains, les pochoirs, par l'usage, éprouvent un retrait. Leurs perforations (fig. 7) ne correspondent plus dès lors à celles d'un film vierge pour positif. Une machine reporte un peu plus haut quatre perforations sur huit du film récent sur lequel on applique un film rétréci. On a encore combiné un développement mécanique kilométrique des films, couronné de succès, et dont la figure 8 indique le schéma.

Les usines et ateliers élaborant les films constituent des établissements très vastes. Nous citerons, entre autres, les usines Pathé à Vincennes qui, par leur étendue, permettent de se rendre compte de l'énorme développement qu'a pris l'industrie des films de cinéma.

Donnons quelques détails concernant la réalisation des étonnants spectacles que les cinémas actuels projettent à profusion. Le fabricant de bandes cinématographiques est un véritable directeur de théâtre.

L'artiste pour cinéma doit avoir des qualités particulières. C'est un travail tout spécial qu'on lui demande. Si les répétitions sont nombreuses en effet, on ne joue la pièce qu'une fois. Il faut en préparer ensuite une autre. Si la mémoire des mots n'est pas, en somme, indispensable, celles des gestes importe. Les costumes, les décors doivent être en tons neutres, la bande sensible ne rendant pas les couleurs, mais par contre l'action doit être irréprochable. La lumière, l'éclairage de la scène doit être en tout temps assuré par de nombreuses lampes électriques qui suppléent le soleil, les jours de pluie. Pour les scènes de plein air le cadre doit être recherché avec soin.

La passion du Christ nécessita 130 figurants, 25 chevaux, et un grand nombre d'armes et de bagages qui furent emmenés pendant plusieurs jours dans la forêt de Fontainebleau.

Un mannequin ou mieux un clown adroit, jeté du haut en bas d'un échafaudage que vous prenez pour un malheureux ouvrier victime du devoir professionnel, figure un acteur de la mise en scène d'une prise de vue cinématographique. Il y a aussi des trucs à réaliser : renversement d'échafaudage par un omnibus, locomotive heurtant une voiture. Pour le premier, on disposera des clowns prestes déguisés en ouvriers sur l'échafaudage que l'omnibus heurtera en douceur. Pour le second, sur une voie à trafic réduit, une locomotive viendra s'arrêter presque sur la voiture qu'elle renversera. Tout cela fait posément sera enregistré lentement et, par la vitesse donnée ensuite à la bande, on aura l'impression d'une action rapide.

Aussi n'est-il pas étonnant que la confection d'une bande cinématographique revienne très cher, toujours à plusieurs milliers de francs. Celles qui ont coûté 4 ou 5.000 francs sont communes. Il en est dont le prix de revient atteignit et dépassa 30.000 francs. La passion du Christ coûta 20.000 francs.

Il est des films curieux et fantasmagoriques : une boîte d'allumettes s'ouvre, une allumette en sort, s'allume et va se placer verticalement à quelque distance ; puis une seconde allumette sort de la boîte, s'allume aussi et se range à côté de la première, etc... Les allumettes se rangent de manière à former les lettres d'un mot. Le film négatif se confectionne en prenant plusieurs séries de vues de la boîte d'allumettes fermée que l'on ouvre lentement au moyen de fils invisibles noirs sur fond noir, puis, la boîte ouverte, de l'allumette qu'on en fait sortir au moyen d'un fil manœuvré d'un point extérieur au champ photographié. Toute cette série de vues successives doit être travaillée, rapportée, retouchée, pour, en définitive, fournir le négatif dernier qui donnera la complète illusion et d'où l'on pourra alors tirer, il est vrai, un grand nombre de positifs.

Quelle est la vie utile d'un film dont la préparation parfaite coûta un si long et si minutieux travail? Celle d'une vue de bande positive du kinétoscope d'Edison n'atteignait pas une seconde. Les bandes de cinéma ont plus de durée d'activité. Pour 33.000 vues durant 20 minutes chaque vue étant projetée 36 /1000 de seconde, le mouvement saccadé et la présence de perforations ne permettant pas plus de 500 à 1.000 projections, la *vie utile de chaque vue* ne dure que de 18 à 36 secondes.

Voici quelques curiosités cinématographiques inspirées, en somme, par le principe du cinématographe, par le phénakisticope de Plateau.

Photographiez à des intervalles de temps convenables un même rosier de votre jardin, dès que la poussée printanière apparaît et répétez de temps en temps l'opération en vous plaçant toujours, par rapport au rosier, dans la même situation. Cela jusqu'à épanouissement complet des plus belles roses. Réunissez ensuite toutes les épreuves obtenues sur un film positif de cinématographe et projetez le film obtenu, vous assisterez à la croissance de la rose cinématographiquement démontrée. Ce curieux procédé peut être employé à donner l'illusion de la vie accélérée à des paysages qu'on verrait se modifier à vue d'œil, se couvrir de neige, s'en dépouiller, se garnir de feuillages et de moissons, et cela en quelques minutes. Le département de l'Agriculture aux États-Unis a mis en pratique cette idée originale. Un appareil de chronophotographie disposé dans l'une des serres de la division de pathologie végétale a pour mission de prendre des photographies successives d'un tout petit chêne. Le fonctionnement est automatique ; on prend une photographie par heure, même la nuit grâce à la lumière électrique. On continuera les photographies jusqu'à ce que le petit arbuste ait un vrai bouquet de feuilles. On se propose d'appliquer cette méthode à l'observation des maladies qui déciment les végétaux ce qui permettra par la suite de faire d'instructives projections dans les écoles et dans les stations où se donne l'enseignement agricole.

Voulez-vous obtenir des résultats conduisant à un spectacle des plus bizarres et des plus inattendus? Projetez une série de bandes cinématographiques en la déroulant à l'envers. Le cinématographe fournit ainsi la plus curieuse des machines à explorer le temps que le fameux romancier américain Wells imagina sans arriver cependant à concevoir les détails qu'un simple cinématographe tourné à l'envers nous révèle. Le buveur prend son verre vide et le repose plein. Le fumeur voit la fumée naître dans l'espace et entrer dans son cigare qui s'allonge avec le temps. Le lutteur qui a jeté ses vêtements les voit revenir vers lui et le recouvrir tandis qu'il se livre à des contorsions inexplicables puisque nous n'avons jamais vu les phénomènes les plus ordinaires de la vie se dérouler en remontant dans le temps.

Enfin voici une deuxième curiosité. On sait qu'en truquant des photographies et en les photographiant à nouveau on peut représenter une personne déjeunant avec elle-même, se battant avec elle-même, s'assassinant elle-même. En faisant passer deux fois une même bande cinématographique dans l'appareil et en posant deux scènes complémentaires convenablement réglées l'une par rapport à l'autre on peut arriver à projeter de semblables scènes inexplicables pour les non-initiés. Les esprits crédules pensent assister à une cinématographie de l'audelà, l'acteur s'étant dégagé de son corps astral, et qu'il le félicite, l'héberge ou le morigène.

Il était naturel de chercher à associer phonographe et cinématographe àfin de fournir une plus complète illusion des scènes théâtrales. Pour enregistrer des sons dont l'inscription soit nette et donne de bons résultats, il faut parler dans l'ouverture même du phonographe enregistreur. Dès lors l'acteur ne peut fournir aucun effet de scène puisqu'il ne peut bouger. Il faut donc, de toute nécessité, scinder l'opération en deux phases : d'abord l'acteur chante ou récite son rôle devant le phonographe ; ensuite, il le mime en face du cinématographe. Pour cela il doit s'exercer à bien régler ses gestes et son jeu sur les paroles mêmes répétées par le phonographe. Cette astreinte à suivre le phonographe est assez délicate et réclame de l'artiste une grande attention. Lorsque l'artiste est parvenu à bien suivre, dans son jeu, le débit du phonographe on joue la scène définitive devant les deux appareils associés, le cinématographe enregistre le mouvement de l'acteur au milieu des décors.

Les deux appareils doivent fonctionner, à la représentation, en synchronisme parfait, et comme ils sont, obligatoirement, assez éloignés, la commande de l'un par l'autre est électrique. C'est le phonographe qui commande le cinématographe, malgré la grande différence d'énergie mécanique nécessitée par les deux appareils. Cela est obligé parce que la moindre variation de vitesse dans le disque du phonographe altérerait la voix. Il faut donc laisser libre la commande de ce disque et par l'intermédiaire d'un moteur électrique, commander le cinématographe. C'est le disque même du phonographe qui, par son mouvement de rotation, assure cette commande. Ces spectacles se trouvent limités par la capacité des disques phonographiques, lesquels ne dépassent guère trois minutes ; leur durée, par trop courte, n'est pas en rapport avec ce que donne le cinématographe seul. Le phonocinématographe se trouve donc pour l'instant réduit aux chansonnettes ou à des scènes fort brèves. Il ne peut encore devenir le théâtre populaire que certainement un avenir prochain nous apportera. En 1910, M. Gaumont a réalisé, sous le nom de chronophone un dispositif de phonocinématographe répondant à la description ci-dessus et qui donne des résultats d'une rare perfection.

Par un juste retour des choses, les laboratoires, après avoir, au prix de patientes et délicates recherches, indiqué aux industriels un domaine intéressant d'exploitation pratique, voient les applications pratiques des résultats de ces recherches leur fournir de commodes et admirables outils pour des recherches nouvelles.

C'est ainsi que la cinématographie fournit à l'enseignement des sciences expérimentales un précieux concours. (Ici le conférencier projette divers films instructifs : *l'air liquide* (une plante qui fait ses provisions : le néphentès ; examen par les rayons X ; le mimétisme), film coloré ; tous ces films sont dus à l'aimable complaisance de MM. Pathé frères.)

C'est ainsi que le cinématographe devient l'auxiliaire précieux de recherches scientifiques délicates : Le docteur Marage a illustré ses importantes études des organes respiratoires et ses recherches sur la voix humaine de films des plus intéressants que notre collègue a confiés au conférencier, ce qui lui permet de projeter des inscriptions cinématographiques du plus haut intérêt pour la physiologie de la voix.

Enfin la cinématographie permet encore une sorte de graphisme animé des phénomènes de l'atmosphère. M. Garrigou-Lagrange, le distingué Secrétaire général de la Société Gay-Lussac, qui a fondé et qui dirige l'Observatoire météorologique de Limoges, a eu l'heureuse idée de rendre sensibles les mouvements des aires de haute et de basse pression qui caractérisent, en chaque saison, la circulation générale de l'atmosphère. Il considère chacune des cartes qui, embrassant un hémisphère entier, y marquent l'état des pressions par la distribution des isobares, comme étant une photographie instantanée. Les reliant alors l'une à l'autre par le nombre nécessaire de situations intermédiaires, il les transporte sur un film cinématographique ou en forme un carnet. Ces suites de cartes donnent l'impression d'un mouvement du plus haut intérêt. Deux de ces suites de cartes, l'une relative à l'Europe, l'autre à l'Amérique du Nord, montrent que les dépressions progressent en suivant une trajectoire tantôt au nord sur le 70e parallèle, tantôt au sud sur le 30e, en telle sorte qu'il semble que l'atmosphère éprouve sur la région étudiée une sorte de respiration. Ces études, déjà intéressantes en elles-mêmes, montrent que les phénomènes suivent une loi de périodicité assez nette qui rappelle des relations analogues à celles que Henri Poincaré a mises en lumière touchant le déplacement du Champ de l'Alisé. D'une façon générale la lune agirait, au-dessus du 30e parallèle, en entraînant dans des mouvements d'ensemble de vastes régions de l'atmosphère. Inutile d'insister sur l'intérêt de ces recherches en ce qui concerne la prévision du temps à longue échéance.

Cette méthode offre en outre un grand intérêt au point de vue éducatif. La complexité des mouvements atmosphériques et leur durée ne permettent de les reconnaître qu'en consultant attentivement une longue suite de cartes synoptiques, opération toujours très difficile, tandis que le procédé cinématographique permet de les voir, en quelque sorte, toutes à la fois, puisque la vue d'un mois, par exemple, dure à peine quelques secondes.

Le cinématographe, en se perfectionnant et s'industrialisant avec une rapidité et une ampleur véritablement inattendues, a permis l'inscription de mouvements de l'ordre de durée de moins de 1/100e de

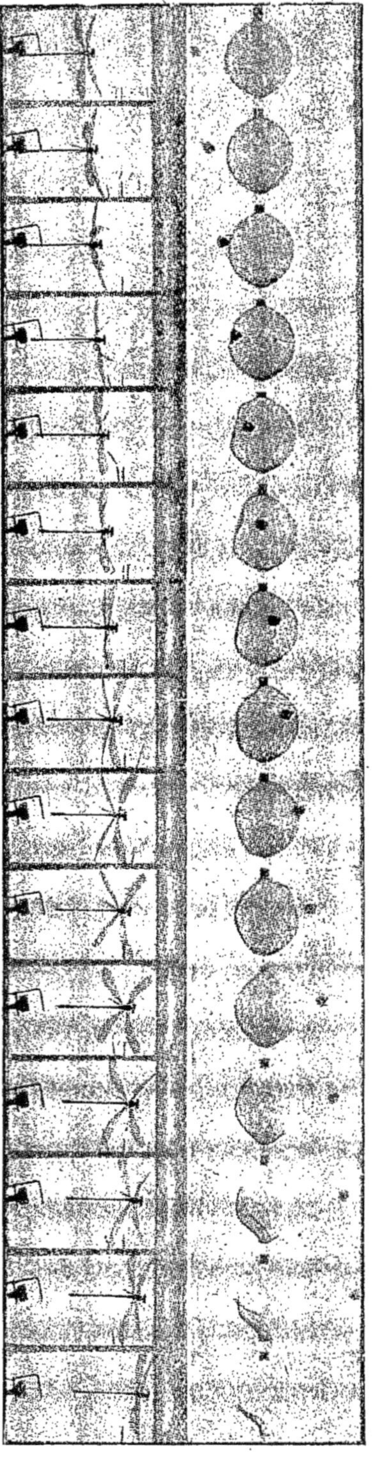

(a)   (b)

Fig. 9.— Analyse de mouvements très rapides par le cinématographe inscripteur. Expériences de M. Bull : *a*) vol de la libellule ; — *b*) choc d'une bulle de savon son éclatement à la rencontre d'un projectile.

seconde, tels que ceux particulièrement rapides des battements de l'aile des insectes. A l'Institut Marey, M. Bull a pu, en utilisant comme éclairage la même étincelle électrique particulière qui servit à la photographie des balles en mouvement, enregistrer sur un film plus de 2.000 images stéréoscopiques dans l'intervalle d'une seconde de ces battements d'aile d'insectes (fig. 9).

M. le Docteur Comandon a appliqué encore le cinématographe à l'enregistrement de ce qui se voit dans le champ du microscope et de l'hypermicroscope. Le microscope placé horizontalement produit sur le film une image réelle et agrandie de la préparation. Il suffit pour cela de placer le cinématographe à la suite immédiate du microscope. Par un petit orifice disposé à l'arrière on peut surveiller avec une forte loupe la mise au point de la préparation et son maintien dans le champ. L'éclairage intense est assuré par un arc électrique de 30 ampères. Ce sont les effets calorifiques produits par cette source intense de lumière qui constituèrent les difficultés les plus grandes à surmonter pour la réalisation pratique de ces expériences. Quelques instants d'exposition à ces rayons lumineux suffisent, en effet, pour tuer les microbes étudiés. M. Comandon réussit à détourner l'effet nocif de la lumière en utilisant un disque rotatif qui ne démasque l'arc électrique que pendant $1/32^e$ de seconde pour chaque pose, avec un intervalle égal entre les poses successives. De plus une cuve à circulation d'eau froide est interposée sur le trajet du faisceau.

Ce sont de merveilleux spectacles qu'offre à l'œil la projection des films de la cinématographie de l'invisible. Nous pénétrons sans peine et sans fatigue ce merveilleux monde des infiniment petits, jusqu'alors réservé aux yeux attentifs des chercheurs penchés pendant des heures sur le microscope. Nous comprenons la passion et la patience des observateurs du microscope : le monde nouveau qui leur est révélé est si actif, si complexe, le spectacle si passionnant aussi !

Voici au milieu d'un amas de cellule un canal sanguin où circulent, semblables aux cailloux roulés par quelque gave, les globules du sang ! Encore : le processus de la mort chez les oiseaux dont le sang est infesté d'un parasite particulièrement virulent : le *Spirochète gallinarum*. Nous assistons au drame. Au mileu de globules rouges de longs filaments en spirales se déplacent (fig. 10) avec rapidité comme des sortes

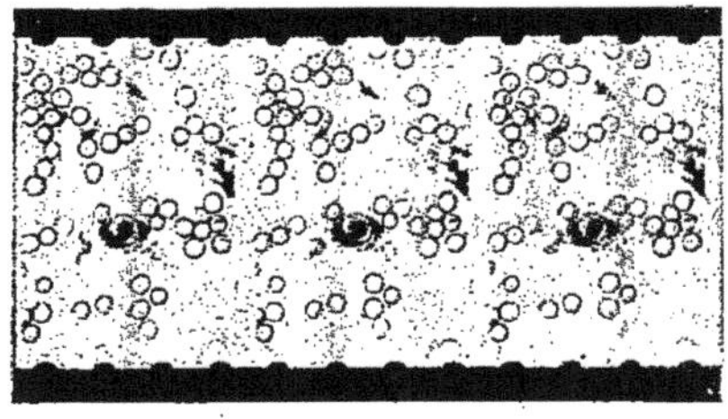 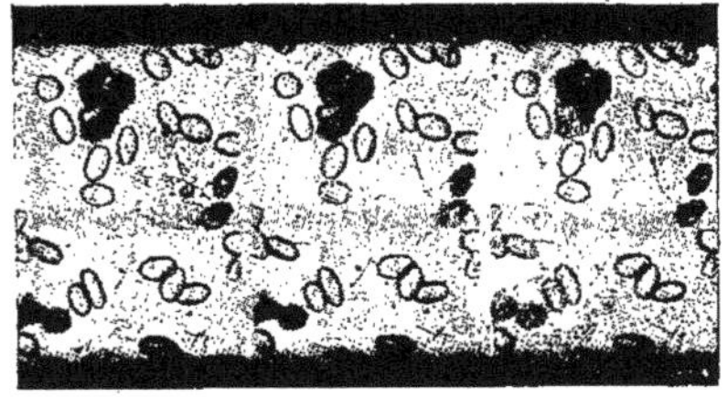

(a)   (b)

FIG. 10. — Expériences de M. le Dr Comandon :
a) Tripanosome dans du sang de rat. Ne tue que les jeunes rats. On voit le blépharoplaste au point brillant situé dans la tête. Lors de la projection du film on voit ces parasites bousculer dans tous les sens les hématies qui rebondissent comme des balles de caoutchouc.
b) Spirochètes de la fièvre récurrente dans du sang de poule (*Films Pathé frères*).

d'anguilles. Ils s'accrochent ou se pénètrent parfois l'un l'autre et sortent de cette lutte, allongés, mais toujours actifs. Bientôt ils transpercent un globule sanguin et y restent emprisonnés. Parfois ils s'échappent du globule rouge qu'ils ont pénétré et le laissent détérioré. C'est alors un globule blanc, masse de protoplasme distribué autour d'un noyau, dont on aperçoit le lent mouvement amiboïde. Le globule blanc rencontre un globule rouge détérioré et se met en devoir de l'absorber. On voit l'attaque et la défense du sang. On conçoit de quelle ressource vont être, pour l'enseignement et la vulgarisation de la biologie, les films de M. Comandon qui, bientôt, espérons-le, seront multipliés et projetés dans tous les cours de sciences biologiques.

Poursuivant les applications de la cinématographie, MM. Comandon et Lomon y ont soumis la radiographie. La figure 11 montre un film Pathé représentant la cinématographie de la radiographie d'une main

humaine s'ouvrant. Quels horizons nouveaux concernant un grand
nombre de problèmes importants, en physiologie comme en pathologie!

Nous prenons l'habitude, aujourd'hui que se réalisent de toutes parts
les applications pratiques des merveilleuses découvertes écloses dans
les laboratoires du labeur continu et sincère, modeste et fécond, de
quelques chercheurs, d'oublier jusqu'au nom des inventeurs de ces
merveilles. Et je suis persuadé que parmi vous, qui connaissez certes
le cinématographe, peu savaient que cette merveilleuse invention, qui,
puissant moyen de diffusion du savoir, nous offre, en jouant, d'exactes
leçons de géographie, de technologie et de tant d'autres sciences,

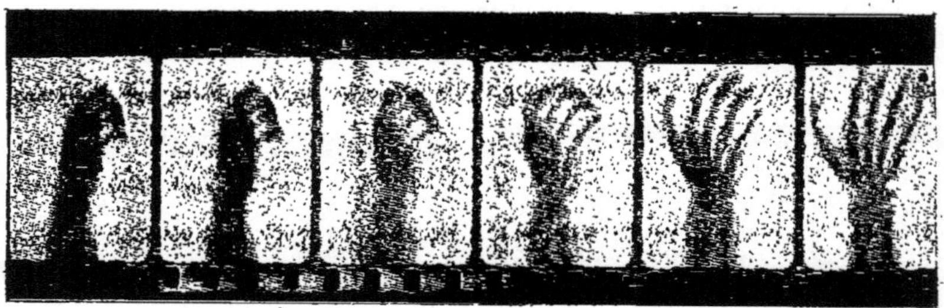

Fig. 11. — Radiocinématographie d'une main humaine qui s'ouvre : expériences de
MM. Comandon et Lomon (*Films Pathé frères*).

qui, en multipliant jusqu'à l'infini les impressions d'art par le jeu
répété des meilleurs artistes, vulgarise l'une des formes les plus hautes
de la pensée, l'art dramatique, que cet admirable instrument est
l'œuvre du physicien belge Plateau, devenu aveugle, en étudiant les
phénomènes mêmes qui lui firent combiner le principe du cinématographe.

Plateau naquit à Bruxelles en 1801. Il devint, en 1853, professeur
de physique et d'anatomie à l'Université de Gand. Dès 1829, il publiait
un important mémoire sur les impressions produites par la lumière
sur l'organe de la vue. C'est par son application continue et persévérante à étudier ces curieux phénomènes qu'il compromit l'objet même
de ses études et de ses observations. En 1843, il perdit la vue, mais
n'en continua pas moins son enseignement et ses travaux pendant
vingt-huit ans encore, jusqu'en 1871. Bien qu'aveugle il continua des
recherches expérimentales de la plus ingénieuse originalité, faisant
effectuer par son préparateur et sous sa dictée les expériences qu'il
imaginait.

Si nous voyons aujourd'hui éclore tant de merveilles scientifiques,
c'est qu'à l'éclair divin de l'homme de génie qui crée le champ fécond
et nouveau d'investigation font suite le patient travail du chercheur

i le cultive et du savant qui l'étudie, l'habile talent de l'ingénieur
y associe les autres formes de techniques rendues pratiques, le
modeste labeur enfin de l'ouvrier adroit qui exécute un travail fini
déterminé. Et cependant si notre admiration a un choix à faire,
nous devons synthétiser par un mot, par un nom, la nouvelle conquête,
est-il pas juste de rapporter le nouveau progrès à l'esprit puissant
créateur qui a dégagé du chaos des phénomènes la forme nouvelle
énergie enfin dominée et connue, qui a créé l'idée féconde d'un aperçu
nuveau.

Dans la conquête de ce nouveau et double champ d'investigation,
stroboscopie et la cinématographie, le nom de Plateau doit, en
ute justice, dominer de haut les noms de tous ceux qui ont utilisé
découverte qu'il a faite d'une manière si désintéressée. On a changé
ze fois le nom du phénakisticope de Plateau, on l'a appelé successi-
ment : dédaléum, praxinoscope, zootrope, chronophotographe,
nétographe, kinétoscope, folioscope, mutoscope, kinora, mirographe,
ur aboutir enfin au nom plus usuel de cinématographe; mais on n'a
s changé le principe ingénieux et simple, dont la découverte bien
blie et bien complète coûta la vue au physicien belge.

Est-il vraiment besoin d'insister sur l'importance de ce nouvel
strument de travail, de savoir et de propagation de la science? Comme
ur toutes les inventions du génie humain le cinématographe, à
ine né à la vie pratique, a dû d'abord servir les intérêts des oisifs et
e utilisé à des futilités. Mais voici enfin l'ère des réalisations utiles
i s'ouvre : les applications aux arts et aux sciences. La vie d'atelier,
transformation de la matière, le développement de l'outillage,
ndus faciles à observer et à comprendre et, dès lors, c'est une éduca-
n de l'esprit autrement plus puissante et autrement plus juste. A
sir ainsi sur le fait toute l'ingéniosité, toute l'acuité, toute l'intel-
ence du travail humain, on se prend à le respecter, à l'aimer, à le
otéger.

C'est encore l'enseignement, l'enseignement à tous les degrés, qui va
ofiter de ce puissant moyen de propagande et d'exposition. Il est
dispensable qu'il pénètre de plus en plus la vie de l'école. A l'heure
tuelle encore on chercherait en vain une de nos villes, même parmi
plus grandes, dont l'administration ait eu l'idée de placer cet outil
mirable parmi le matériel scolaire.

Il serait si facile, comme je l'ai indiqué ailleurs, de développer la
leur éducative de l'enseignement scientifique, de doter, par exemple,
aque département d'un de ces appareils, muni d'une série de films
n choisis, présentant les phases de la vie industrielle, de la vie
entifique, de la vie agricole, de toute la vie économique et intellec-

tuelle. Quel puissant secours pour le maître que cette vivante leço
de choses pour les auditeurs dont j'aperçois d'ici les jeunes yeu
attentifs, curieux, bientôt enthousiastes ! Sans grever beaucoup nc
budgets scolaires, qui légitiment, d'ailleurs, toutes les dépenses utile
puisque toutes sont fructueuses, on pourrait créer dans chaque dépa:
tement un poste d'opérateur avec cinématographe à films instructif
L'opérateur visiterait durant l'année toutes les écoles communale
et aiderait puissamment les maîtres dans leur enseignement. En attei
dant que la routine et l'indifférence reculent un peu sous l'effort d
patient labeur que savants, chercheurs et inventeurs continuer
sans trêve, le cinématographe devient déjà un instrument d'éducatio
générale. Dans le domaine de l'art, il nous fait communier plus int
mement dans l'admiration de toutes les formes de beauté. Bientc
généralisé, puisque démocratisé, il aura sa place au foyer familial
l'égal du phonographe et du verascope. Grâce à lui on conservera l
sourire de l'aïeul mirant des yeux qui s'éteignent et où *le souven:
pleure* dans les jeunes prunelles de l'enfant que l'espoir avive et où l
vie s'éveille.

Je voudrais, en terminant, indiquer brièvement le rôle très impo:
tant que le cinéma peut jouer, dans les circonstances actuelles, aujou:
d'hui même, pendant la guerre, et aussi, demain, pour la guerre éco
nomique qui se prépare.

Le cinéma est l'organe le plus perfectionné et le plus puissant d'info:
mation. Or, la cinématographie allemande, qui n'avait point un
importance considérable, vient, depuis trois ans, de se perfectionne
comprenant et escomptant les possibilités futures. Une vaste entre
prise berlinoise l'U.F.A. (Universal-Film-Aktiengesellschaft) s'es
constituée avec une mise de fonds de 25 millions de marks.

C'est une véritable usine de guerre économique et intellectuel
qu'installent les organisateurs du désordre européen et de l'asservi:
sement mondial.

Et voici qu'une seconde société cinématographique, au capit:
de 40 millions de marks, se fonde à Cologne !

La propagande par l'écran s'établit : activité méthodique de ligue:
de comités, avec appui officiel des municipalités. C'est la propagand
par le film à l'étranger, pendant et après la guerre, que les Allemanc
organisent avec leurs *Ligues cinématographiques des villes allemande*
leurs *Comités pour la réforme de l'écran,* etc., etc...

C'est la mobilisation de la pellicule pour asservir la photographi
animée au développement de la kultur.

D'ailleurs, depuis plusieurs mois déjà, l'Allemagne achète, secrèt
ment ou ouvertement, toutes les salles cinématographiques qu'ell
peut acquérir dans les pays neutres, en Espagne, en Suisse, notammen:

C'est là un très grand péril, un très sérieux danger, non seulement pour nos exportateurs de films, mais surtout pour le rayonnement de la pensée française. C'est l'investissement scientifique de l'opinion des neutres, un véritable étranglement de nos idées que tente là, systématiquement, l'Allemagne. Nos ennemis savent ce qu'ils font : sur l'écran se trace en effet l'histoire d'une civilisation.

Ne laissons pas les films allemands endoctriner l'Europe et le monde, avec cette puissance incomparable de pénétration que possède l'image vivante.

Devant ce danger n'allons-nous pas réagir?

Nos grands éditeurs de cinéma seraient-ils impuissants à relever le défi que l'Allemand leur jette? Serions-nous incapables d'organisation et de méthode? A qui oserait le soutenir, nous montrerions nos ingénieurs qui, eux, n'ont pas mis quarante ans pour dominer la formidable artillerie allemande, — nous invoquerions tous ceux qui, hier, arrêtaient la ruée méthodique et organisée, à Verdun, et, aujourd'hui encore, celle, plus formidable et plus organisée encore, en Picardie !

Devant la menace allemande, nous ne fûmes pas impuissants. Un magnifique effort d'improvisation a été réalisé. L'esprit de rancune politique a disparu, la nécessaire action commune s'est produite. Il faut continuer cet effort, organiser normalement cette action commune et la poursuivre.

Il faut que les pouvoirs publics favorisent la création d'un office d'exportation cinématographique qui s'impose, qui doit avoir l'appui déterminé de notre gouvernement et des gouvernements alliés.

Notre pays doit prendre l'initiative et donner le signal du mouvement libérateur.

La France est la terre de beauté, la terre de liberté. Terre bénie de ceux qui ne sauraient vivre en souffrant l'injustice ! Elle, dont les plis sacrés viennent de se fermer sur mille et mille de ses jeunes fils, pleins de vie, pleins d'espoirs, pleins d'amour, qui ont préféré la mort à la servitude, de jeunes hommes dont les tombes toutes fraîches s'entr'ouvrent pour nous dire : « Il est un bien plus précieux que la vie puisque « nous sommes là. » — C'est la France qui est, qui a toujours été, qui doit toujours rester le phare puissant éclairant les peuples civilisateurs de la terre. Elle ne peut être vaincue; avec elle disparaîtrait la raison même de la vie : la Liberté !

CONFÉRENCE FAITE A NANTES

Lundi 28 Octobre 1918.

Allocution de M. BELLAMY, Maire de Nantes.

En ouvrant la séance, M. Bellamy, Maire de Nantes, prononce une allocutio
dans laquelle il expose combien il se félicite de présider cette Conférence à l
fois comme Maire et aussi comme membre de l'Association dont il s'honore de fair
partie. « C'est pour moi, dit-il, une satisfaction toute particulière de veni
témoigner ainsi toute ma sympathie à des hommes qui consacrent tous leur
efforts à la science, et de présider des Conférences comme celle qui va être fait
par M. Meunier. Dans une région, en effet, où l'activité industrielle et commer
ciale est si développée il est indispensable que des sujets d'ordre technique e
scientifique soient souvent traités, et je ne manquerai pas, pour ma part, e
chaque fois que l'occasion s'en présentera, d'apporter mon plus entier conçour
aux efforts qui seront tentés dans cette voie. »

Puis M. Bellamy donne la parole à M. Rappin.

Allocution du Docteur RAPPIN

Directeur de l'Institut Pasteur de Nantes.

MESDAMES, MESSIEURS,

Vous m'en voudriez, j'en suis certain, si je confiais aux hasard
d'une improvisation les pensées que doit nous inspirer la Conférence
qui nous réunit ce soir. Les événements que nous traversons sont à
la fois si tragiques et si solennels, les obligations et les devoirs qu'ils
créent pour nous sont si impérieux que, même dans une rapide esquisse,
il n'est pas permis de toucher à un sujet aussi grave, sans la plus grande
attention. Ce sont du reste ces devoirs et ces obligations qu'à la faveur
de la conférence que va nous faire l'un de ses savants les plus autorisés, M. Meunier, Professeur à l'Ecole Centrale, l'Association pour
l'avancement des Sciences vient amicalement nous rappeler, et puisqu'elle a bien voulu m'attribuer l'honneur de le représenter, je vais
m'efforcer de tracer, en quelque sorte, le programme d'action qui
s'impose désormais à nous.

Quelque gloire que doive apporter la victoire à notre pays, si grands
que puissent être les avantages qui en découleront, je ne crains pas
d'avancer que, après cette terrible guerre, nous allons être placés

dans une situation, non pas seulement analogue à celle que créa, pour notre pays, la guerre de 1870, mais exigeant encore davantage le concours de toutes les bonnes volontés, et de toutes les énergies. La victoire elle-même créera, pour nous, des responsabilités plus étendues et des obligations encore plus hautes, puisque, reprenant la place que nous n'aurions jamais dû perdre parmi les nations civilisées, nous devrons nous efforcer de conserver, sur tous les terrains, le premier rang dans la paix, comme nous l'aurons tenu dans la guerre, grâce à la vaillance et à l'héroïsme de nos soldats. Mon âge me permet de dire, qu'après la guerre de 1870, je me rappelle que tous en France, comprirent la nécessité urgente d'assurer par tous les moyens possibles le relèvement de notre pays. De tous côtés se firent jour des projets destinés à réformer les diverses méthodes appliquées jusque là, tant du côté social que du côté économique, et, certes, un assez grand nombre de réformes et de progrès intéressants furent apportés dans ces différents ordres d'idées.

Mais, quand on a suivi depuis, et pour ainsi dire chaque jour, comme tout bon citoyen français doit pouvoir le faire, l'histoire contemporaine et la marche générale de son pays, ne peut-on pas ajouter hélas, avec un véritable serrement de cœur, que tout n'a pas été mis en œuvre, de quelque côté que ce soit, pour tenter d'assurer la prépondérance de la Nation. Mais, pour couper court à tous ces détails et à un exposé qui serait trop long, je puis simplement résumer ma pensée, qui sera sans doute partagée par d'autres, en disant que depuis cinquante ans nous avons vécu beaucoup plus politiquement qu'économiquement. Je me garderai bien aussi d'insister sur les divisions politiques qui nous ont sans cesse harcelés, depuis ce temps, et qui n'ont cessé de faire le jeu de nos ennemis. Revenons plutôt de suite à la conception d'un avenir meilleur, fondé désormais sur l'union de toutes les bonnes volontés, de toutes les intelligences, et j'ajoute sur une organisation rationnelle, mieux, scientifique, de toutes les forces vives du pays.

C'est précisément à la suite de cette dure épreuve de 1870 que fut fondée l'Association française pour l'Avancement des Sciences. Un certain nombre de hauts esprits, émus des malheurs de leur patrie, et comprenant bien que la cause principale de ses souffrances provenait de la méconnaissance de ce que l'on pourrait appeler les lois scientifiques, qui sont à la base même de toute société, résolurent de créer une sorte de consortium, dans lequel pourraient venir se donner la main tous les travailleurs, dans quelque branche de la science que s'exerçât leur activité. Comment ne pourrais-je pas remercier ce grand corps de me donner ce soir l'occasion de lui témoigner toute ma reconnaissance, puisque c'est à cette Association que je dois, au moins en partie, l'orientation de ma carrière scientifique, et parfois même la possibilité de poursuivre mes travaux. C'est grâce au congrès qu'elle tint à Nantes en 1875 que j'eus l'heureuse fortune d'entendre les premiers savants de cette époque : Claude Bernard, Chauveau, Broca, Béchamp et tant d'autres, tous hélas disparus, mais qui ont laissé dans la science des traces impérissables.

Les discussions passionnées qui se livraient alors, je me souviens, dans l'Ecole de notre excellent et regretté concitoyen Eugène Livet, et qui marquaient les premiers pas des théories microbiennes, ne furent pas sans exercer même à mon insu une grande influence sur mes propres directions, puisque je retrouvais cette fois sur le terrain médical les mêmes idées que six ou sept ans auparavant les maîtres de notre vieux lycée m'avaient enseignées dans le domaine de la chimie, après les beaux travaux de Pasteur sur les fermentations. Mais pardonnez-moi ces souvenirs par trop personnels et précisons de suite le but de cet exposé.

Allons-nous maintenant encore, au seuil de ces temps nouveaux, retomber dans les mêmes fautes que celles que nous avons commises depuis un demi-siècle ?

Pourquoi notre pays, si fécond par son sol, et non moins bien doué sous le rapport du nombre et de la valeur de ses esprits, de son « matériel cérébral », comme disent nos bons amis américains, n'est-il pas parvenu à réaliser, dans toutes les directions, de plus importants progrès ?

L'explication en est simple, c'est que, j'ose le dire, en France la science ne jouit pas encore de toute la faveur qu'elle mérite, et qu'on ne lui accorde pas tous les moyens d'action qui lui sont nécessaires et dont elle est digne. Même la plupart de nos producteurs, comme le rappelait récemment un des membres de l'Institut, M. Haller, « n'ont pas foi en elle, et en particulier en la chimie ». Les divers organismes qui devraient s'inspirer surtout des travaux des hommes de science, et chercher à utiliser et à faire fructifier par leur mise en pratique immédiate les idées qui en découlent, semblent les ignorer et s'en éloigner presque de parti pris. Si l'on se tourne en particulier du côté des grandes industries, on ne peut être que surpris, en constatant que pour beaucoup d'entre elles les progrès de la science qui pourraient décupler leur rendement et leurs richesses, semblent parfois méconnus ou laissés de côté. Hélas ! les Allemands, que nous devons honnir, n'auront été si difficiles à vaincre que précisément parce qu'ils se sont constamment attachés à développer la science, en l'organisant d'abord méthodiquement, en la dotant richement, et en la mettant enfin entièrement au service des divers organes qui doivent s'en inspirer et en quelque sorte s'en nourrir. On reste stupéfait en lisant les détails de cette vaste et savante organisation, et en particulier de cette science maîtresse qui semble devoir primer toutes les autres : la chimie.

On compte en Allemagne, même actuellement, 30.000 chimistes, alors qu'en France, au moment de la déclaration de guerre, d'après Carré, nous en possédions seulement 2.500. Depuis, sur ce nombre, 1.400 ont été mobilisés, 800 affectés aux services travaillant pour la défense nationale ; 400 aux armées et 200 morts au champ d'honneur.

C'est grâce à la puissante armée de ses savants spéciaux qu'avant la guerre l'Allemagne a pu inonder le monde entier de certains de ses produits et que, pendant la durée des hostilités même, il lui a été possible, grâce aux recherches de ses chimistes, d'imaginer et d'utiliser des méthodes nouvelles, qui n'auront fait du reste que retarder sa chute. Telle est la confiance que les Allemands mettent dans la nécessité d'unir étroitement la chimie aux diverses industries, que beaucoup de celles-ci n'hésitent pas, non seulement à en confier la direction à des chimistes, mais encore à adjoindre à ceux-ci un très grand nombre de collègues qui n'ont d'autre mission que de rechercher des moyens de perfectionnement et de progrès aux méthodes déjà mises en œuvre.

Tel savant allemand par exemple, auteur de l'un des procédés de fabrication synthétique de l'ammoniaque, dispose de 200 chimistes dans ses laboratoires. Voilà la voie dans laquelle il convient que s'engagent résolument nos industriels : ils ne tarderaient pas à recueillir ainsi rapidement le fruit des sacrifices consentis. « Le développe-
» ment de l'industrie, disait Haller, dès 1893, suit parallèlement celui
» de la science elle même, et les nations où la production intellectuelle
» est la plus intense et la mieux utilisée sont celles qui finissent par
» avoir la supériorité au point de vue industriel. Il faut pour cela que
» les chefs d'industrie aient foi dans la science, et qu'ils se persuadent
» enfin que celle-ci ne consiste pas seulement dans l'application plus
» ou moins judicieuse de recettes empiriques. Ce n'est que par
» l'union complète de l'ensemble de nos industries sous l'égide de la
» science inspiratrice et directrice de toute production qu'il sera pos-
» sible de donner un essor nouveau à nos fabrications existantes et de
» créer celles qui nous font défaut. N'oublions pas, par exemple, que
» c'est la chimie organique qui régit un grand nombre d'industries,
» celles du pétrole, du caoutchouc, des explosifs, et même, comme le
» montrera tout à l'heure M. Meunier, certaines industries textiles.

Pour remettre enfin notre pays dans la véritable voie du progrès scientifique et économique qui établira définitivement sa place dans le monde, il convient donc d'assurer d'abord et avant tout à la science une organisation complète, et qui lui permette de porter tous ses fruits. Quelque étrange que cette affirmation puisse paraître, on peut dire que de ce côté presque tout est à rebâtir. C'est une erreur de croire, en effet, comme l'imagine volontiers le public, que les moyens d'étude et de recherches scientifiques sont suffisamment assurés en France. On ne soupçonne guère que le plus souvent le chercheur n'a à sa disposition, pour poursuivre ses travaux, que des moyens, que par une assez amère ironie des mots, on peut qualifier de moyens de fortune. Combien de même, de jeunes esprits, les mieux disposés par leurs qualités natives à se donner à la science et en assurer plus tard les progrès, sont loin de trouver devant eux les facilités nécessaires, pour aider les débuts et la poursuite de leur carrière. Que de talents ont été ainsi égarés ou perdus, faute d'avoir été suffisamment discernés puis dirigés vers la science !

S'appuyant donc d'abord pour les directions générales, sur des compétences certaines, il conviendrait d'opérer pour ainsi dire une véritable culture de la nation, par une sélection rationnelle des intelli gences susceptibles de rendre de véritables services au pays. Cette nécessité va apparaître encore plus urgente, si l'on songe au nombre de valeurs scientifiques que cette guerre a fauchées. Il faut aussi que pour ces intelligences bien choisies la science constitue vraiment, dans toute l'acception du mot, une carrière. Enfin pour assurer à ces jeunes esprits une solide préparation scientifique et leur permettre de produire des travaux vraiment importants, il est absolument nécessaire de créer en France de nombreux instituts scientifiques, richement dotés. Cette obligation s'impose de plus en plus, tant du côté biologique que pour d'autres branches de la science, et, dans un assez grand nombre de centres, il est question d'opérer de telles créations. A Nantes même, la fondation d'un institut de chimie a été décidée, et l'on ne peut que regretter que cet institut n'ait pas pu déjà entrer en fonctionnement. Les bases d'un édifice scientifique vraiment solide étant ainsi, au moins en partie fondées, le pays posséderait bientôt, dans toutes les branches de la science, un nombre encore plus grand de valeurs dont l'influence ne tarderait pas à se manifester.

Au milieu de cet effort général qui doit restituer à notre pays le rang qui lui est dû, nous, Nantais et habitants de la région de Nantes, nous avons plus que d'autres le devoir de développer toujours davantage l'importance de notre région. Notre département est l'un des plus riches de France ou en tout cas le mieux doté, tant par sa situation que par la richesse de son sol et de ses productions. Isolé du reste du pays, il pourrait encore, non seulement se suffire à lui-même et subvenir aux besoins de ses 700.000 habitants, mais bien contribuer à ceux d'autres régions importantes. Tous les produits alimentaires s'y trouvent : les céréales, blé, orge, seigle sarrazin, maïs, avoine, de même que les diverses boissons, vins, cidre, poiré, etc... Les plus riches pâturages lui permettent de nourrir de nombreux et beaux troupeaux et, par suite, s'y trouvent tous les produits qui en sont issus : viandes, lait, beurre, etc, etc... L'élevage du cheval peut y être suivi d'une façon parfaite ; baigné par la mer et sillonné de nombreuses rivières, la pêche pourrait y être abondante. Enfin si le sol à sa surface présente une fécondité incomparable, des découvertes récentes ont montré que son sous-sol n'était pas moins riche ; les mines de charbon, de fer, d'étain déjà signalées, d'autres peut-être encore insoupçonnées, attestent que leur exploitation doit assurer, dans un avenir peu éloigné, une extension considérable de notre richesse départementale.

Mais ce qui doit surtout retenir maintenant notre attention c'est la situation exceptionnelle que ce département occupe dans le monde vis-à-vis même de la grande nation amie, qui nous montre d'une façon si chevaleresque ses sentiments d'attachement et de solidarité. C'est cette place merveilleuse qui faisait dire récemment à l'une des autorités américaines les mieux qualifiées, dans la jolie fête offerte à nos amis à la Baule, et dans un discours où l'esprit le plus fin et le plus délicat se mêlait aux vues les plus judicieuses, que « la Basse-Loire devait devenir l'un des plus grands ports de l'Europe, et tout » le pays environnant, un des plus grands centres commerciaux et » industriels du monde. »

En toute conscience, est-ce que cet avenir si grand, que la nature elle-même et l'évolution du progrès semblent nous avoir particulièrement réservé, ne crée pas aux Nantais des devoirs et des responsabilités encore plus étendus qu'à tous autres. Sans doute il faut bien le dire, et l'on peut à bon droit s'en réjouir, la comparaison de ce que nous apercevons aujourd'hui et de ce qui existait il y a cinquante ans, peut jusqu'à un certain point nous donner confiance. Dans le voyage classique de la Basse-Loire, que l'on offre ordinairement aux ministres ou aux autorités, dont le rôle est de s'intéresser au progrès de notre région, ceux-ci ne peuvent manquer de constater l'extension des établissements commerciaux ou industriels qui se fondent sur tout le parcours de notre beau fleuve, depuis Nantes jusqu'à notre ville sœur Saint-Nazaire. Cette carte que je dois à un ami permet de suivre cette progression. Les industries de toutes sortes représentées à Nantes s'étendent de plus en plus de ce côté, et l'on ne peut que constater avec une légitime satisfaction les travaux déjà accomplis, pour tenter d'aménager la région. Mais, disons-le, ce qui a été fait est peu de chose à côté de ce qui reste à faire, et pour assurer, comme il convient, l'avenir de cette région, il faut que l'on s'habitue à voir plus grand.

Enfin il ne suffit pas de fonder des établissements nombreux et d'importantes entreprises, il faut encore que ceux qui les dirigent demeurent constamment au courant des progrès des sciences, et qu'ils assurent ainsi dans leurs établissements des progrès parallèles. Ce n'est que par l'association intime du professionnel et du savant, que la marche vraiment féconde des industries peut être assurée.

Et dès lors quel meilleur groupement peut apporter à nos industriels de Nantes ou de la région, et d'une façon générale de tous ceux qui doivent concourir au progrès, que l'Association pour l'Avancement des Sciences.

Toutes les branches de la science y sont représentées, et y ont leurs sections distinctes. Elle offre ainsi à tous, aux chefs d'industries, comme à d'autres, la possibilité se se tenir au courant de tous les progrès susceptibles de les intéresser : sections de chimie, de physique, de mécanique, de génie civil et militaire, section, de navigation, d'électricité, d'agronomie ; tout ce qui en dehots des sciences biologiques ou médicales touche aux intérêts des industriels en général y est étudié, et ses fondateurs, lorsqu'ils préparaient ses statuts, après nos désastres de 1870, eurent bien soin de tout prévoir, pour développer son action et pour assurer la diffusion des sciences et le relèvement du pays. L'Association fait appel à toutes les bonnes volontés, et elle s'adresse, comme le disait récemment un de ses anciens présidents, le général Sébert à tous ceux qui considèrent la culture de la science « comme nécessaire à la grandeur et à la prospérité de la France. »

Chaque année un congrès réunit ses membres dans une région ou dans une autre, et l'occasion est ainsi offerte à chacun de se rencontrer avec d'autres chercheurs français ou étrangers, d'échanger des idées, de recueillir des opinions et au besoin des conseils, « ce qui est bien, » comme le remarque son Secrétaire général, M. le Professeur Desgrez, » la plus heureuse fortune qui puisse échoir à un travailleur de province trop souvent isolé.

» Quand les armées victorieuses des Alliés, ajoute-t-il, auront obligé » nos ennemis à déposer les armes, la lutte se poursuivra sur le terrain » économique. Pour la préparer, il faut réaliser la coopération des » savants et des hommes pratiques. Les savants et les praticiens » doivent s'ignorer de moins en moins.

» L'Association française les sollicite à participer à l'œuvre commune . »

Il nous appartient à nous, Nantais, de montrer par nos efforts que nous sommes à la hauteur des responsabilités qui nous incombent, et que nous ne voulons perdre aucune occasion de contribuer au progrès de notre région. L'Association compte déjà à Nantes vingt et un membres ; mais ce chiffre ne peut-il pas paraître infime, en présence de l'importance de notre ville et des intérêts scientifiques de tout ordre qui y sont en jeu. Il n'est pas douteux, qu'une fois mieux connu le rôle si important qu'elle joue, l'Association voie grossir le nombre de ses adhérents.

Cette guerre qui depuis plus de quatre ans ensanglante le monde et et déchire l'humanité, cette guerre dont les horreurs dépassent celles de toutes les autres, se termine enfin dans [le rayonnement de notre victoire, c'est-à-dire par le triomphe de la liberté et de la justice. Les enseignements qu'elle porte avec elle sont trop cruels pour qu'ils puissent être perdus : il faut que de cet excès du mal sorte le bien. Notre pays, qui a toujours été comme le champ clos où s'est livrée la bataille des idées qui de là se sont répandues sur le monde, aura vu aussi son sol mutilé et meurtri par ces luttes sanglantes, d'où doivent sortir des temps nouveaux. Qu'il n'oublie pas, qu'il sache conserver en entier le bénéfice de ses héroïques efforts. Restons unis au moins sur le terrain du travail, et si chacun doit aspirer à conserver sa pensée libre, qu'il s'applique toujours à concourir au bien commun. Désormais l'on ne verra plus la science mise uniquement au service du mal par des nations dites civilisées, elle ne servira qu'au bien et préparera ainsi l'ère tant souhaitée de paix et de bonheur à laquelle aspire depuis si longtemps l'humanité tout entière. Gardons-nous de traiter ces pensées d'illusions. Grâce aux hautes autorités morales qui maintenant dirigent les destinées du monde, et qui ont su mettre toute la force au service du droit, ces illusions d'aujourd'hui deviendront peu à peu les réalités de demain. Dans la poursuite du progrès, montrons-nous dignes de nos grands soldats qui, par leur courage et leur vaillance, auront pour toujours affranchi le pur et clair génie français de la lourde et pesante domination allemande.

Que la pensée, que le souvenir de ceux qui ont souffert et qui sont morts pour nous défendre, reste toujours présents à notre esprit et à nos cœurs, car s'ils ont souffert, s'ils sont morts, c'est pour nous permettre de vivre libres et de travailler au bien général, en rendant toujours plus noble et plus beau notre cher pays.

M. J. MEUNIER

LE COTON ET LES INDUSTRIES DE LA CELLULOSE

SOMMAIRE DE LA CONFÉRENCE

I. — LE COTON

Importance du coton : création par le Gouvernement français du Comité interministériel du coton. — Différentes espèces de cotonniers, leur culture. — Production et extraction du coton ; longues soies et linters. — Étude de la fibre du coton, blanchiment. Cellulose, sa composition et formules qui la représentent. — Caractères distinctifs des fibres textiles.

II. — INDUSTRIES CHIMIQUES DE LA CELLULOSE

Coton mercerisé. — Nitrocellulose, soie artificielle, collodion et pyroxyle, stabilisation de la nitrocellulose. — Celluloïd. — Acétate de cellulose, ses emplois. — Viscose, sulfocarbonate ou xanthate de cellulose, application de la viscose ou cellulose colloïdale. — Viscoïd. — Décomposition plus complète de la cellulose ; sa transformation dans l'organisme animal, son rôle dans la formation naturelle des combustibles, nouveau produit de décomposition. — Avenir de l'étude chimique de la cellulose.

I. — LE COTON

Est-il nécessaire, ou même simplement utile, d'insister sur l'importance du coton? Je ne le crois pas. Il existe dans nos vêtements, dans notre linge, dans nos tentures d'ameublement. Quel est celui de nous qui pourrait aujourd'hui s'en passer? A chaque saison, le commerce s'évertue à nous le présenter sous des formes nouvelles et parées de l'éclat de riches couleurs ; je ne finirais pas si je voulais dresser une liste, même sommaire, de ses usages. Mais ce n'est pas seulement en passant par le tissage ou par le métier à broder qu'il prend pour nous de l'intérêt ; il est aussi l'objet d'autres industries qui, en changeant sa nature, le transforment en produits bienfaisants ou en produits meurtriers, tels que la poudre de guerre.

Pour tant de raisons, le Gouvernement français a jugé indispensable d'en assurer notre approvisionnement en créant, par décret du 21 février 1918, un comité interministériel du coton. L'organisme ainsi constitué comprend des compétences d'ordres administratif, industriel et commercial (1).

Qu'est-ce donc que le coton? Quelle plante le fournit? D'où vient-elle ? Où croît-elle? Autant de questions que je vais indiquer sommairement.

Cotonnier. — Le cotonnier n'est pas un grand arbre, c'est une plante de la famille des Malvacées ou mauves, d'une grandeur voisine de celle des guimauves ou « Althœa », qui croissent sur les bords de nos marécages de l'Ouest. Les botanistes le désignent sous le nom de « Gossypium », et l'espèce principalement cultivée est le « Gossypium herbaceum » (fig. 1). Elle est originaire de l'Asie orientale ; la dénomination d'herbacée lui a été donnée, parce qu'en dehors des tropiques, elle ne dépasse pas la taille que cette qualification indique, tandis que dans l'Afrique équatoriale et dans les Antilles, elle atteint la taille d'un arbre. Détail à noter, le cotonnier arborescent était cultivé à la Barbade, bien avant l'arrivée des Européens et ce même arbre forme une espèce distincte désignée sous le nom de « Gossypium barbadense ».

Culture du coton. — La culture du cotonnier a été tentée dans presque tous les pays suffisamment chauds et humides : en Espagne, en Grèce, dans la Russie méridionale, l'Asie Mineure et la Perse ; dans l'Arabie, l'Inde, la Chine et le Japon, en Afrique, au Soudan, à la Réunion et dans bien d'autres pays ; mais les cultures principales se trouvent dans les États-Unis de l'Amérique du Nord, dans l'Égypte et dans l'Inde.

---

(1) Il existe, en Angleterre, depuis 1910, un organisme officiel, le « Textile Institut », qui s'occupe des questions générales concernant le coton. Nous le signalons plus loin.

Dans les États-Unis, les pays de culture sont les îles de la Caroline et la Géorgie sur le littoral de l'Océan, le Texas sur le golfe du Mexique. La variété la plus ancienne et la plus remarquable est celle dite « Sea Island » ou variété des îles. Mais comme cette excellente variété demande un sol léger et humide, elle s'accommode mal des terrains durs et secs du Texas, où l'on cultive une variété moins délicate désignée sous le nom d' « Upland ». Il existe des « Upland » à longues soies se rapprochant des « Sea Island » que l'on rencontre dans les vallées humides de l'Arkansas et du Mississipi et des « Upland » à courtes soies qui poussent dans tous les terrains.

C'est un fait d'observation qu'un climat marin favorise le développement du cotonnier et que les cultures sont d'autant plus belles qu'elles sont plus proches de la mer. Les cultures de « Sea Island » sur les côtes de la Géorgie ne s'étendent pas à plus de 100 kilomètres du littoral.

Les semailles se font au printemps après les dernières gelées. Des pluies régulières favorisent la végétation : elles ne deviennent nuisibles qu'à l'époque où les capsules sont parvenues à maturité. De même quand le grand soleil succède brusquement à la pluie, les feuilles se tachent aux endroits où il est resté des gouttes d'eau ; cela est un fait assez général pour les plantes et qui est dû sans doute à un arrêt de la fonction chlorophyllienne, tuée par surexcitation. Les gouttes d'eau, formant miroir, concentrent au-dessous d'elles le rayons solaires, en particulier les rayons très actiniques ou ultra-violets. Nous savons aujourd'hui quelle est la puissance de ces rayons pour détruire les microbes ou les diastases, et que la fonction chlorophyllienne est une fonction biologique apparentée à ces organismes.

La meilleure température pour la récolte du coton est de 18 à 20°.

La question des engrais n'est pas pour le coton une question indifférente. Les terrains vierges, comme ceux du Texas, peuvent être cultivés durant de nombreuses années, sans en recevoir ; mais ceux qui sont depuis longtemps en culture ont besoin de superphosphates, d'engrais azotés et potassiques. Le Gouvernement américain a créé pour cet objet des stations d'expériences chargées de donner toutes les indications utiles à la culture cotonnière.

On adopte pour les meilleures terres de culture ancienne un assolement triennal comprenant : plantes fourragères, maïs, puis coton. Dans les plus pauvres, la rotation se fait sur quatre, cinq ou même six années.

En général, les planteurs ne sélectionnent pas méthodiquement les graines ; ils se contentent de renouveler leurs semences par des échanges réciproques. Le ministère américain de l'Agriculture, au contraire, fait pratiquer une sélection rigoureuse pour conserver les types et pour les améliorer.

Le coton d'Égypte est particulièrement recherché parce qu'il possède de longues soies, et qu'il se prête particulièrement bien au tissage et au mercerisage, ainsi que je l'expliquerai. Les conditions favorables à la culture du coton étant connues, on conçoit que les plaines du Nil soient particulièrement propices à cette culture et que la sollicitude du Gouvernement de la Grande-Bretagne y soit attirée. On

Cliché de la librairie Hachette et Cie, Paris.

FIG. 1 — COTONNIER (*Gossypium herbaceum*)
Dans les parties supérieures de la plante, on distingue des bourgeons floraux (fig. 2)
et des fleurs épanouies (fig. 3) ; dans les parties basses, des capsules encore fermées
(fig. 4) et des capsules étalant leurs soies (fig. 5).

a inauguré à Manchester, grand centre manufacturier, au mois d'avril 1910, le « Textile Institut », dont les premières études ont porté sur le coton d'Égypte. Les essais faits pour implanter la variété d'Égypte aux États-Unis n'ont pas réussi.

En présence de cette émulation, en quelque sorte internationale, en France, nous ne sommes pas restés indifférents ; malheureusement

Fig. 2. — Bourgeon
floral.

Fig. 3. — Fleur épanouie.

Fig. 4. — Capsule
encore fermée.

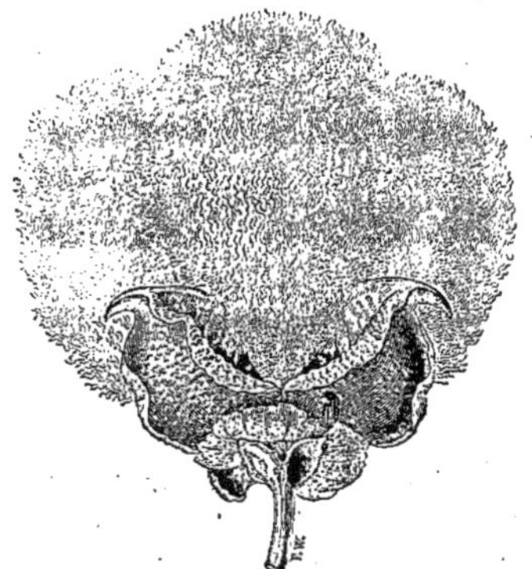

Fig. 5. — *Capsule en complète
déhiscence.*

Les lobes de soie apparaissent nettement
séparés et l'on en aperçoit trois sur les
cinq qui composent la chevelure de la
graine.

Fig. 6
Graine de cotonnier por-
tant encore l'une de ses
lobes de soies.

Fig. 7
L'un des cinq lobes de
soies détaché de la
graine.

nos colonies en général ne conviennent guère à la culture du coton. A la Réunion, par exemple, la plante croît à l'état sauvage et acquiert une forte taille ; nos colons en avaient entrepris la culture, ils y ont renoncé en raison de la cherté de la main-d'œuvre et de l'envahissement des maladies parasitaires (1).

Le cotonnier en effet a de nombreux ennemis : insectes, vers, chenilles et champignons parasites, tels que le charançon mexicain (anthonomus grandis), les vers « feltea et agrotes », le root-rot, champignon qui fait pourrir les racines et contre lequel on n'a pas trouvé de remède, le « wilt », champignon faneur et d'autres encore.

Outre le coton usuel, provenant de l'espèce *herbaceum* on trouve aussi dans le commerce des cotons fournis par les variétés de l'Inde, des Barbades, de même que par les variétés *vitifolium, hirsutummicrantium, accuminatum, arboreum*. En Chine, on cultive le *Gossypium religiosum* dont la fibre est colorée en jaune et avec laquelle les Chinois fabriquent le *nankin*. Le coton d'Egypte, à longues soies, est désigné ordinairement dans le commerce sous le nom de « Jumel »; celui de l'Inde, qui est de courtes soies, sous celui de « Surat », ville de l'Hindoustan, près de laquelle se trouvent les principales cultures,

*
* *

Production et extraction du coton. — Dans la famille des malvacées se trouvent les plantes les plus différentes, depuis la mauve qui rampe à terre jusqu'au *Baobab géant* et au *Cavanillesia du Brésil* dont le tronc, en forme de tonneau, atteint 40 mètres. Le cotonnier appartient à la tribu des *Hibiscés* qui se distinguent par leurs fruits capsulaires.

C'est la capsule du cotonnier qui fait tout son intérêt industriel. Il existe d'autres plantes qui produisent un duvet soyeux et l'on a proposé comme succédanés du coton le peuplier noir (*populus nigra*), le tremble et le saule, mais leur duvet est trop court et manque d'élasticité.

Le duvet contenu dans la capsule du cotonnier est au contraire magnifique. Cette capsule de la grosseur d'une noix est à trois ou à cinq loges; les fibres blanches adhèrent fortement à la graine et apparaissent à la maturité en faisant saillie à l'extérieur. Les longues soies, dont nous avons parlé, ont de 30 à 40 millimètres de longueur; les courtes soies, de 10 à 25 millimètres.

---

(1) Au Jardin des cultures coloniales à Nantes, les jardiniers ont pu faire naître et cultiver en pleine terre quelques pieds de cotonnier provenant de Salonique. Ceux-ci se sont bien et rapidement développés et, dès le mois de juin, portaient des capsules.

Les capsules des cotonniers d'Amérique perdent leur teinte verte avant maturité, s'entr'ouvrent et laissent voir le coton fortement pressé autour des graines, puis elles se dessèchent en brunissant : le coton bien mûr peut être recueilli sans difficulté.

Au Turkestan, où la culture s'est développée aux environs de Tashkend, les semailles ont lieu généralement en avril, la floraison se fait en juin et les capsules commencent à mûrir en septembre. La récolte, s'opérant au fur et à mesure de la maturation, se prolonge jusqu'à ce que la croissance soit arrêtée par les gelées de la fin de novembre. Elle dure environ trois mois. Les gelées matinales des premiers jours d'octobre ont une grande influence sur la qualité de la fibre et des graines. Les meilleures fibres sont celles qui ont mûri avant l'arrivée des gelées; beaucoup de fruits ne mûrissent pas et demeurent perdus. A l'encontre de ce que l'on observe en Amérique, les capsules, au Turkestan, ne s'ouvrent pas et doivent être récoltées telles quelles. Il s'ensuit que la séparation du coton ne peut être faite qu'à la main, tandis qu'en Amérique, on l'effectue mécaniquement.

Variétés de coton : longues soies et linters. — La séparation mécanique comporte deux opérations distinctes et fournit deux sortes de produits :

1º Le « coton » proprement dit, qui est arraché de la graine au moyen de machines appropriées ;

2º Les « linters » ou fibres courtes demeurées encore adhérentes à la graine après l'arrachement.

C'est un grand progrès dans l'industrie du coton que celui de la séparation des « linters » dont la longueur peut n'être que de 2 à 3 millimètres. En effet, dans les États-Unis seulement, on estime à 1.500.000 tonnes par an les résidus de balle de cotonniers, qui contiennent une proportion de fibres courtes égale à 15 à 20 p. 100 de la bourre primitive. Cela représente 250.000 tonnes de matière utilisable par la papeterie ou par les industries chimiques.

Dans les machines qui réalisent la séparation des linters, on combine la trituration mécanique et le vannage par des courants d'air tourbillonnants, qui entraînent les flocons de fibre légère séparée des coques de graine par la machine à triturer.

Les coques, comme les tourteaux de graine de coton, servent à la nourriture du bétail, il est donc à désirer qu'elles soient dépouillées aussi complètement que possible des fibres, matière en elle-même non digestible. A cet égard, on a trouvé qu'un traitement par l'acide sulfurique qui désagrège la fibre et la transforme en hydrocellulose favorise considérablement la digestibilité et l'assimilabilité.

Les tourteaux sont formés des résidus d'extraction de l'huile de coton par la presse. L'huile, étant comestible, s'ajoute fréquemment

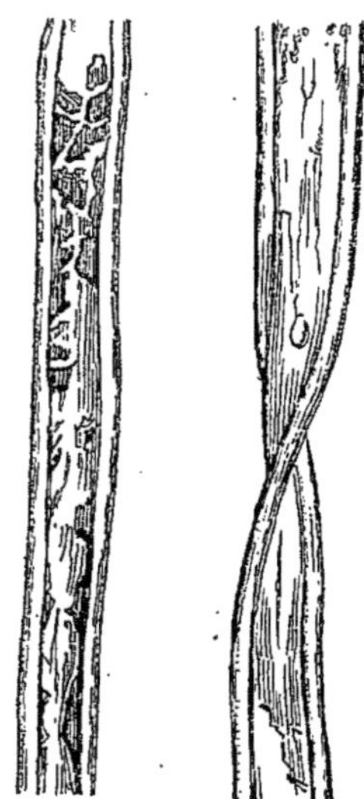

FIG. 8. — Fibre de coton mordancé.
(coupe longitudinale).

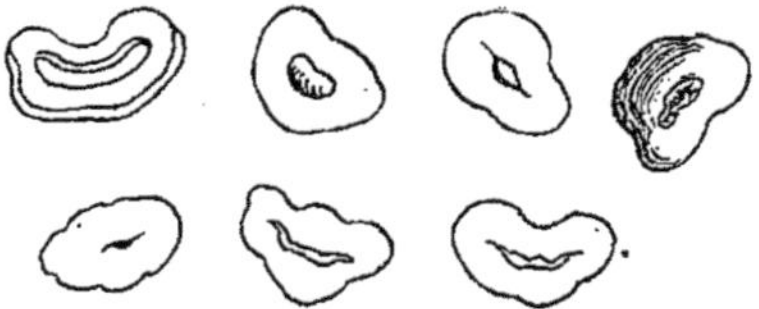

FIG. 9. — Section transversale de la fibre de coton mordancé.

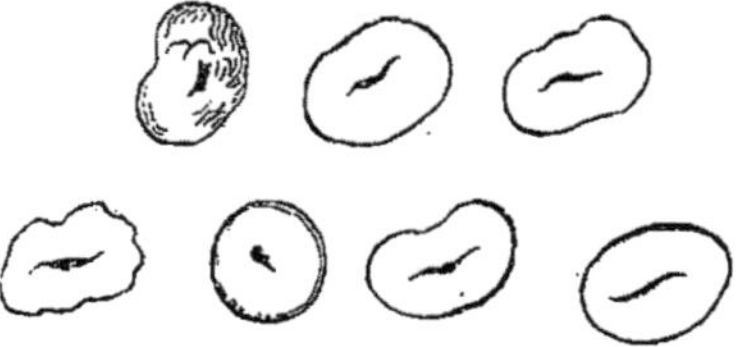

FIG. 10. — Fibre de coton mercerisé.

La fibre de coton commence à s'épaissir dans l'opération du mordançage, qui a pour but de la rendre apte à fixer la teinture ; mais dans l'opération du mercerisage, obtenue par immersion dans la soude, elle se gonfle complètement, comme le montre la figure 10, et le cylindre creux central de la fibre naturelle s'oblitère.

Clichés de la librairie Hachette et Cie, Paris.

à l'huile d'olive : elle s'en distingue au moyen de l'acide azotique qui la fait brunir, tandis que l'huile d'olive demeure intacte. Ce caractère paraît [tenir à ce qu'elle contient, outre des glycérides neutres, des corps réducteurs de nature aldéhydique.

*
* *

Etude de la fibre de coton. — Vue au microscope, avec un grossissement de 200, la fibre de coton apparaît comme un ruban plat, un peu tordu et parfois strié en forme de réseau. Son diamètre varie de 15 à 35 millièmes de millimètre. La coupe transversale offre, quand la fibre est mûre mais non desséchée, l'apparence d'un tube membraneux creux, fermé aux deux bouts et presque cylindrique. En se desséchant elle s'aplatit, se tord et prend l'apparence d'une lanière régulièrement contournée, renflée sur les bords. La cavité centrale est si petite que l'on peut douter parfois de son existence.

Certaines variétés de coton portent des filaments qui n'absorbent pas la teinture et tranchent en blanc sur les tissus colorés. Ils sont désignés sous le nom de « coton mort » et proviennent des filaments desséchés avant maturité. Ils apparaissent comme des rubans minces, presque transparents, deux fois plus larges que la fibre ordinaire ; leur coupe transversale amincie et large n'offre pas de cavité.

La cellulose est l'élément principal de la fibre de coton. Elle est accompagnée, comme substances secondaires, d'autres substances dont la nature chimique n'est pas encore bien établie. Elles sont en proportions variables. En épuisant par de la benzine du coton brut égyptien, on a obtenu 0,47 pour 100 d'une cire ayant l'apparence et la consistance de la cire d'abeille ; 70 p. 100 de cette cire sont solubles dans l'éther de pétrole et forment une nouvelle cire plus blanche fondant à 66 degrés, accompagnée d'acides gras libres et d'une petite quantité de glycérides et d'hydrocarbures.

La portion insoluble dans l'éther de pétrole est une substance verte, granulaire, plastique, fondant à 68° et contenant un peu d'acides gras libres ; ces caractères tendraient à la faire rapprocher de la chlorophylle.

L'alcool, employé après les opérations précédentes, contient 0,68 p. 100 d'un extrait solide, amorphe, hygroscopique, fortement coloré en brun. L'eau enfin extrait 1,46 p. 100 d'une substance brune hygroscopique, analogue à celle de l'extrait alcoolique. L'ammoniaque faible (à 2,5 p. 100) donne également un extrait de 1/2 p. 100 ; l'acide formique faible enlève principalement de la matière minérale.

Le coton américain du Texas a fourni aux dissolvants indiqués ci-dessus des proportions à peu près semblables d'extrait. L'extrait alcoolique s'élève à 0,90 p. 100 et contient une substance azotée ; il réduit fortement la liqueur de Fehling. Le coton du Bengale donne seulement 0,38 p. 100 de cire brute.

Le coton sans cire, obtenu dans ces essais d'ordre scientifique, se comporte très mal à la filature ; les résultats sont irréguliers, la fibre tend à adhérer au rouleau et l'on a des ruptures fréquentes avec les numéros fins ; la résistance du fil diminue de 25 p. 100 sur celle du filé habituel.

En revanche, le coton d'Égypte, ainsi dégraissé, donne à la teinture des colorations plus brillantes que le coton ordinaire. Le « bleu de méthylène » et quelques autres colorants y acquièrent des teintes plus foncées.

Blanchiment du coton. — Les considérations précédentes contribuent à justifier la pratique industrielle ; le coton filé et tissé ne se blanchit qu'en pièce tandis qu'au contraire le coton destiné aux opérations chimiques se blanchit en bourre. Le blanchiment a pour but d'enlever la matière grasse qui imprègne la fibre et l'empêche d'être mouillée par l'eau, il enlève en même temps la substance colorante. Dans le blanchiment, le coton brut perd une partie de son poids et il faut, suivant les qualités, de 120 à 130 kilos de coton brut pour obtenir 100 kilos de coton blanchi. A la suite de cette opération, le coton devient hydrophile, c'est-à-dire qu'il absorbe l'eau et gagne le fond aussitôt qu'on l'y projette. Cette propriété, que l'on observe à différents degrés, s'acquiert par des traitements spéciaux, la fibre en sort plus douce au toucher. La densité de ce coton, qui peut être regardé comme de la cellulose, est de 1,45.

Le procédé de blanchiment du coton travaillé nécessite des machines assez compliquées, afin d'obtenir la rapidité et l'économie de la main-d'œuvre. Le procédé de blanchiment du coton « en bourre » a été établi à l'origine par les fabricants de papier ; il a acquis une plus grande importance par suite de la fabrication des nitrocelluloses pour poudre ou pour soie artificielle, de même que pour les produits de transformation de la cellulose dont nous parlerons. Le coton non blanchi, que l'on a employé au début de la fabrication des nitrocelluloses, se nitre d'une façon irrégulière, en raison du fait qu'il n'est pas facilement mouillé par les liquides aqueux. Le dégraissage du coton destiné à la fabrication de la poudre sans fumée, a fait l'objet de vives discussions, au moment de l'explosion du cuirassé *La Liberté*. Il a été reconnu que pour obtenir des poudres régulières et d'une conservation prolongée, il était indispensable d'employer du coton absolument dégraissé.

Dans ce but, le coton est traité par une solution de soude à 1,25 p. 100 sous pression dans des autoclaves. On chauffe à la pression de 2 kilos environ, pendant une heure. Le jus devient noirâtre et le coton, retiré de l'autoclave, passe dans des cuviers où il est lavé à l'eau et traité par une dissolution d'hypochlorite de soude à 1 p. 100 ; après cela l'excès d'hypochlorite est enlevé par des lavages rapides, malgré lesquels le coton présente encore une réaction alcaline due tant à l'alcalinité de la soude qu'à celle de l'hypochlorite ; il faut lui faire subir un troisième lavage en employant au début de l'eau acidulée par l'acide sulfurique ou par l'acide chlorhydrique. Un essorage à a turbine, qui enlève aussi complètement que possible l'eau de lavage, précède le séchage à l'étuve. Le coton sec retient encore 5 à 6 p. 100 de son poids d'eau qu'il perd par un séjour prolongé à l'étuve chauffée à la température de 100 à 105 degrés, mais non sans que cela ne modifie ses propriétés. Du reste le coton ainsi desséché reprend spontanément une partie de son humidité par simple exposition à l'air.

Cette propriété serait tellement nette, avec le coton hydrophile en particulier, que la reprise de l'humidité aurait lieu d'après certains chimistes avec dégagement de chaleur. S'il en est réellement ainsi, il faut conclure que l'humidité reprise par le coton fait partie intégrante de sa constitution. Les dérivés de la cellulose et la cellulose elle-même possèdent cette singulière propriété ; nous citerons à ce sujet les lignites, qui sont formés de matériaux cellulosiques en voie de décomposition, et qui perdent, alors même qu'ils paraissent très secs, 35 à 40 p. 100 de leur poids, quand on les dessèche à l'étuve ; ils regagnent ensuite cette perte.

Le coton destiné à la fabrication de la poudre, pour être admis par le service de guerre, ne doit pas contenir plus de :

Humidité . . . .   7 p. 100
Cendres   0,4   —
Résidu insoluble dans l'acide sulfurique à
70 p. 100   0,75   —

Le résidu insoluble dans l'acide sulfurique est surtout formé de téguments de graines qui n'ont pas été séparés dans les opérations de triage décrites ci-dessus. Les « linters » contiennent naturellement un peu plus de résidus que les cotons proprement dits.

Cellulose. — Après le blanchiment le coton, ayant perdu 20 à 25 p. 100 de son poids, n'est plus que de la cellulose presque pure. Il en est ainsi des tissus de coton qui ont subi de nombreux lavages ; leurs fibres sont désagrégées, elles ont perdu leur solidité et elles ne conviennent plus qu'à faire du papier ou de la charpie. En revanche le coton, ainsi usé, est beaucoup plus propre aux transformations chimiques. Comme il ne représente plus que de la cellulose, il est utile, pour bien faire saisir ce que nous avons à dire, d'exposer les principales propriétés de cette substance chimique.

C'est le chimiste Payen qui lui a donné son nom parce qu'elle forme

Division de la cellulose végétale.

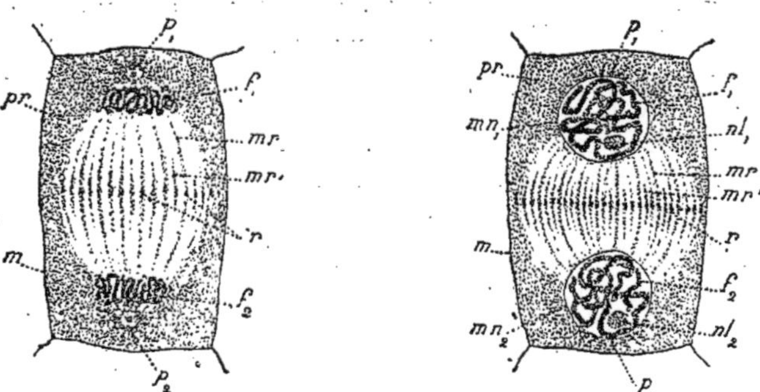

Fig. 11. — Commencement de la nouvelle membrane résultant de la bipartion du noyau ; *mr* méridiens protoplasmutiques ; *m'r'* renflement de ces méridiens ou nœuds qui vont constituer la cellose.

Fig. 12. — Division plus avancée, confluence des nœuds et formation de l'équateur constituant la membrane de cellulose.

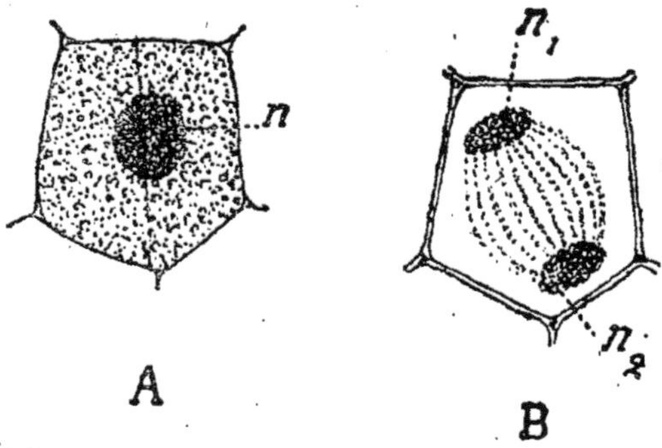

Fig. 13. — *A*. Cellule-mère de pollen de *Listera* Orchidée) avec son noyau *n*.

Fig. 14. — *B*. Le noyau *n* s'est divisé en deux n_1 et n_2.

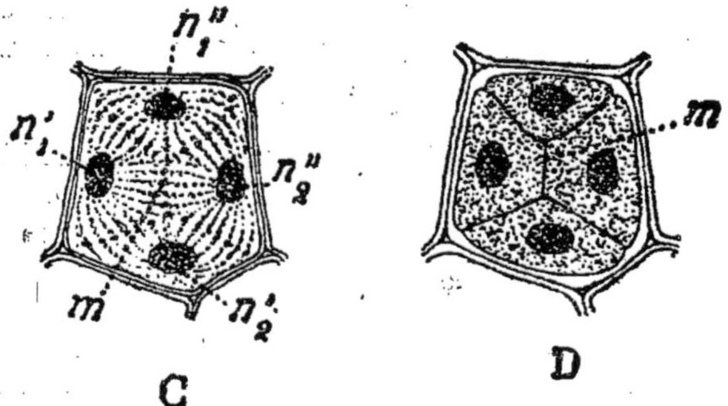

Fig. 15. — *C*. Les noyaux n_1 et n_2 se sont divisés à leur tour.

Fig. 16. — *D*. Quatre cellules séparées par des membranes *m* formées elles-mêmes aux dépens de la cellule-mère *A*.

la membrane-enveloppe des cellules végétales. Elle ne se rencontre pas dans les cellules d'origine animale et cette différence est mise à profit pour distinguer les tissus végétaux des tissus animaux.

Voici comment on la caractérise chimiquement : on traite le tissu que l'on veut analyser à ce point de vue, par de l'acide sulfurique étendu d'un tiers d'eau, soit sensiblement l'acide connu sous le nom d'acide des chambres de plomb. Sous son influence, la cellulose se transforme en amidon, mais cela d'une façon transitoire ; l'amidon est rapidement converti lui-même en glucose. Il faut donc saisir le terme de transition en quelque sorte au passage ; pour cela, on humecte la préparation qui se trouve sur le porte-objet du microscope par une goutte de teinture d'iode étendue. L'iode forme avec l'amidon une combinaison d'un violet intense; avec du papier à filtrer on enlève l'excès d'iode assez rapidement pour voir apparaître la coloration bleue caractéristique. D'autres physiologistes préfèrent employer l'acide chlorhydrique additionné de chlorure de zinc et d'une dissolution d'iode dans l'iodure de potassium ; ce réactif permet de caractériser la cellulose dans une seule opération, mais il se conserve mal.

Grâce à cette méthode, le mode de formation de la cellulose dans les cellules végétales a pu être découvert. Les cellules nouvelles proviennent du dédoublement des cellules précédentes. Dans la matière primitive de la cellule de composition complexe, ou *protoplasma*, se trouve un noyau et l'existence de ce noyau est nécessaire à la fonction vitale. Par l'acte même de la vie, il se divise et ses moitiés séparées vont former comme deux pôles reliés entre eux par de minces filaments visqueux, ayant la disposition des méridiens géographiques (fig. 11 et 12). Chacun d'eux, s'épaississant dans son milieu, forme comme un anneau équatorial qui est précisément composé de cellulose. Les différents nœuds cellulosiques arrivent à confluer entre eux et l'équateur devient la cloison entre les cellules nouvelles. Telle est l'origine physiologique de la cellulose.

Dans la vie végétale, certaines cellules s'allongent considérablement en formant les divers tissus de la plante : tels que le parenchyme, le sclérenchyme, le collenchyme, le tissu ligneux, le tissu subérifié ou liège : les fibres du coton sont formées par une cellule unique. Dans ces tissus, la cellulose se trouve mélangée, sinon combinée, avec des substances de composition chimique analogue, différentes pourtant : la ligno-cellulose, la callose, la pectose, etc..., sur lesquelles on n'est pas encore bien fixé au point de vue chimique et qui se séparent de la cellulose par des traitements alcalins ou acides.

Composition de la cellulose. — Considérée au point de vue qualitatif, la composition de la cellulose est très simple ; c'est une combinaison formée par l'union des éléments de l'eau H^2O au carbone C. La formule, $C^6H^{10}O^5 = C^6(H^2O)^5$ qui lui a été attribuée, correspond exactement à la teneur de ses éléments. En outre elle rend compte de sa transformation en glucose par fixation des éléments d'une molécule d'eau H^2O :

$$C^6\,H^{10}\,O^5 + H^2O = C^6H^{12}O^6$$
$$\text{cellulose} \qquad\qquad \text{glucose}$$

Mais d'autres réactions conduisent à la considérer comme un polymère n, probablement très condensé, et sa formule réelle serait : $(C^6H^{10}O^5)^n$ dans laquelle n est un nombre encore inconnu et peut-être même variable. En effet, la cellulose, traitée par l'anhydride acétique, en présence de catalyseurs, comme le chlorure de zinc ou l'acide sulfurique, se transforme en *acétate de cellulose* et ce composé, saponifié par les alcalis, donne, ainsi que MM. Maquenne et Goodwin l'ont montré, un acétate alcalin et un sucre de même formule que le saccharose $C^{12}\,H^{22}\,O^{11}$, dénommé *cellose* cu *cellobiose*; par suite la cellulose originelle contenait donc deux fois C^6, ou même un multiple de ce nombre.

De même, en étudiant les nitrocelluloses, Eder fut conduit à représenter la cellulose par la formule $C^{12}\,H^{20}\,O^{10}$ et Vieille dut lui-même adopter cette formule doublée, c'est-à-dire $C^{24}\,H^{40}\,O^{20}$.

Nous reviendrons sur ce sujet dans l'examen des nitrocelluloses, car ce n'est pas un simple intérêt théorique qui s'attache à cette question, mais un véritable intérêt pratique, parce que de telles formules permettent de coordonner les faits d'observation.

Dans ce qui précède la cellulose paraît être comme un produit de déshydratation, soit du glucose, soit du cellobiose :

$$n\,(C^6H^{12}O^6 - n\,H^2O = n\,(C^6H^{10}O^5)$$
$$\text{glucose} \qquad\qquad\qquad \text{cellulose}$$
$$\text{et} \qquad n\,(C^{12}\,H^{22}\,O^{11}) - n\,(H^2O) = 2\,n\,(C^6H^{10}O^5)$$
$$\text{cellobiose}$$

En fait, dans la fermentation alcoolique du glucose, les cellules de levure se développent avec formation de cellulose et celle-ci ne peut être formée qu'aux dépens du glucose lui-même ; il y a donc déshydratation de la molécule de glucose sous l'influence de la vie microbienne.

D'autres organismes fournissent des réactions de déshydratation encore plus remarquables ; parmi eux je signalerai le *Bactérium xylenum* agissant sur la sorbite. Le Bactérium xylénum est fourni par un insecte analogue aux mouches rouges du vinaigre, qui sont vulgairement connues. La sorbite est un sucre hydrogéné ayant pour formule $C^6H^{14}O^6$; l'organisme précédent l'oxyde en donnant de l'acide acétique et du *sorbose*, isomère du glucose, $C^6H^{12}O^6$.

Le liquide où cette fermentation a lieu se remplit de membranes épaisses dues aux colonies de « Bactériums » qui arrivent à se rapprocher et à confluer de telle sorte qu'elles forment une membrane unique ; cette membrane tendue et desséchée forme une pellicule très mince ayant la résistance du parchemin et analogue à la cellulose, si ce n'est de la cellulose même. On voit donc dans ce fait une matière cellulosique prendre naissance par suite d'actions oxydantes et déshydratantes qui entraînent la polymérisation de la matière première mise en réaction. On peut vraisemblablement supposer que la cellulose dans la cellule végétale se forme par un processus de réactions analogues. En outre de telles considérations conduisent à admettre que les celluloses varient dans leur composition chimique suivant leur origine et l'on comprendra ainsi facilement ce que nous allons dire.

La cellulose étant une substance qui se prête assez mal à la purification chimique, les auteurs ne sont pas absolument d'accord sur ce que l'on doit considérer comme de la « cellulose chimiquement pure » ; pratiquement, on admet que la cellulose *normale* est celle qui constitue le papier à filtrer spécial pour les analyses chimiques, et que l'on appelle « papier Berzélius ». Le coton normalement blanchi se rapproche beaucoup de cette substance, de même que la cellulose du coton purifié par le procédé des imprimeurs sur calicot, enfin l'ouate hydrophile. Le papier destiné à filtrer la nitroglycérine doit consister en cellulose normale pure de coton. Pendant sa fabrication, il ne doit pas être soumis à l'action de la chaleur, une lessive de soude caustique à 3 p. 100 ne doit pas lui enlever plus de 7,5 p. 100 de son poids au bout d'une heure d'ébullition. Chauffée pendant un quart d'heure avec la liqueur de Fehling, il ne doit pas produire plus de 1,25 de son poids d'oxyde rouge de cuivre. Tels sont les caractères convenus pour définir la cellulose normale.

Il est important d'avoir un bon procédé pour séparer et pour doser la cellulose. Parmi les nombreux proposés, les meilleurs reposent sur le même principe que le blanchiment. Ils consistent à traiter la matière à essayer par le chlore, ou mieux encore par le brome ; ces réactifs désagrègent et dissolvent les substances accompagnant la cellulose, sans altérer sensiblement celle-ci. Après des lavages réitérés, on dessèche à l'étuve la matière traitée jusqu'à constance de poids. Au lieu de chlore gazeux, on peut employer l'hypochlorite de soude, d'un maniement moins désagréable et moins dispendieux. Des expériences de contrôle ont montré que les résultats obtenus par le chlore gazeux ou par l'hypochlorite étaient sensiblement les mêmes. Il est bon d'additionner l'eau de lavage d'un peu d'acide sulfureux, pour dépouiller la fibre cellulosique de toute trace de chlore ou d'hypochlorite.

Caractères distinctifs des fibres textiles. — A cela j'ajouterai quelques indications pour distinguer les fibres de coton, de laine et de soie. L'acide sulfurique dissout le coton et la soie et laisse la laine inaltérée ; on a basé sur cette propriété un procédé de séparation de la laine mélangée au coton dans un même tissu. La soude dissout la laine et la soie, sans attaquer sensiblement le coton. Le chlorure de zinc dissout la soie seulement, la dissolution de cuivre ammoniacal dissout le coton et la soie. Une solution de coton dans l'acide sulfurique concentré donne une coloration rouge avec l'α-naphtol, tandis que la soie et la laine n'en donnent pas. Un mélange de nitrate mercureux et de nitrate mercurique colore en rouge la laine et la soie, mais non le coton ; une solution de laine dans la soude noircit le papier de plomb par suite de la présence du soufre qu'elle contient ; la soie et le coton ne noircissent pas. L'acide azotique colore en jaune picrique la soie et la laine, mais non le coton. Le carmin d'indigo employé comme teinture monte sur laine et sur soie, il ne teint pas le coton.

II. — DES PRINCIPALES INDUSTRIES
DE TRANSFORMATIONS CHIMIQUES DE LA CELLULOSE

Je laisserai de côté l'industrie du papier, qui est sans doute la plus importante, mais dans laquelle le coton ou la matière cellulosique, après blanchiment, ne subit qu'un traitement mécanique pour le façonnage de la pâte à papier.

Les industries chimiques de la cellulose ont pour objet de la transformer soit en des filaments soyeux, soit en des matières plastiques qui prennent les couleurs et se prêtent à toute sorte d'imitations, soit enfin en nitrocellulose explosive pour la fabrication de la poudre sans fumée.

Outre les grandes fabriques de l'État qui travaillent dans ce dernier but, nous comptons en France une dizaine de sociétés au moins, dont quelques-unes possèdent plusieurs usines considérables et qui produisent mensuellement des milliers de tonnes de produits d'une grande valeur commerciale. On estime que de telles sociétés ne sont viables que s'il entre quelques millions dans leur capital.

La création de ces industries a eu comme point de départ la fabrication de la soie artificielle ou soie de *Chardonnet* par la nitro-cellulose. Cette même nitro-cellulose mise sous forme de matière plastique est devenue le « celluloïd ». Pour éviter les inconvénients de la nitrocellulose, qui est inflammable, on a cherché à la remplacer par d'autres dérivés de la cellulose et l'on a été ainsi conduit à préparer de « l'acétate de cellulose » et une autre substance dénommée « viscose ». On utilise donc industriellement trois sortes de dérivés de la cellulose : les dérivés nitrés ou nitrocelluloses, les dérivés acétiques ou acétates et la cellulose visqueuse obtenue par l'intermédiaire de la soude et du sulfure de carbone. A tout cela il faut ajouter un produit de transformation moins avancée, lequel est le « coton mercerisé » que je vais décrire.

Mercerisation du coton. — Nous venons de voir que le coton ne se dissout pas sensiblement dans les alcalis; mais, quand les alcalis sont concentrés, il subit une modification qui a été indiquée en 1844 par le chimiste anglais Mercer :

1° Il devient plus résistant et plus solide ;

2° Il éprouve des effets de lustrage que Mercer utilisait pour produire une apparence de moiré, en imprégnant par endroits les tissus. Son procédé, tombé dans l'oubli, fut repris en 1884 par M. Depouilly. Ce n'est que plus récemment que les chimistes Thomas et Prevost, de Crefeld, arrivèrent à donner au coton l'éclat qui le rend comparable à la soie, en étirant les tissus après les avoir trempés dans la soude. Pour être juste, il faut dire que Lowe prit le premier un brevet pour cet objet, qui donna lieu à de vives revendications.

L'action mercerisante (1), commencée avec une lessive de soude à 10 p. 100, s'accroît jusqu'à la concentration maximum de 35 p. 100. A la température de 15 à 20 degrés, qui ne doit pas être dépassée, l'action est pratiquement instantanée : il se forme une sorte de combinaison de la cellulose et de la soude avec rétrécissement du tissu. On provoque l'apparition du brillant en le soumettant à une forte tension, soit pendant l'immersion dans l'alcali, soit après (2). Le degré de tension doit être tel qu'il compense le rétrécissement naturel que produirait l'alcali,

Le coton égyptien et les autres cotons à longues fibres sont les seuls qui par un tel traitement acquièrent le lustrage spécial que l'on désigne sous le nom de « soyeux ». Les cotons américains ne donnent pas d'aussi bons résultats et leur valeur industrielle n'est que peu augmentée par cette opération. La résistance du fil est accrue dans la proportion de 30 à 60 p. 100. Les microphotographies des fibres du coton mercerisé montrent que le ruban aplati constituant le coton initial se transforme en un tube cylindrique, dont le canal central disparaît à peu près et dont la transparence plus complète donne lieu à des jeux de lumière semblables à ceux qui se produisent sur la soie. Quelques chimistes attribuent l'éclat au développement de la surface contournée en spirale, mais il nous semble plus naturel d'admettre que l'étirage rendant les fibres parallèles, il s'y produit des phénomènes de décomposition de lumière et de coloration, bien connus sous le nom de « réseaux colorés ».

D'autres réactifs que la soude donnent du brillant au coton, tels : le chlorure de zinc, l'acide phosphorique, l'acide nitrique de densité 1,41, l'acide sulfurique, le sulfure de sodium, l'iodure de mercure en

---

(1) Voir figures 9 et 10.

(2) Un procédé analogue paraît être appliqué aujourd'hui aux autres textiles que le coton et, en particulier, aux pièces de toile de lin à blanchir qui sortent des blanchisseries allongées et lustrées.

solution dans l'iodure de potassium. Toutefois ils ne donnent pas d'aussi bons résultats que la soude. Le coton mercerisé prend les colorants directs, c'est-à-dire ceux qui teignent sans mordant, la *benzopurpurine* par exemple.

On distingue le coton mercerisé de celui qui ne l'est pas, en traitant la matière par une solution contenant :

  1 partie d'iode ;
  5 parties d'iodure de potassium ;
30 parties d'iodure de zinc ;
24 parties d'eau.

La coloration bleue d'iodure d'amidon persiste sur le coton mercerisé et disparaît dans le cas contraire.

De même il entre plus facilement en réaction que le coton qui n'a pas subi le même apprêt et se dissout mieux dans les dissolvants appropriés ; cela est un notable avantage pour la fabrication des *dérivés chimiques de la cellulose* que nous allons décrire.

Coton nitré ou nitrocellulose. — L'idée de faire réagir l'acide nitrique sur la cellulose, représentée par les fibres du bois, est due aux chimistes français Braconnot, Pelouze et J.-B. Dumas. Après avoir essayé le bois, ils traitèrent le papier et, par une suite d'idées nécessaire, leurs successeurs en arrivèrent à traiter le coton. Il faut employer de l'acide nitrique concentré, ou mieux un mélange d'acide nitrique et d'acide sulfurique, tel que le suivant, composé de :

Acide sulfurique concentré. . . . . 65 p. 100
Acide nitrique 17,5   —
Eau pour compléter la différence centésimale 17,5   —

Le coton dégraissé et blanchi est immergé dans ce bain à la température ordinaire ; il ne subit aucun changement en apparence, tandis qu'en réalité la modification chimique s'opère. Il faut deux heures ou deux heures et demie, pour qu'elle devienne totale. L'examen au polarimètre permet de suivre la marche de la nitration ; car, au moyen de cet appareil, les nitrocelluloses formées apparaissent bleu plus ou moins foncé, la fibre du coton non modifiée gardant sa couleur jaunâtre. La nitration doit être graduée parce que les nitrocelluloses destinées à la soie artificielle, au celluloïd ou autres transformations analogues, ne doivent contenir que 11,5 p. 100 d'azote au maximum ; elles sont désignées comme coton-poudre CP². Le coton-poudre CP¹, avec lequel on fabrique la poudre de guerre, contient au contraire 12 p. 100 d'azote au minimum.

Dans cette opération, le coton devient un peu plus rugueux ; mais l'apparence est trompeuse et il a acquis des propriétés nouvelles tout à fait remarquables. Il suffit de le toucher avec une pointe légèrement

chauffée pour qu'il s'enflamme avec déflagration, sans donner ni
fumée, ni résidu. D'autre part, il est soluble dans les dissolvants
neutres ; le CP^2 pour soie se dissout entièrement dans un mélange
d'éther et d'alcool, le coton pour poudre est soluble dans l'alcool
amylique ou dans la diphénylamine et la dissolution visqueuse
obtenue par évaporation et moulage en lamelles plus ou moins
épaisses constitue les différentes poudres de guerre.

Puisque les nitrocelluloses sont solubles, nous pourrons arriver, par
une concentration convenable de leurs dissolutions, à obtenir une
substance plastique, transparente, susceptible d'être filée ou mise
sous une forme quelconque. Le filage donnera la soie artificielle, le
moulage sera l'objet de l'industrie du celluloïd.

Soie artificielle. — En 1886, Blanchard, professeur d'entomologie
au Muséum d'histoire naturelle, posa devant l'Académie des Sciences
la question de la reproduction artificielle de la soie. C'était une idée
plausible, car la soie, produit d'excrétion du ver à soie, n'a pas une
structure organisée, comme celle des fibres naturelles ; on pouvait
donc espérer l'obtenir en dehors des moyens vitaux. M. de Chardonnet
pensa que l'on atteindrait un tel but, en filant une matière colloïdale
en solution épaisse et visqueuse, capable de laisser, après évaporation
du dissolvant, une substance amorphe, inapte à cristalliser pour
qu'elle puisse conserver et sa transparence et sa solidité; un grand
nombre de substances organiques, en effet, sont amorphes et transparentes quand on les prépare; mais, avec le temps, il se produit
dans leur masse un travail moléculaire ; elles prennent une texture
cristalline, deviennent opaques et sans consistance. Le ver à soie file,
en l'étirant, la substance qu'il sécrète. Il fallait l'imiter. M. de Chardonnet pensa ainsi que le collodion, ou nitrocellulose dissoute dans
un mélange d'éther et d'alcool, pouvait être amené à l'état de fil très
fin, en passant par l'orifice d'une filière. Les filières ordinaires en métal
ne convenaient pas, tandis qu'au contraire un tube de verre étiré à
la lampe peut se rétrécir indéfiniment et fournir des orifices de quelques
centièmes de millimètre. En outre le collodion mouille la surface
du verre, en produisant une adhérence, propice au filage et permettant
d'obtenir des filaments plus fins que l'orifice même. L'inventeur
arriva à produire des filaments dont la finesse variait de 1 à 40 millièmes
de millimètre, par suite comparables aux filaments des cocons. Dans
les premiers appareils de Chardonnet, les filières baignaient dans de
l'eau acidulée qui donne de la consistance à la matière. Elles étaient
accouplées en nombre suffisant pour que les filaments s'assemblassent
en un fil assez gros, ainsi que cela se pratique dans les magnaneries
La densité de la soie artificielle est de 1,5 environ, celle des grèges
étant de 1,66 et celle de la soie cuite de 1,43. La solidité des soies est

évaluée au dynamomètre par la charge de rupture avec un filé de 1 millimètre carré de section : la charge de rupture de la soie Chardonnet
était dans ces conditions de 25 à 35 kilos, celle des grèges de 30 à
45 kilos. La soie artificielle avait plus d'éclat que la soie naturelle et
l'examen de ses coupes tranversales au microscope révélait que les
filaments étaient cannelés après le filage à l'eau, cylindriques et circulaires quand le filage avait lieu dans l'alcool, aplatis quand on l'effectuait dans l'air.

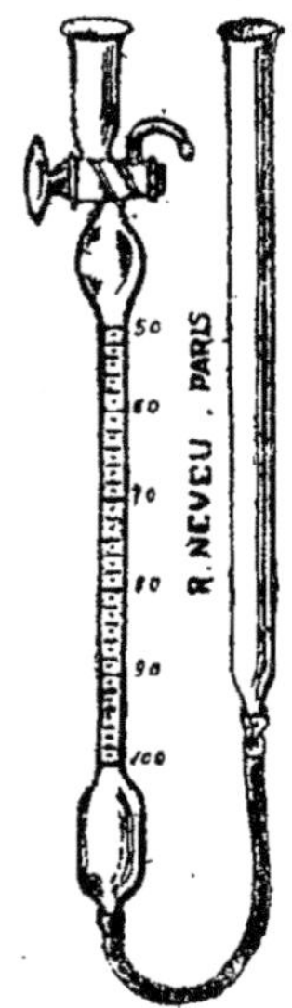

Fig. 17. — Nitromètre.

Nitromètre. — Toutes les difficultés pratiques n'avaient pas été
résolues dans ce premier travail. Quand on nitre le coton, on n'obtient
pas une substance unique, mais un mélange de celluloses nitrées très
négalement solubles. Pour les distinguer et pour reconnaître la valeur
de la fabrication, il faut les analyser en déterminant leur teneur en
azote. Cette analyse se fait aujourd'hui pratiquement, · par la
méthode dite du « nitromètre ». C'est un appareil d'un usage très
répandu, surtout depuis la guerre, parce qu'il faut analyser tous
les cotons-poudre destinés à la fabrication de la poudre de guerre. Elle
repose sur le principe suivant. Quand l'acide azotique, Az O³H, se
trouve en présence de corps capable de s'emparer de son oxygène, il
est réduit plus ou moins suivant les substances employées et, perdant

progressivement son oxygène, il est amené à l'état de composé gazeux. Les métaux, tels que le fer ou le mercure, le transforment en oxyde d'azote, Az O, gaz dont il est facile de mesurer le volume et qui contient les 7/15 de son poids d'azote. Sa densité, voisine de celle de l'air, étant connue, il est facile de calculer le poids d'azote contenu dans un nombre de centimètres cubes déterminé. Il suffit donc de faire dégager l'azote nitrique sous forme d'oxyde d'azote et de mesurer le volume gazeux résultant, afin de multiplier ce nombre par le coefficient calculé.

Le nitromètre se compose d'un tube gradué en centimètres cubes et en dixièmes de centimètre cube, surmonté d'un tube à entonnoir, dont il est séparé par un robinet à deux voies obliques. Le tube est relié à sa partie inférieure par un tube de caoutchouc à parois résistantes avec un autre tube qui sert de tube manométrique et que l'on remplit de mercure. Le mercure pénètre dans le tube gradué et, en montant ou en abaissant l'autre tube, on obtient les pressions que l'on veut. D'autre part, on dissout dans de l'acide sulfurique pur un poids connu de nitrocellulose à analyser; puis, quand la dissolution est complète, en ouvrant convenablement le robinet et en réglant le tube manométrique de manière à ce que la pression dans le tube gradué soit inférieure à la pression atmosphérique, on fait arriver la dissolution sulfurique de nitrocellulose au contact avec le mercure, la réduction a lieu et il se dégage du gaz oxyde d'azote. Après quelques instants, le volume gazeux n'augmentant plus, la décomposition est totale. Il suffit d'amener le mercure au même niveau dans les deux branches, de faire la lecture du volume en tenant compte de la couche d'acide sulfurique au-dessus du mercure. Le poids de l'azote est calculé comme il est indiqué plus haut. La lecture du volume gazeux peut se faire à un dixième de centimètre cube près, par suite les résultats sont précis.

Avec une pareille méthode, il est possible de suivre pas à pas la nitration du coton et de connaître exactement la composition des nitrocelluloses obtenues. Les premiers chimistes qui préparèrent les nitrocelluloses ne considérèrent que la dinitrocellulose $C^6 H^8 . (Az O^2)^2 O^5$ ou collodion et la trinitrocellulose $C^6 H^7 (Az O^2)^3 O^5$ ou pyroxyle, mais Eder crut obtenir quatre degrés de nitration distincts et, pour les représenter, il doubla la formule de la cellulose en l'écrivant : $C^{12} H^{20} O^{10}$; Vieille, de son côté, obtint un plus grand nombre de dérivés nitrés qu'il considéra comme des espèces chimiques, et par suite crut plausible d'admettre $C^{24} H^{40} O^{20}$ pour la formule de la cellulose. De la sorte l'ancienne dinitrocellulose devenait l'octonitrocellulose et la trinitrocellulose se transformait en décanitrocellulose. Voici le tableau des différentes nitrocelluloses avec leurs formules et leur teneur en azote.

14

DEGRÉS DE NITRATION	FORMULES	AZOTE 0/0	AzO par 1 gr. en c. c.
Tétranitrocellulose ou anc. .	$C^{24} H^{36} O^{20} (AzO^2)^4$	6,77	108,10
Mononitrocellulose			
Pentanitrocellulose	$C^{24} H^{35} O^{20} (AzO^2)^5$	8,04	128,24
Hexanitrocellulose	$C^{24} H^{34} O^{21} (AzO^2)^6$	9,17	146,26
Héptanitrocellulose	$C^{24} H^{33} O^{20} (AzO^2)^7$	10,19	162,53
Octonitrocellulose ou ancienne	$C^{24} H^{32} O^{20} (AzO^2)^8$	11,13	177,52
Dinitrocellulose			
Ennéanitrocellulose.	$C^{24} H^{31} O^{20} (AzO^2)^9$	11,98	191,08
Décanitrocellulose	$C^{24} H^{30} O^{20} (AzO^2)^{10}$	12,78	203,87
Endécanitrocellulose	$C^{24} H^{29} O^{20} (AzO^2)^{11}$	13,50	215,32
Dodécanitrocellulose,	$C^{24} H^{28} O^{20} (AzO^2)^{12}$	14,16	225,53
Trinitrocellulose			

On reconnaît par ce tableau que le coton nitré pour collodion doit contenir environ 11,2 p. 100 d'azote et qu'il ne faut pas dépasser la teneur de 11,5 pour avoir un coton-collodion parfaitement soluble dans le mélange d'éther et d'alcool. D'autre part, la teneur correspondant à la dodécanitrocellulose, soit 14,16 p. 100, n'a jamais été atteinte : la nitration s'arrête à 13,5 p. 100 qui correspond à la cellulose onze fois nitrée, quand on se sert de mélanges d'acide sulfurique et d'acide nitrique anhydre. On peut obtenir 13,9 p. 100 en se servant d'un mélange d'anhydride azotique et d'anhydride phosphorique.

Un fait d'observation, difficile à expliquer, est l'influence qu'exerce sur le degré de nitration la proportion d'eau mélangée aux acides : il est nécessaire pour obtenir la nitrocellulose soluble, ou coton CP^2, que le mélange d'acide contienne 17 p. 100 d'eau environ. Les proportions réciproques d'acide sulfurique et d'acide nitrique peuvent être différentes, sans que le résultat soit changé. Puisque l'acide sulfurique est moins cher que l'acide nitrique, on s'en tiendra donc aux proportions indiquées précédemment, soit :

> 65 p. 100　d'acide sulfurique,
> 17　　　—　d'eau,
> 18　　　—　d'acide nitrique,

Ces proportions ont été établies à la suite de très nombreux essais. La nitration se fait le plus simplement dans des appareils en grès en traitant 5 kilos de coton blanchi par 150 kilos du mélange sulfonitrique précédent. Ce mélange sert jusqu'à épuisement, quand il est régénéré par des acides neufs ; mais il est nécessaire de lui faire subir une correction pour qu'il présente toujours la composition dans laquelle l'eau entre pour 17 à 18 p. 100.

Stabilisation de la nitrocellulose. — Cette substance est d'un maniement dangereux parce qu'elle s'enflamme facilement, fuse et fait explosion, parfois même spontanément. Elle est rendue plus stable par un traitement à l'acétone additionnée d'un dixième d'eau. L'opération se fait dans un tonneau tournant. L'action de l'acétone est attribuée au fait que ce dissolvant débarrasse la nitrocellulose des acides libres qu'elle contient. Dans la fabrication de la poudre de chasse pyroxylée, les grains de poudre de dimensions convenables, obtenus par tamisage, sont traités par de l'acétone à différents degrés de dilution. suivant la dureté et la grosseur de la poudre que l'on veut obtenir. En général les grains sont projetés dans le liquide bouillant, où ils se gonflent sans adhérer entre eux. Après quelques minutes, on ajoute de l'eau peu à peu et les grains durcissent rapidement. On lave pour éliminer l'acétone et les impuretés, puis l'on sèche dans des appareils spéciaux qui permettent de récupérer l'acétone. Une semblable méthode de stabilisation est employée pour les explosifs à la nitroglycérine.

Celluloïd. — La nitrocellulose, soluble purifiée et stabilisée par la méthode précédente, combinée au camphre, donne une matière plastique, transparente, incassable, désignée sous le nom de *celluloïd* ou de *xylonite*. Il y a diverses formules pour préparer le celluloïd ; elles reviennent à peu près toutes à traiter deux parties de nitrocellulose par une partie de camphre. On triture la nitrocellulose stabilisée, on la tamise pour éliminer les grumeaux, on la dessèche à 40 degrés, puis on la noie dans l'alcool camphré. Après avoir laissé en digestion un certain temps, on fait passer le produit sous un cylindre, chauffé à 105 deg és par la vapeur ; l'alcool s'évapore pendant le laminage et le résidu n'est autre que le celluloïd.

Toutes les tentatives qui ont été faites pour remplacer le camphre n'ont pas donné de bons résultats : les produits que l'on a obtenus ainsi étaient fragiles et se moulaient mal. Le camphre joue donc un rôle capital dans la fabrication du celluloïd, pour laquelle il est indispensable.

En raison de sa composition le celluloïd est inflammable et a donné lieu à de nombreux accidents ; pour atténuer ce défaut, on a préconisé l'addition de différentes substances ; celle qui paraît préférable est l'acide borique. On a cherché également à employer de la nitrocellulose dénitrée, mais cela fait perdre au produit ses qualités essentielles, particulièrement celle de rendre les tissus imperméables.

Réduction de la nitrocellulose pour soie artificielle. — La dénitration de la nitrocellulose a donné au contraire de bons résultats pour la soie artificielle, et elle constitue l'une des opérations principales de sa fabrication.

M. de Chardonnet réussit à dénitrer la soie qu'il fabriquait et à la rendre inoffensive en se servant du sulfure d'ammonium, réducteur également employé pour les matières colorantes, ou du chlorure cuivreux qui donne aussi de bons résultats. La soie artificielle dénitrée n'est pas plus inflammable que la soie naturelle ; elle acquiert par cette opération plus de douceur, plus d'éclat et ses qualités générales sont améliorées. Actuellement le sulfure d'ammonium a été remplacé par le sulfure de magnésium qui coûte moins cher et qui donne un fil plus robuste.

En raison de la viscosité des solutions, il faut porter la pression sur les filières à 60 kilos et plus par centimètre carré. Avec les dissolutions concentrées de collodion, le fil peut être obtenu directement dans l'air sans qu'il soit nécessaire de le faire passer dans l'eau, comme cela était fait dans les premières expériences. L'addition d'acide sulfurique ou du chlorure de calcium au collodion augmente sa fluidité et rend les opérations beaucoup plus faciles. La soie artificielle ne peut être blanchie qu'après avoir été dénitrée ; elle fixe à la teinture, sans mordant, toutes les couleurs basiques. Malheureusement elle est altérée par l'eau ; bien des essais ont été tentés pour lui donner de la résistance à l'eau : on a proposé, par exemple, l'addition du formol, mais sans résultat.

La soie artificielle, préparée par filage des solutions de cellulose dans l'oxyde de cuivre ammoniacal, exige l'emploi du coton préalablement mercerisé, on l'amène en solution à 8 p. 100 et le fil obtenu montre, spécialement par ses propriétés tinctoriales, le caractère d'un oxycellulose. L'hydrocellulose au contraire est presque insoluble dans la liqueur cupro-ammoniacale, de même que l'amidon elle devient soluble par addition d'alcali.

On a également réussi à filer des solutions de cellulose dans le chlorure de zinc, etc.

Acétate de cellulose. — L'acétate de cellulose a été découvert par Schutzenberger, mais étudié, surtout au point de vue scientifique, par Franchimont, qui a montré l'importance de l'emploi des substances catalysantes dans sa préparation. Si, au lieu de traiter la cellulose par un simple mélange d'anhydride acétique et d'acide acétique cristallisable, on ajoute une petite quantité d'acide sulfurique les rendements en acétate sont grandement accrus et, dans certaines conditions, ils deviennent théoriques. Pour obtenir ce résultat, il ne faut pas altérer la structure naturelle de la cellulose du coton par un procédé de purification ou de blanchiment.

Elle est soumise à un premier traitement dans lequel elle gagne une molécule d'eau pour six molécules de cellulose, soit $6\ (C^6H^{10}O^5) +$ H^2O. La cellulose débarrassée de l'excès de réactif est soumise à l'action de l'anhydride acétique ordinairement dilué dans le benzène il faut soigneusement régler la température et la contrôler pendant la durée de l'opération qui se prolonge jusqu'à ce que la cellulose soit transformée en un triacétate. de solubilité et de viscosité convenables. Pour obtenir les meilleurs résultats, on doit chauffer pas moin de quatre-vingts heures et s'assurer que l'acétylation a atteint le degré voulu en analysant de petits échantillons ; puis on sépare l'excès d'acide acétique et de benzène, on lave et l'on dessèche l'acétate formé. La fibre se gonfle beaucoup et le poids du coton s'accroît de 75 p. 100 ; le rendement théorique exigerait un accroissement de 78 p. 100. On considérait précédemment qu'il se formait un tétracétate au lieu d'un triacétate, l'erreur d'analyse provient de ce que la potasse alcoolique, employée pour la saponification, décomposait une partie de la cellulose, jouant ainsi le rôle d'un acide ; en employant des dissolutions de potasse étendue, on évite cette erreur.

Pour les applications pratiques, l'acétate de cellulose doit être gélatinisé et dissous. Ses principaux dissolvants sont les composés chlorés, les phénols et l'acétone. L'acétone donne lieu aux particularités suivantes : si l'agent catalyseur, comme l'acide sulfurique par exemple, a été employé en quantité trop faible, la solubilité dans l'acétone est presque nulle ; elle s'accroît au contraire avec la quantité d'acide sulfurique. Mieux encore si, après sa formation, l'acétate de cellulose est mis en digestion avec une solution aqueuse d'un acide minéral de concentration moyenne, il devient complètement soluble dans l'acétone ; aussi, dans la préparation industrielle, on a toujours soin d'immerger l'acétate de cellulose dans l'eau acidulée. L'acétate soluble dans l'acétone est également plus soluble dans les autres dissolvants, dont les meilleurs sont le chloroforme, l'éthane tétrachloré et surtout le tétrachlorure d'acétylène. L'alcool ordinaire et l'alcool méthylique ne sont pas à proprement parler des dissolvants de l'acétate de cellulose, mais ils augmentent étonnamment le pouvoir des autres dissolvants, particulièrement des chlorures ; ils diminuent toutefois la viscosité des solutions.

Emplois de l'acétate de cellulose. — Il est applicable à la fabrication de tous les produits pour lesquels on emploie les dissolutions de nitrocellulose, sauf les explosifs. Sa combustibilité est très faible ; il tend à remplacer le celluloïd pour la fabrication des films cinématographiques. Depuis cinq ans, on l'applique pour isoler électriquement les fils très fins, comme ceux des bobines de téléphone ; il isole mieux que le nitrate de cellulose et ne présente aucun danger d'inflammation. Il est unique pour la fabrication des waterproofs et l'imitation de la soie. Parmi les usages qui le rendent actuellement si intéressant pour nos industries de guerre, il faut citer son emploi pour imperméabiliser les toiles d'aéroplanes et leur donner de la rigidité ; il est précieux également pour la confection des masques contre les gaz asphyxiants. Il y a cependant quelques applications pour lesquelles il ne peut pas remplacer le celluloïd, en particulier celles des objets qui doivent subir des chocs, car il n'a pas la solidité de cette dernière substance.

Viscose. — L'éclatant succès de la soie artificielle à la nitrocellulose, obtenu pendant l'Exposition universelle de 1889, stimula le zèle des chercheurs. Le premier objet de leurs recherches eut pour but d'obtenir des dérivés de la cellulose peu inflammables et ne présentant pas les mêmes dangers que la nitrocellulose, le collodion ou le celluloïd présentent dans leur préparation. Ils pensèrent à reprendre l'étude de la dissolution de la cellulose dans l'hydrate de cuivre ammoniacal, connu depuis longtemps des chimistes, sous le nom de « réactif de Schweitzer ». Ils réussirent à obtenir une solution assez concentrée et assez visqueuse pour être filée, et ils sont ainsi parvenus à fabriquer de la soie, exempte de produits nitrés, par suite ininflammable et désignée sous le nom de « soie à l'oxyde de cuivre ».

Mais la découverte la plus originale fut celle d'un composé nouveau de la cellulose, d'une viscosité très grande, ce qui lui valut le nom de « viscose ». C'était une propriété essentielle pour les applications industrielles.

Sulfocarbonate ou xanthate de cellulose. — A propos de la mercerisation, nous avons dit que le coton, ou la cellulose, n'est pas attaqué par la soude caustique, du moins en apparence, mais que ses propriétés sont altérées, puisqu'il subit par trempage dans la soude un retrait qui n'a pas lieu autrement. D'après certains chimistes, il se formerait une combinaison de cellulose et de soude ayant pour formule $C^6H^{10}O^5$ + Na^2O ou $2Na^2O$. Ce serait l' « alcali cellulose » et cette alcalicellulose se combinerait elle-même au sulfure de carbone pour former un sulfocarbonate ou xanthate de cellulose, $C^6H^{11}O^5 : 2\,Na\,OH : CS^2$, dont la solution extrêmement visqueuse constitue la *viscose.*

Si ces vues théoriques sont exactes, s'il s'agit là de réelles combinaisons chimiques plutôt que de simples mélanges physiques, ce sont des composés moléculaires dont les liens chimiques sont très lâches et cela les rend facilement dissociables. La solution visqueuse, en effet traitée par l'eau, se modifie d'elle-même, et peu à peu la cellulose se précipite et se sépare en se solidifiant progressivement ; au bout de quelque temps elle forme une masse absolument solide. Lorsqu'on a soin d'employer de l'eau acidulée, au lieu d'eau pure, les phénomènes de précipitation ou coagulation deviennent encore plus rapides. Ce sont des propriétés générales que nous présentent les substances colloïdales. Les chimistes savent tous qu'en neutralisant aussi exactement que possible par un acide une solution de silicate de soude, alcaline par elle-même et parfaitement liquide, elle se coagule en une gelée transparente absolument consistante ; c'est un véritable verre

que l'on obt'ent de la sorte ; il devient, avec le temps, d'une grande
dureté. Un phénomène analogue se produit dans la dissolution de cellulose.

Il est difficile de séparer de la cellulose ainsi gélifiée les autres éléments qui l'accompagnent, en particulier des composés sulfurés ; on
arrive cependant à les séparer au moyen de l'iode ou des oxydants
alcalins, comme l'hypochlorite de soude, ou même par des réactifs
neutres, comme le sulfate de soude. La cellulose est ainsi régénérée
sous l'une de ses formes les plus pures et des mieux définies chimiquement. Le procédé a donc été proposé pour son dosage qui, effectué
d'après les autres méthodes, laisse tant d'incertitudes et d'imprécisions.

Mais poursuivons le progrès des applications pratiques dû à ces
remarquables propriétés. En 1892 fut brevetée la préparation du
sulfocarbonate de cellulose. Toutefois les difficultés de manipulation,
inhérentes à ces propriétés mêmes, furent un obstacle à la prompte
réalisation des espérances que l'on avait fondées sur le nouveau produit. Ceux qui l'avaient découvert éprouvèrent quelques déceptions,
et le sulfure de carbone indispensable à sa préparation était lui-même
une substance d'un emploi dangereux. Ils ne se découragèrent pas
cependant et rivalisèrent d'ardeur, surtout à partir de 1895. Trois ans
plus tard, l'un d'eux, Stearn, parvenait à filer la « viscose » et breve-
tait son procédé en 1898. On avait ainsi une nouvelle soie artificielle
constituée par de la cellulose presque pure, exempte par conséquent
de produits inflammables.

L'étude la plus méthodique des propriétés de la viscose a été faite
par un chimiste français, M. Bardy, qui les fit connaître dans un
remarquable mémoire, présenté en 1900 à la Société d'Encouragement pour l'Industrie nationale.

Déposée sur les fibres de papier collées à la machine, la viscose
en accroît la ténacité de 40 à 60 p. 100.

Elle est utilisée comme véhicule des matières colorantes et peut être
déposée en couches minces sur le papier pour favoriser les reproduc-
tions phototypiques. A l'égard de la peinture, elle peut remplacer soit
l'huile de délayage, soit les substances colloïdales qui servent à épaissir
les couleurs.

Sa propriété la plus extraodinaire est celle de l'affinité qu'elle exerce
sur les couleurs. On peut en effet, en l'appliquant sur des surfaces
peintes, en retirer la peinture, et, la Marine française l'a officiellement
adoptée pour débarrasser les coques de navires de leurs couches de
peinture altérées. C'est, on le conçoit, la substance idéale pour la « décal-
comanie ».

Il est facile d'obtenir au laboratoire de petites surfaces de pelli-
cules minces au moyen de la viscose : il suffit de l'étaler en couches
uniformes sur une surface plane et lisse, comme celle du verre ; elle

se dessèche et s'enlève ensuite facilement. La pellicule enroulée sur elle-même, après avoir été débarrassée par lavage des sous-produits alcalins, constitue un film. Mais ce résultat, facile à obtenir en petit, présente pour la préparation industrielle de grandes difficultés, car la fabrication des films doit être continue et se faire sur de grandes surfaces ; il faut donc, pour résoudre ce problème, arriver à produire des couches de viscose très minces, sans employer de surface de support ; il faut en outre que ces couches soient transparentes, homogènes et d'épaisseur régulière. L'industrie en effet utilise des films ayant une longueur de 1.000 à 10.000 mètres sur une largeur moyenne de 1 mètre et d'une épaisseur comprise entre un dixième et un quart de millimètre.

Pour cela la cellulose préparée à partir du sulfocarbonate subit les opérations suivantes : 1° coagulation ; 2° élimination du soufre; 3° blanchiment par lavages spéciaux ; 4° séchage. Souvent le film doit être coloré par une teinture appropriée et recouvert d'une contre-couche. Une des principales difficultés dans le traitement de la cellulose, c'est que celle-ci gonflée par l'eau au moment de sa précipitation, se déshydrate par la suite et se rétrécit de 30 à 40 p. 100.

Malgré tant de difficultés pratiques, la succession de ces opérations a pu être réalisée dans une machine unique qui effectue le traitement ci-dessus sur des longueurs de 50 à 60 mètres; elle a été imaginée par M. Brandenberger, directeur de la teinturerie de Thaon (Vosges) et brevetée pour le compte de cette société. Le film à la viscose, lancé par la société de Thaon, est désigné sous le nom de « cellophane » et se prête à une grande variété de formes décoratives.

Une autre société française, celle de la *Viscose à Paris*, prépare une viscose spéciale répondant à tous les besoins industriels.

Applications aux tissus. — La viscose peut remplacer l'amidon et la gélatine pour l'apprêt des tissus. Elle donne une augmentation de volume et de poids de 20 à 50 p. 100 et permet aux tissus de mieux résister à l'action de l'eau. Dans l'impression de ceux-ci, elle favorise les effets de lustre et son application s'effectue sous forme d'un film continu. Pour recouvrir les fibres textiles, on se sert d'un procédé mécanique spécial ; le filé ainsi apprêté et séché conserve la ténacité, l'élasticité et le brillant de la cellulose qui l'enveloppe si complètement, qu'on ne peut reconnaître la fibre naturelle qu'après un examen approfondi. C'est ainsi que l'on arrive à la production du crin artificiel, ayant à peu près l'apparence du crin des chevaux, et dont les applications sont nombreuses. Un des usages les plus curieux de ce produit est celui que l'on en fait pour confectionner des perruques de théâtre.

La viscose moulée fournit des tubes employés pour les dialyses, ou des capsules contenant des préparations chimiques et pharmaceutiques. Les membranes ou tubes, destinés à la filtration ou aux séparations osmotiques, remplacent avantageusement le papier parcheminé, car la composition en est uniforme et ils sont exempts dans leur couche de « trous d'épingles » que présente le parchemin artificiel.

La soie à la viscose, obtenue par les méthodes spéciales de Stearn possède à peu près le diamètre de la soie naturelle, le fil est constitué par quinze brins ou plus réunis entre eux. Il est très brillant et ses propriétés chimiques sont celles de la cellulose pure; on s'en est servi pour la fabrication des lampes à incandescence à filaments de carbone.

La cellulose régénérée du sulfocarbonate, à l'état pur, peut être employée pour la préparation des autres composés de la cellulose, soit celle des acétates, soit celle des nitrates de cellulose.

Viscoïd. — Nous venons de voir des applications où la cellulose dérivée de la viscose est employée pure; il en est d'autres également importantes dans lesquelles la viscose est associée à d'autres produits qui lui communiquent des propriétés spéciales. Ces produits sont des matières minérales inorganiques, telles que le kaolin, ou des matières organiques, insensibles à l'humidité, telles que la poix ou des hydrocarbures denses. La masse plastique transformée en cylindre ou en cube par moulage est lavée et desséchée, puis employée dans l'industrie électrique sous le nom de viscoïd. Le viscoïd durcit tellement en se desséchant, qu'il acquiert la dureté de la pierre et qu'il s'est fondé en France une société pour l'exploitation d'un produit désigné sous le nom de *Viscolithe.*

La viscose, convenablement additionnée d'hydrocarbures, donne au contraire, une émulsion qui peut être appliquée sur les étoffes et les imperméabilise à la façon des solutions de caoutchouc; elle tend en raison de son bon marché à se substituer à ce dernier produit.

La viscose, de même que l'acétate de cellulose, a créé une concurrence redoutable à la soie au collodion et à la soie cupro-ammoniacale. Il en est résulté une baisse considérable de prix pour la soie artificielle, état de choses qui a déterminé la fermeture d'un certain nombre de fabriques.

⁎
⁎ ⁎

Mais, on le voit, l'intérêt des industries de transformation de la cellulose n'est pas limité à ce domaine. Il est probable même que les branches secondaires qui ont pris naissance dans le but de fabriquer la soie vont devenir des branches prépondérantes et donneront naissance elles-mêmes à de nouvelles applications encore insoupçonnées.

***

Il nous reste à dire quelques mots des industries dans lesquelles la cellulose, subissant une transformation chimique complète, est amenée à l'état de glucose ou d'autres sucres analogues.

Une importante découverte au point de vue de la constitution chimique de la cellulose a été faite, il y a quelques années : c'est la découverte du *cellose* ou *cellobiose*, substance nettement définie par ses propriétés, et qui est cristallisée. Rien dans les théories chimiques anciennes ne faisait prévoir la possibilité d'un pareil produit. La cellulose, mise préalablement sous forme d'acétate, perd, par saponification, les éléments de l'acide acétique transformé en acétate alcalin, et laisse comme résidu une substance analogue au sucre de canne ou saccharose. Elle possède comme lui le pouvoir rotatoire, se décompose en produisant du glucose sous l'influence de certaines diastases, puis dans des conditions déterminées est susceptible de subir la fermentation alcoolique.

C'est vers la transformation de la cellulose en produits de fermentation que les recherches des chimistes industriels se sont orientées, parce que la transformation de la cellulose en glucose, sous l'action de l'acide sulfurique dilué, est un fait simplement et facilement réalisable et que, d'autre part, l'alcool est un produit commercial dont l'écoulement est assuré. On est arrivé, en chauffant, sous pression, de la cellulose de bois avec de l'eau aiguisée de 4 à 6 millièmes d'acide sulfurique, à transformer 45 p. 100 de celle-ci en sucre réducteur, lequel, soumis à la fermentation alcoolique, a donné en alcool 70 p. 100 du rendement théorique. De tels résultats sont à prendre en considération pour une application industrielle.

Transformation de la cellulose dans l'organisme animal. — Ce point sur lequel nous ne pouvons guère insister est particulièrement important du fait de son rapport avec la fonction vitale. La cellulose est une substance d'origine essentiellement végétale ; elle caractérise, nous l'avons dit, la cellule végétale et disparaît dans le règne animal ; elle contribue cependant au développement de celui-ci, puisqu'elle est une des substances principales de l'alimentation des animaux herbivores. Elle est digérée dans leur estomac à fonction complexe et l'assimilation qui s'ensuit la transforme en viande : les animaux carnivores, ou omnivores sont donc alimentés indirectement par elle.

On peut encore aller plus loin dans un tel ordre d'idées : les cellules animales ne sont pas seules à transformer la cellulose : cette transformation s'effectue aussi par certaines cellules végétales, en particulier par les cellules des cryptogames. Les champignons, qui se

développent à l'abri de la lumière et indépendamment de la fonction
chlorophyllienne, empruntent leur propre substance à des composés
cellulosiques. Ils attaquent la cellulose et la transforment. Parmi eux
les champignons microbiens semblent jouer à cet égard un rôle prépondérant ; par eux, la cellulose est réduite et transformée en une matière noire plus riche en carbone et qui constitue l'humus de la terre
végétale. La fermentation que subit ainsi la cellulose comme hydrate
de carbone est dite « fermentation forménique », parce qu'elle engendre
du gaz méthane ou formène. La fermentation forménique est la principale dans la production des fumiers, où l'on constate le dégagement
du formène. Elle est générale dans la nature, car elle transforme les
matières végétales dans les marécages et donne lieu au dégagement
du gaz des marais. Cela nous conduit à dire que la cellulose est d'une
manière générale la substance génératrice des combustibles.

Sans doute elle forme l'élément essentiel du bois de chauffage, mais
en outre elle engendre la houille et les autres combustibles minéraux
par sa réduction plus ou moins avancée. Non seulement les considérations d'ordre géologique, qui nous montrent la houille et les lignites
formés par des détritus végétaux ayant conservé leur apparence
primitive, mais les résultats des analyses chimiques et des essais ther-
mochimiques de la puissance calorifique des combustibles conduisent
à cette conclusion. Les lignites de formation récente sont à peine
écartés de la cellulose par leur composition; les tourbes en diffèrent
encore moins. Ce qui caractérise ces combustibles inférieurs dans les
analyses, c'est la quantité d'eau presque indéfinie et impossible à fixer
qu'ils perdent, quand on les chauffe : cela a lieu de même pour la cellulose, je l'ai fait remarquer. Leur puissance calorifique est sensiblement celle de la cellulose : elle s'accroît quand le combustible est un
produit de réduction plus avancée et qu'il converge vers la houille ou
l'anthracite. Inversement, si nous partons de ces combustibles supérieurs, nous trouvons qu'ils ne contiennent que des proportions d'eau
hygrométrique faibles et fixes, tandis que si nous descendons les
échelons, les constatations contraires ont lieu : la proportion d'eau
volatile s'accroît, la puissance calorifique diminue, de telle sorte
qu'entre les lignites et la houille il y a une transition graduelle, dont
on trouve tous les termes intermédiaires dans les charbons naturels
et dont les deux extrêmes sont la cellulose et la houille.

Nouveau produit de décomposition pyrogénée de la cellulose. — Aucun
de ces termes intermédiaires, qui se rencontrent dans les différents
charbonnages, n'avait été reproduit jusqu'ici artificiellement : deux
chimistes génevois, A. Pictet et Sarasin, viennent d'obtenir un
résultat remarquable sous ce rapport et qu'il semble bon de signaler :
« En chauffant graduellement de la cellulose pure du coton dans un

appareil distillatoire, où l'air avait été raréfié à 10 ou 15 millimètres de pression, il distille, entre 200 et 300°, une huile épaisse, de couleur jaune, qui se prend bientôt en une masse pâteuse, semi-cristalline, formant environ 45 p. 100 de la cellulose employée. Par cristallisation dans l'acétone bouillante, il se sépare un corps parfaitement blanc et fusible vers 180°. Il possède exactement la formule $C^6H^{10}O^5$, et est identique à la *lévoglucosane* que Tanret a obtenue en 1894, comme produit de dédoublement de certains glucosides et de l'amidon. Le nom de lévoglucosane lui vint de ce qu'il dévie à gauche le plan de polarisation.

Un tel produit s'obtient aussi avec des houilles incomplètement transformées, si l'on en extrait les matières volatiles à température peu élevée dans les conditions indiquées ci-dessus.

Je ne viens d'envisager que les combustibles solides; mais les combustibles liquides, autrement dit les huiles de naphte et les pétroles, se rapportent à la même origine, c'est-à-dire à la transformation forménique de la cellulose. Certains pétroles, les pétroles américains principalement, sont formés par des hydrocarbures de la série saturée, dont le premier terme est le formène ou méthane, et l'on est ainsi conduit à les envisager comme des produits de la fermentation forménique. Le grisou ou gaz naturel des houillères est constitué surtout par du formène ou méthane; des recherches analytiques délicates tendent à montrer que le méthane est accompagné en petite quantité de ses homologues supérieurs, éthane, propane, butane, etc., qui se liquéfient d'autant plus facilement qu'ils occupent un rang plus élevé dans la série des hydrocarbures. Il est probable que le rendement de la fermentation forménique en hydrocarbures liquides dépend de la nature de végétaux qui fermentent. On remarque fréquemment que la surface des eaux stagnantes dans les marécages où croissent surtout les joncs et les roseaux est recouverte d'une huile, qui a été entraînée elle-même par les bulles du gaz des marais.

Dans les marais salants, où les eaux mères ont été fortement concentrées sous l'ardeur du soleil d'été, les taches viennent former miroir, tandis qu'il se dégage du gaz combustible à forte proportion de formène. Vraisemblablement donc, la production du naphte doit être attribuée, en partie tout au moins, aux actions forméniques et se rattache à la fermentation de la cellulose.

*
* *

Les faits nombreux rappelés dans cette Conférence sont loin d'épuiser la littérature scientifique relative à la cellulose devenue aujourd'hui volumineuse, tandis qu'elle était restée pendant de longues années rudimentaire. C'est une nouvelle branche de la science qui s'est ainsi créée, intéressant non seulement les chimistes, mais les biologistes, les histologistes, les botanistes, autant que les industriels des différentes branches de l'industrie. Elle ouvre une voie large, dans laquelle ils peuvent s'engager, sans craindre de porter préjudice aux savants des générations à venir. Nous laisserons toujours, quoi que nous fassions, un butin suffisant pour alimenter l'activité de nos successeurs, le domaine de la documentation sur les faits naturels étant indéfini et s'élargissant à mesure qu'il progresse.

M. Paul JUILLERAT, [1]

Membre du Conseil d'Hygiène publique et de Salubrité de la Seine.

L'ACTION DES SERVICES D'HYGIÈNE SUR L'AMÉLIORATION DES LOGIS PARISIENS

Mesdames, Messieurs,

Bien que moins âgée que beaucoup d'autres cités, que Rome, qu'Athènes, Alexandrie ou Jérusalem, Paris est une vieille ville.

Elle apparaît pour la première fois dans l'histoire en l'an 54 avant Jésus-Christ, 700 ans après la fondation de Rome, à l'occasion d'une grande bataille livrée par les Gaulois à Labiénus, lieutenant de Jules César.

Elle s'appelait alors Lutèce, tenait tout entière dans une île de la Seine qui existe toujours, l'île de la Cité, et constituait la place de refuge d'une petite peuplade gauloise originaire de la Gaule-Belgique, les Parisii.

Les cabanes en bois, couvertes en chaume qui abritaient sa population, les palissades de pieux qui en défendaient les rives contre les agressions du dehors, étaient loin de faire prévoir la carrière si mouvementée et si splendide qu'elle devait parcourir dans les siècles futurs.

Pendant toute la durée de la domination romaine dans les Gaules, Lutèce fit peu parler d'elle et paraît avoir mené une existence assez obscure. Pourtant dès le quatrième siècle de l'ère chrétienne, elle devient le séjour préféré de l'empereur Julien, dit l'Apostat, qui y demeurait volontiers, l'appelait sa chère Lutèce, et fit bâtir sur le flanc de la montagne, aujourd'hui montagne Sainte-Geneviève, un palais magnifique, entouré de jardins, comme seuls les empereurs romains savaient en réaliser. C'est le palais des Thermes, dont les derniers vestiges

---

(1) Le danger que faisait courir aux salles de réunion le bombardement de Paris, par canons à longue portée, a privé notre public habituel du plaisir d'entendre cette conférence, ainsi que les deux suivantes. Les auteurs ont cependant bien voulu nous communiquer un texte dont nous sommes heureux de faire profiter les Membres de l'Association.

subsistent encore au coin du boulevard Saint-Michel et du boulevard Saint-Germain. Ces vestiges et les arènes de la rue Monge sont les plus vieux monuments de notre capitale. Julien, pour une raison ignorée, débaptisa sa « chère Lutèce », qui depuis lors fut appelée Paris, du nom de la peuplade dont elle était le centre.

A cette période de l'histoire, les maisons de ce qui devait devenir la capitale du monde civilisé étaient des plus sommaires.

Elles étaient construites en bois et en terre battue, couvertes en chaume, et, nous savons qu'elles étaient chauffées par des fourneaux.

Pour un peuple de mœurs simples, occupé tout le jour au dehors à cultiver ses vignes, à chasser, à pêcher, de telles maisons pouvaient suffire, et l'hygiène de l'habitation jouait, dans ces installations primitives, un rôle un peu effacé.

Le temps marche, l'empire romain s'écroule, les Barbares se ruent sur les pays que les descendants dégénérés de Romulus ne savent plus défendre.

La Gaule est peu à peu envahie par des peuplades germaniques et les Francs s'établissent, sous leur roi Clovis, dans la ville de Paris, qui devient la capitale du royaume des Francs dans la Gaule.

A partir de cette époque la ville grandit peu à peu. D'abord limitée à l'île de la Cité, embellie sans cesse par la construction d'églises, de monastères, dus à la piété des souverains et des grands seigneurs, elle finit par déborder sur les rives méridionales et septentrionales de la Seine.

Louis VI, le Gros, entoura ces nouvelles annexes d'un mur d'enceinte et, à partir de cette époque l'on voit, à intervalles variables, les rois de France forcés d'élargir l'enceinte de la ville dont la croissance et le besoin d'expansion continuent encore de nos jours.

Cent ans après Louis le Gros, Philippe-Auguste fit construire autour de sa capitale un nouveau mur d'enceinte, les faubourgs s'étant considérablement développés et la ville même étouffant dans son vieux corset de pierres.

Jusqu'alors, les rois qui se sont succédé, les administrations qui ont eu la charge de la ville ne semblent pas beaucoup s'être préoccupés de l'hygiène de la cité.

D'après le peu que nous en savons, les rues, d'une étroitesse extrême, étaient, dans la plupart des cas, impraticables aux voitures. Le sol en terre recevait toutes les eaux du ciel et des maisons, ainsi que des détritus organiques de toute nature produits par les habitants et les animaux domestiques. Quant aux maisons elles-mêmes, la construction et l'aménagement en étaient laissés à l'arbitraire absolu des constructeurs. Comme les lois de l'hygiène rationnelle étaient alors à peu près inconnues, il est facile de se rendre compte de ce que pouvaient bien être des demeures ainsi construites. Les résultats de cette inertie générale étaient une mortalité excessive. Les maladies épidémiques faisaient dans ces milieux infectés des coupes formidables, et chaque règne compte au moins une peste qui décime la population.

Philippe-Auguste, qui, en regardant par les fenêtres de son palais de la Cité, avait failli être asphyxié par les odeurs épouvantables qui, d'une rue voisine, se dégageaient de la fange remuée par les roues d'un charriot en marche, décida qu'il serait remédié à un état de choses dont il avait, par lui-même, expérimenté les inconvénients. Il chargea le prévôt de la ville de faire paver les principales rues au moyen de pierres carrées. C'est la première tentative d'application des règles d'hygiène urbaine que, depuis la domination romaine, nous constations dans notre pays.

Il faut aussi inscrire à l'actif de Philippe-Auguste la construction de deux aqueducs : l'aqueduc de Saint-Gervais, qui amenait à des fontaines situées dans l'intérieur de la ville des eaux provenant des hauteurs de Romainville et de Ménilmontant; l'aqueduc de Belleville, qui amenait à l'abbaye de Saint-Martin-des-Champs les eaux recueillies sur les hauteurs de Belleville.

En 1356, nouvel agrandissement de l'enceinte de Paris. Étienne-Marcel, prévôt des marchands, en prend l'initiative et en quatre ans l'opération, qui se limitait au Paris de la rive droite, était terminée.

Mais l'hygiène urbaine continuait à être des plus négligées. En dehors des palais royaux, des monastères et des demeures des grands, la plupart des maisons n'étaient que de pauvres chaumières. Les rues, sauf les deux voies principales pavées depuis Philippe-Auguste, continuaient à n'être que des sentiers boueux infects. Dulaure, d'après un rôle d'impositions levées sur le peuple parisien par Philippe le Bel en 1313, évalue la population de la capitale à 50.000 âmes environ.

Dès cette époque, l'Administration parisienne commence à se préoccuper d'assainir la ville.

Hugues Aubriot, prévôt de Paris sous Charles V, essaya d'assurer quelque peu l'évacuation des eaux sales qui transformaient en cloaques la plupart des rues. Il fit creuser quelques égouts qu'il raccorda à l'ancien ruisseau de Ménilmontant. Mais ces égouts à ciel ouvert, mal entretenus, ne tardèrent pas à s'obstruer et, pendant les règnes suivants, ils furent par leur puanteur un des inconvénients les plus graves de la voirie parisienne.

Les siècles succédèrent aux siècles, Paris s'agrandit sans cesse. Sous Henri II, en 1553, le prévôt des marchands estimait à 12.000 le nombre des maisons de Paris, ce qui représentait une population d'environ 200 à 210.000 âmes.

Que pouvaient bien être ces maisons au point de vue de l'hygiène. D'après le peu de renseignements qui nous sont parvenus, elles étaient assez misérables. L'autorité ne s'inquiétait nullement d'en surveiller, si peu que ce fût, la construction et la tenue. Les habitants, ignorants des notions les plus élémentaires de l'hygiène, habitués à vivre dans des conditions qui aujourd'hui nous paraîtraient insupportables, ne s'en souciaient pas davantage.

La tenue des maisons répondait à la tenue de la ville. Le « tout à la rue » était le seul moyen pour les habitants des maisons de se débarrasser de tous les déchets de la vie organique. La situation était devenue telle que la coutume de Paris avait dû prescrire que « tous propriétaires étaient tenus avoir latrines et privés suffisants en leurs maisons ».

Mais il faut croire que cette obligation était assez mal respectée, puisqu'elle dut être rappelée par des arrêts du Parlement des 14 mars 1523, 1er mars 1524, 13 septembre 1533 ; par un édit de François Ier de novembre 1539, confirmé par lettres-patentes d'Henri II du 9 septembre 1550.

Sous Henri IV, sous Louis XIII, les mêmes constatations peuvent être faites. Les tentatives d'assainissement de la ville et des maisons de Paris, bien anodines cependant, aboutissent toutes à un insuccès absolu.

Sous Louis XIV, les anciens remparts sont démolis et l'on établit sur leur emplacement une ligne circulaire de boulevards plantés d'arbres, qui ne seront terminés que sous Louis XV. Des rues sont élargies, le pavage est étendu un peu partout, la ville s'améliore au dehors. Mais l'hygiène de la ville et surtout celle de la maison continuent à rester des plus rudimentaires. La Reynie, le premier lieutenant de police qui tentait, au milieu de l'indifférence générale, de prendre des mesures utiles pour la santé publique, fit établir dans chaque rue des lanternes pour les éclairer la nuit.

Le même La Reynie s'occupa activement d'améliorer l'hygiène des maisons et il rendit, le 24 septembre 1668 une ordonnance enjoignant aux propriétaires de maisons dans lesquelles il n'y avait pas de latrines, d'en faire construire.

Les considérants de cette ordonnance sont des plus suggestifs. Ils constatent d'abord que les maisons à nombreux locataires sont devenues communes et que les dispositions de la coutume de Paris, ainsi que les arrêtés du Parlement de Paris et l'ordonnance de Henri II de 1550, n'avaient produit qu'un effet des plus médiocres.

Écoutons ce que dit La Reynie :

« Sur ce qui nous a été représenté par le Procureur du Roy, qu'en
» exécution des ordres par nous donnés aux commissaires du Châtelet,
» pour la visite des maisons de cette ville et des fauxbourgs, afin de
» reconnaître l'état auquel les propriétaires et locataires des dites
» maisons les tenaient, et s'ils y observaient les ordonnances et règle-
» ments de police ; les dits commissaires dans la visite qu'ils ont faite
» des quartiers les plus réservés et les plus habités de la ville et des

» fauxbourgs, auraient, entre autre chose, observé qu'en la plupart
» des quartiers, les propriétaires des dites maisons se sont dispensés
» d'y faire des fosses ou latrines, quoiqu'ils aient logé dans aucune
» des dites maisons jusques à vingt et vingt-cinq familles différentes,
» ce qui causait en la plupart de si grandes puanteurs qu'il y avait
» lieu d'en craindre des inconvénients fâcheux, et surtout en des
» temps suspects ; non seulement il estait nécessaire pour maintenir
» la pureté de l'air et la santé des habitants, de continuer à faire tenir
» les rues nettes, mais encore de veiller aussi soigneusement à ce qu'il
» n'y ait aucune saleté au dedans des maisons, principalement dans les
» quartiers les plus peuplés où la maladie contagieuse a toujours com-
» mencé à se manifester toutes les fois que la ville en a été affligée ;
» c'est pourquoi attendu que ledit deffaut de latrines était la principale
» cause de ces saletés et puanteurs qui rendent les dites maisons
» infectes et qui sont capables de corrompre l'air. »

Après ces considérants, La Reynie ordonne que les propriétaires des
maisons qui sont dépourvues de latrines, en construisent dans le délai
d'un mois à dater de la publication de l'ordonnance et sous peine d'une
amende de 200 livres, sans préjudice du remboursement de la dépense
qui serait faite pour l'exécution par l'Administration des travaux en
leurs lieu et place.

Il paraît que pendant la durée de ses fonctions La Reynie tint la
main à l'exécution de son ordonnance. Il en résulta une certaine amélioration dans l'état sanitaire des maisons, qui devinrent un peu moins
infectes.

En même temps se poursuivaient l'élargissement de certaines rues et
l'extension du pavage. Mais là encore aucun plan, aucune vue d'ensemble ne présidaient au choix et à l'exécution des travaux.

Sous Louis XVI, nous commençons à voir poindre une idée générale
sur l'aménagement des villes. Des travaux importants de percement
de rues, la création de quartiers nouveaux, comme le quartier Gaillon,
concourent à l'assainissement et à l'embellissement de la capitale.
Une déclaration du roi du 10 avril 1785 détermina, pour la première
fois depuis l'apparition de Paris dans l'histoire, la largeur des rues
et la hauteur maxima des maisons. Aux termes de cette déclaration,
aucune rue nouvelle ne peut être ouverte qu'en vertu de lettres-
patentes.

Les rues ne peuvent avoir moins de 30 pieds de largeur ; celles qui
n'auront pas cette largeur devront être élargies au fur et à mesure
des constructions. La hauteur des maisons ne peut dépasser 60 pieds
sur une rue d'une largeur de 50 pieds, et lorsque les maisons seront
bâties en pierre, dans les rues qui auront moins de 30 pieds de large,
la hauteur des maisons pourra être de 48 pieds.

Cette réglementation est restée en vigueur pendant plus de la moitié du xixe siècle et les résultats désastreux qu'elle a eus pour la santé publique se font encore sentir aujourd'hui.

Pendant la tourmente révolutionnaire, sous l'Empire, la Restauration et la Monarchie de Juillet, nous voyons Paris croître sans cesse; des travaux importants de voirie le transforment considérablement. Il nous reste de l'époque du Directoire et de l'Empire un document extrêmement important qui a eu sur les conceptions édilitaires des époques qui ont suivi une influence énorme, c'est le fameux Plan des Artistes que nous nous contenterons de mentionner. Jusqu'au premier tiers du xixe siècle, on peut dire, ainsi que l'a montré le rapide exposé que nous venons de faire, que les administrations parisiennes successives n'avaient eu qu'un souci assez fugitif de la salubrité du logement parisien. La ville avait crû d'une façon constante, le nombre des rues, des maisons s'était élevé de siècle en siècle et presque d'année en année. Les logements des Parisiens avaient à peu de chose près conservé les erreurs et les routines du moyen âge.

Sous Louis XVI, une nouvelle enceinte, destinée à faciliter la perception des droits, avait été construite. Il en reste quelques rares vestiges, notamment à la place Denfert-Rochereau où nous voyons encore aujourd'hui les deux bâtiments qui constituaient les bureaux de perception de l'ancienne barrière d'Enfer.

Paris, qui en 1553, sous Henri II, comptait 210.000 habitants, était, sous Louis XVI, en 1784, peuplé, d'après Necker, par 680.000 âmes, renfermées dans la nouvelle enceinte.

Nous devons constater que dans cette question de l'hygiène des villes, comme dans beaucoup d'autres, la Révolution française apporta d'utiles innovations.

Une loi des 16-24 août 1790 confie, entre autres choses, à la vigilance et à l'autorité des corps municipaux : 1o tout ce qui intéresse la sûreté ou la commodité du passage dans les rues, quais, places et voies publiques; 2o ce qui comprend le nettoiement, l'illumination, l'enlèvement des encombrements, la démolition ou la réparation des bâtiments menaçant ruine, l'interdiction de rien exposer aux fenêtres ou autres parties des bâtiments qui puisse nuire par sa chute, et celle de rien jeter qui puisse blesser ou endommager les passants ou causer des exhalaisons nuisibles.

Ces dispositions, à près d'un siècle d'intervalle, ont été reproduites, en 1884 (5 avril) dans la loi qui a déterminé à nouveau les attributions des Maires et des Conseils municipaux.

A Paris, la loi du 28 pluviôse au VIII a divisé l'administration municipale entre deux magistrats, le Préfet de la Seine et le Préfet de Police. C'était ce dernier qui avait à régler toutes les questions intéressant la salubrité publique; mais, depuis le décret du 10 novembre 1859, la plus grande partie en a été dévolue au Préfet de la Seine.

Il s'agissait toujours seulement de l'assainissement général de la ville. Quant à l'hygiène intérieure des maisons, aux droits des constructeurs et des propriétaires, la situation qui existait depuis le moyen âge restait inchangée. On en était toujours à l'ordonnance de 1668 sur les fosses et latrines et à la déclaration du roi de 1785 sur la hauteur des maisons.

Jusqu'à la Révolution de 48, pendant la durée de l'Empire, de la Restauration et de la Monarchie de Juillet, la situation se modifia fort peu.

Nous n'avons guère à noter pendant cette période qu'une ordonnance royale du 24 septembre 1819 sur la construction des fosses d'aisances, et une ordonnance de police sur la construction et l'entretien des puits, puisards, puits d'absorption et égouts particuliers. Pourtant, à la suite de l'épidémie de choléra de 1831-1832, une Commission spéciale avait été chargée de visiter les maisons des quartiers de Paris les plus frappés par le fléau, et avait donné d'utiles indications sur la tenue des habitations.

Le 20 novembre 1848, une ordonnance de police réglementa ce que l'on peut appeler la salubrité extérieure des maisons, c'est-à-dire les amas d'immondices dans les cours, allées ou enclos attenant aux habitations ; la stagnation des eaux provenant du mauvais état ou de l'absence de pavage des cours et allées ; le défaut d'entretien des cabinets d'aisances ; des tuyaux et cuvettes destinés à l'écoulement et à la conduite des eaux ménagères ; la malpropreté des murs, des escaliers, des corridors, etc.

Quant à l'état des locaux habités, personne n'avait le courage de s'en occuper.

Le respect immodéré du droit de propriété ne permettait pas à l'autorité publique de visiter un logement, ou un local loué comme logement et d'obliger le propriétaire à l'assainir. Le mur de la propriété et celui de la vie privée étaient infranchissables. D'ailleurs on distinguait d'une façon absolue la salubrité publique et la salubrité privée. L'autorité était compétente pour intervenir en ce qui concernait la première, mais n'avait légalement, disaient les jurisconsultes, aucun pouvoir pour réglementer la seconde. Je n'apprécie pas, je raconte.

Les résultats de cette inertie étaient navrants. Dans les quartiers populeux, les habitants étaient entassés dans des taudis innommables. Dans les maisons habitées par les classes aisées, le mal n'était pas moins grand. Des habitudes, dont l'origine remontait aux époques médiévales où les notions les plus élémentaires de l'hygiène n'existaient pas, s'étaient conservées dans la construction et l'aménagement des appartements. Le logement était devenu un véritable danger national qui menaçait de compromettre la vitalité morale et physique de la race.

L'Assemblée nationale législative de 1849, révolutionnaire pour l'époque, mais qui nous paraîtrait aujourd'hui bien timorée, osa porter le fer dans la plaie et vota le 13 avril 1850 une loi sur l'assainissement des logements insalubres.

C'est à cette époque seulement que l'on put créer à Paris un véritable service d'hygiène et que la salubrité des logements ne fut plus abandonnée au bon plaisir des particuliers.

Dès la promulgation de la loi, la Commission des Logements insalubres, rouage essentiel de la nouvelle organisation, fonctionna à Paris, et son action s'est prolongée pendant un demi-siècle, jusqu'à la loi du 15 février 1902 sur la protection de la santé publique. A partir de 1850, nous voyons l'Administration parisienne se préoccuper toujours plus activement d'améliorer l'état sanitaire des logements.

Des précautions réglementaires sont prises pour imposer aux constructeurs de maisons neuves l'observation des règles de l'hygiène au moins telles qu'on les concevait à cette époque. A la Commission des Logements insalubres restait dévolue la charge d'assainir les immeubles anciens; mais le décret du 26 mars 1852 imposa à tout constructeur de maisons l'obligation, avant de commencer les travaux, d'adresser à l'Administration un plan et des coupes cotés des constructions qu'il projette et de se soumettre aux prescriptions qui peuvent lui être faites dans l'intérêt de la sécurité publique et de la salubrité. Les façades extérieures des maisons doivent, aux termes du même décret, être grattées, repeintes ou badigeonnées au moins une fois tous les dix ans. Enfin, les propriétaires de maisons situées en bordure de rues pourvues d'égout sont tenus d'envoyer directement à l'égout les eaux pluviales et ménagères de leurs immeubles. Un délai de dix ans leur est imparti pour satisfaire à cette obligation.

D'autres décrets du 27 juillet 1859, du 18 juin 1872 et du 23 juillet 1884 prévoient les hauteurs maxima des maisons, le nombre des étages, la hauteur minimum des étages, toutes choses qui intéressent au premier chef la salubrité de la maison et de la ville.

Les enquêtes de la Commission des Logements insalubres, en révélant les tares de la plupart des logis parisiens, et en indiquant les moyens de les faire disparaître, faisaient à la fois l'éducation de l'Administration et du public, et rendaient plus facile l'action de l'autorité.

Entre temps, le réseau d'égouts, ébauché sous Louis XVI, s'étendait chaque jour. En 1872, Belgrand l'évaluait à une longueur de 543 kilomètres. Les besoins en eau allaient sans cesse croissant. Les rares fontaines qui, au XVIIIe siècle, distribuaient parcimonieusement aux Parisiens une eau d'une pureté problématique, étaient devenues absolument insuffisantes. Et ce n'étaient pas les puits dont presque chaque maison était pourvue qui pouvaient leur venir en aide. L'eau de ces puits était depuis déjà des siècles à peu près imbuvable. Filtrant à travers des terrains souillés par une infection séculaire, elle avait un goût et une odeur repoussants et ne pouvait guère être utilisée que pour laver les cours et les ruisseaux. Son usage comme boisson, trop fréquent néanmoins, entretenait la fièvre typhoïde qui jusqu'à la fin de xixe siècle fut une maladie bien parisienne.

La Commission des Logements insalubres, en considérant systématiquement l'absence d'eau de bonne qualité dans une maison comme une cause d'insalubrité, contribua puissamment à faire aboutir les efforts que les ingénieurs parisiens prodiguaient pour doter la capitale d'une alimentation abondante d'eau pure. Pendant cette période, des travaux considérables furent entrepris à cet effet. Les machines qui puisaient l'eau à la Seine et dans le canal de l'Ourcq furent renforcées. Des sources captées en Champagne furent amenées à grands frais à Paris, emmagasinées dans des réservoirs monumentaux installés sur les points hauts de la ville. La distribution de l'eau dans les maisons s'étendit rapidement, et en 1872 on comptait 38.000 abonnés à l'eau municipale.

A cette époque (31 décembre 1872), pour une population de 1 million 851.792 habitants, la Ville disposait quotidiennement de 420.000 mètres cubes d'eau par jour, soit de 227 litres par jour et par tête d'habitant.

L'aqueduc qui amenait à Paris l'eau des sources de la Dhuys avait une longueur de 130.880 mètres. Celui des sources de la Vanne s'étendait sur une longueur de 173 kilomètres.

En 1892, après l'adduction des eaux des sources de l'Avre, du Loing et du Lunain, après la construction des bassins filtrants d'Ivry et de Saint-Maur, le cube d'eau disponible quotidiennement à Paris s'élevait à 936.717 mètres cubes qui étaient distribués par des canalisations de divers calibres, dont la longueur totale atteignait 2.798 kilomètres.

A la même époque, la longueur du réseau d'égouts de la Ville atteignait plus de 1.215 kilomètres.

La transformation des infectes latrines qui empuantissaient les maisons, fut poursuivie avec ténacité; la suppression des systèmes de vidange anciens fut peu à peu considérée comme un progrès nécessaire, et en 1867 il fut possible à l'Administration parisienne d'autoriser, dans les rues où les égouts s'y prêtaient, l'évacuation directe des vidanges à l'égout.

Pendant la période qui s'était écoulée entre 1850 et 1870, Paris avait subi des modifications profondes. D'abord en 1859, les communes qui s'étaient trouvées enfermées dans l'enceinte fortifiée nouvelle, construite de 1841 à 1846, avaient été réunies à Paris, où elles formèrent huit arrondissements nouveaux.

L'exécution du plan d'Haussmann avait fait disparaître une foule de rues malsaines et de maisons meurtrières. Pour s'en faire une idée, il n'y a qu'à se reporter aux descriptions que nous ont laissées les écrivains de la première moitié du XIXe siècle, des régions avoisinant l'Hôtel-Dieu, le Palais de Justice, l'emplacement du boulevard Saint-Michel, du boulevard Sébastopol et du boulevard de Strasbourg et de les rapprocher de ce que nous voyons aujourd'hui.

La ville s'accroissait sans cesse, sa population grandissait chaque année. Les anciennes communes suburbaines, englobées depuis 1859 dans la capitale, se couvraient de maisons.

Mais il existait toujours, soit dans les faubourgs, soit dans les vieux quartiers du centre, des amas de vieilles maisons datant du XVIIe siècle et même d'époques plus reculées encore que ne suffisaient pas à assainir les travaux forcément limités que l'on pouvait y prescrire et qui continuaient et continuent encore à exercer leur action délétère sur les malheureuses populations, qui sont contraintes de les habiter.

Depuis 1880, une révolution bienfaisante vint modifier les notions que nous possédions sur l'origine des maladies contagieuses.

Les immortels travaux de Pasteur, en démontrant que les maladies contagieuses sont dues à la pullulation dans notre organisme d'êtres infiniment petits, de petites plantes qu'il appela microbes, eurent sur le développement de la science hygiénique une influence décisive.

Quand les savants de l'école de Pasteur eurent découvert les microbes des principales maladies contagieuses : typhoïde, dysenterie, diphtérie, tuberculose et qu'ils eurent établi le mode de pénétration de ces germes dans l'organisme humain, tout un système de prophylaxie rationnelle devint possible à instituer.

Le rôle du logement dans la conservation de la santé des habitants, entrevu dès le début du XIXe siècle et établi empiriquement depuis 1850 par les observations des médecins et des philanthropes, se précisa et se révéla enfin de la plus haute importance.

L'étude de la vie et de l'évolution des microbes pathogènes démontra que ces infiniment petits étaient répandus par les malades autour d'eux, suivant des procédés variés. Les uns étaient mêlés aux déjections, d'autres aux crachats, d'autres se dispersaient avec les squames qui se détachaient des pustules desséchées de diverses affections. Ils pouvaient s'introduire dans l'organisme des personnes qui entouraient les malades, soit par les poussières, soit par l'eau, soit véhiculés par l'air qui les entourait.

Dans les logis où avait séjourné un malade, on constata la présence de myriades de ces microbes, qui conservaient longtemps leur virulence et l'on reconnut que pour lutter contre ces maladies, les plus redoutables de toutes, un seul moyen vraiment efficace était de détruire ces germes dans les chambres mêmes au fur et à mesure de leur production.

On constata l'action destructive qu'exerce sur ces infiniment petits la lumière solaire et l'on put en déduire que le logement, pour être sain, devait être largement accessible aux rayons du soleil.

En outre, on imagina des dispositifs et l'on trouva des substances qui permirent la destruction rapide des microbes ; ainsi fut créée la désinfection.

Examinons maintenant comment se comportaient à la fin du XIXe siècle la plupart des logements parisiens. Les maisons construites depuis le début du siècle étaient, pour la plupart établies en bordure des voies publiques. Elles présentaient une double épaisseur de pièces habitables ; les unes prenant jour et air sur la rue, les autres sur une cour intérieure. Souvent, surtout depuis les grands travaux de voirie résultant de l'exécution du plan Haussmann, plusieurs corps de bâtiments se succédaient en profondeur, séparés les uns des autres par des cours intérieures par lesquelles tous les logis étaient aérés et éclairés.

Avant 1884, les cours avaient les dimensions que voulaient bien leur donner les constructeurs. Or, comme le prix des terrains allait sans cesse en augmentant, que la population s'accroissait tous les jours et que la demande de logis suivait la même progression, les dimensions des cours dans les nouvelles maisons allaient sans cesse se rétrécissant.

Le décret de 1884 mit un terme à ce rétrécissment en fixant pour les cours des dimensions minimum.

A dater de ce décret, dans les maisons nouvellement construites, les cours desservant des bâtiments de 18 mètres de hauteur et au-dessous durent avoir une superficie d'au moins 30 mètres avec une largeur moyenne d'au moins 5 mètres. Dans les maisons dont la hauteur excédait 18 mètres, la superficie des cours dut atteindre au moins 40 mètres avec une largeur moyenne de 6 mètres.

La hauteur des étages sous plafond qui avait été fixée, en 1872, à 2 m. 80 pour le rez-de-chaussée et à 2 m. 60 pour les autres étages, fut maintenue par le nouveau décret.

Il consacrait également, pour éclairer et aérer les cuisines, l'usage des courettes de 9 mètres superficiels avec une largeur minimum de 1. m 80. Rien ne visait la dimension des chambres livrées à l'habitation, la dimension et la disposition des ouvertures destinées à les aérer et à les éclairer, les mesures à prendre pour assurer un chauffage inoffensif et une ventilation convenable. Il y a plus, aucune disposition légale n'obligeait le constructeur à éclairer directement sur l'extérieur les chambres habitables ; il pouvait installer des chambres à coucher ou autres en les aérant et les éclairant sur d'autres chambres ou sur des corridors.

Les nouvelles maisons présentèrent donc, dès l'origine, des tares redoutables. D'abord les locaux des étages inférieurs donnant sur les cours furent tous à peu près complètement obscurs ; les cuisines, situées sur les parois de véritables puits noirs où l'air ne se renouvelait jamais, devinrent, dans beaucoup de maisons, de redoutables foyers d'infection. Dans les étages inférieurs, l'usage de la lumière artificielle fut la règle pendant la plus grande partie de la journée.

Enfin, aucune disposition ne visait les loges des concierges et les chambres de domestiques. Les loges furent reléguées au fond des vestibules, sans air et sans lumière, dans les parties des immeubles absolument inutilisables pour la location.

Les chambres de domestiques établies sous les combles furent réduites à de véritables cellules, glaciales en hiver, torrides en été, éclairées et aérées par des châssis à tabatière, sans aucun moyen de chauffage; en un mot, dans les maisons neuves, on créa de toutes pièces une série de taudis qui, dans beaucoup de cas, servirent de point de départ à la propagation des plus graves épidémies.

Dans les maisons anciennes, la situation était encore plus critique. Malgré les efforts de la Commission des Logements insalubres, qui chaque année faisait une moyenne de 3.000 visites d'immeubles, il existait toujours des logements meurtriers pour leurs habitants.

Pendant le cours des siècles précédents, les classes sociales de la population s'étaient déplacées.

Les quartiers habités par la noblesse et par les classes aisées avaient peu à peu été désertés au profit de quartiers nouveaux.

Des quartiers jadis couverts de riches hôtels, construits au milieu de vastes jardins, comme le Marais, les quartiers de la Sorbonne et de Saint-Victor, ce qui constitue aujourd'hui la plus grande partie des quartiers Saint-Merri, Saint-Avoye et Saint-Gervais, avaient vu, dès la fin du xviiie siècle, leur population riche émigrer dans les nouveaux quartiers aristocratiques. La chaussée d'Antin, le quartier Saint-Honoré, le quartier Saint-Germain avaient recueilli ces habitants.

Enfin l'exécution du plan d'Haussmann, en créant de vastes voies nouvelles de luxe, y avait appelé toute la clientèle élégante au détriment des vieux quartiers centraux.

Il en était résulté, dans ces derniers, la disparition rapide des jardins qui en faisaient le charme. Sur leur emplacement s'étaient élevées des maisons pressées les unes contre les autres, destinées à une population pauvre et édifiées sans autre souci que de leur permettre d'abriter le plus grand nombre possible de familles sur une surface donnée.

Au fur et à mesure que les vieux et vastes hôtels de jadis étaient abandonnés par leurs habitants primitifs, les propriétaires les aménageaient en vue de la location à des familles pauvres. Les étages furent coupés en deux dans la hauteur ; les vastes pièces furent divisées en chambrettes par un système de cloisons légères et dans un ancien salon ou une ancienne salle à manger de ces vieilles habitations somptueuses, des architectes utilitaires réussirent à faire tenir deux ou trois logements destinés à recevoir chacun une famille distincte.

Seulement, la moitié au moins des chambres nouvelles ne pouvait recevoir l'air et la lumière que par des couloirs ou par l'intermédiaire d'autres pièces et la moitié de la population dut habiter des logis absolument obscurs où ne pénétrait qu'un air déjà vicié et où n'entrait jamais un rayon de soleil.

Aussi, malgré les louables efforts de l'Administration et de la Commission des Logements insalubres, la plus grande partie des logis parisiens, habités par les classes pauvres ou de moyenne aisance, étaient-ils loin de répondre aux exigences de l'hygiène la plus modérée.

Dans tous les quartiers nouveaux formés par les anciennes communes suburbaines enfermées dans les fortifications et réunies à Paris en 1859, la situation n'était pas meilleure.

L'exécution du plan d'Haussmann, poursuivie après 1870 par Alphand, avait coupé ces quartiers de voies de première largeur. Mais leur situation excentrique en écartait encore la clientèle aisée. La partie de la population pauvre, chassée de ses anciens domiciles par les opérations de voirie comme le percement des boulevards Saint-Michel, Sébastopol et de Strasbourg, n'avait pu tout entière se loger dans ce qui restait des vieux quartiers et avait reflué vers la périphérie de la ville.

Aussi les constructions édifiées dans ces quartiers nouveaux avaient été conçues par des spéculateurs en vue de loger cette population peu difficile à contenter. Des voies privées d'une largeur ridicule s'étaient rapidement bordées de maisons hautes, où les logements constituaient de véritables taudis.

Rien ne peut donner une idée plus exacte de ce qu'étaient et de ce que sont, malheureusement encore, certaines rues, certaines maisons, certains logements que les descriptions que nous en font les médecins qui se trouvent journellement en contact avec les classes populaires. Parlant des quartiers périphériques, mon excellent ami l'éminent professeur Letulle s'exprimait ainsi :

« Des neuf arrondissements qui bordent la périphérie de Paris,
» un seul le seizième (Passy-Auteuil) n'est pas encore écrasé d'habi-
» tants et jouit de la proximité d'un vaste champ d'air propre com-
» posé du Bois de Boulogne et de la Seine qui le met à l'abri des agglo-
» mérations suburbaines. Tout le reste nous apparaît refoulé, tassé,
» décimé par la misère et par les maladies : c'est le Paris des pauvres
» gens. Là s'accumulent les rues étroites, sans soleil, les impasses louches
» et les cités fétides ; là les maisons sombres, aux escaliers humides,
» aux logements surpeuplés, entretiennent, multiplient à l'envi les
» maladies contagieuses, depuis la rougeole, la coqueluche et la scarla-
» tine, jusqu'à la fièvre typhoïde, la tuberculose et la diphtérie, fléaux
» détestés des masses populaires. »

De son côté, le docteur Noir, dans une étude des plus remarquables sur le quartier Saint-Séverin, un de ces vieux quartiers dont nous parlions plus haut, s'exprime ainsi :

« Dans des ruelles infectes qui, en certains points, n'ont jamais
» reçu un rayon de soleil, s'ouvrent de longs et obscurs couloirs, au fond
» desquels des escaliers étroits montent jusqu'au sixième étage. Ces
» escaliers sont éclairés par des baies qui s'ouvrent sur des courettes
» encore plus sombres. La rapacité des propriétaires a multiplié des
» logements où campent des familles de cinq à six personnes ; elles
» vivent et s'étiolent dans des tanières de quelques mètres. L'aération
» y est nulle et si, durant l'hiver, on est tenu de laisser la croisée close,
» les habitants en sont réduits à respirer les émanations infectes de
» l'escalier sur lequel s'ouvrent les portes d'indescriptibles latrines. »

Telle était la situation à la fin du XIXe siècle.

L'Administration sanitaire de Paris avait fait les plus louables
effort : elle avait multiplié les travaux utiles, amené et distribué de
l'eau en abondance, créé un réseau complet d'égouts, aménagé ration-
nellement les voies publiques.

Le logis était resté ce qu'il était au commencement du siècle, et les
épidémies de toute sorte continuaient à sévir sur la population pauvre
ou peu aisée, condamnée à s'entasser dans des taudis, dont les descriptions que nous venons de rappeler, et qui datent d'hier, nous ont
conservé l'image révoltante.

Pourtant, il existait des services d'hygiène. Ils connaissaient les
dangers du logis malsain ; mais que pouvaient-ils faire ? Peu de chose,
auprès de ce qu'il fallait faire. Ils agissaient néanmoins ; la Commission
des Logements insalubres était arrivée, par une action persévérante, à
créer certaines règles d'hygiène. Par exemple, dans tous les cas où elle
avait eu à intervenir, elle avait demandé le remplacement des anciens
cabinets à la turque par des cabinets pourvus de sièges, munis d'appareils destinés à empêcher le reflux au dehors des émanations de la
fosse.

Les constructeurs, dans la crainte de voir se produire une intervention de la Commission, avaient pris l'habitude, dans les maisons neuves,
d'installer leurs cabinets d'aisances d'après les principes posés par
cette Commission.

Il y avait donc eu quelques progrès, mais si rares et si peu importants que l'on peut dire que jusqu'en 1892 l'aménagement hygiénique
du logement parisien fut à peu près laissé complètement à la volonté
du constructeur.

En 1892, l'Administration de la Ville de Paris créa un service public
de désinfection.

Désormais, tout logement dans lequel avait séjourné un malade
atteint d'une affection contagieuse, fut, après la guérison ou le décès
du malade, soigneusement désinfecté, ainsi que la literie et le mobilier
qui le garnissaient. En même temps, et pendant le cours même de la
maladie, tous les objets à usage du malade étaient emportés périodi-

quement, avec les précautions, convenables, dans les stations de désinfection et rapportés après avoir été débarrassés de tous les germes dangereux. Cette prophylaxie, encore facultative alors, fut bien accueillie par la population et le nombre des opérations de désinfection demandées par les médecins traitants ou par les familles des malades, qui, la première année, avait atteint le chiffre de 18.464, augmenta rapidement et dès 1896 il atteignait le chiffre de 36.547.

En même temps, sous l'influence des nouvelles doctrines pastoriennes on reconnut qu'une surveillance toute spéciale devait être exercée sur l'eau d'alimentation, le véhicule le plus fréquent de la fièvre typhoïde, qui depuis toujours faisait dans la population parisienne des ravages exagérés. L'Administration municipale créa un service de surveillance locale et médicale des sources qui envoyaient leurs eaux à Paris. Tous les cas de maladie contagieuse éclatant dans le périmètre d'alimentation des sources étaient immédiatement signalés et des mesures énergiques étaient prises pour éviter que les matières et les eaux souillées pussent atteindre les nappes souterraines alimentant les sources.

Des analyses quotidiennes effectuées aux réservoirs d'arrivée et à chaque lieu de captage, permettaient en même temps de s'assurer de la pureté microbienne de l'eau et d'arrêter la distribution de celle qui était reconnue contenir des germes dangereux.

Ces deux institutions contribuèrent rapidement à améliorer les conditions d'habitation du logement parisien. Grâce à la désinfection, on vit peu à peu disparaître les épidémies massives qui jusqu'alors avaient décimé la population des maisons atteintes. Les cas s'isolèrent de plus en plus. La maison, approvisionnée d'autre part, en eau de qualité de plus en plus irréprochable, cessa de devenir un foyer de maladie toujours prêt à se rallumer et qui, s'il s'assoupissait quelquefois, ne s'éteignait jadis presque jamais.

Dès cette époque, l'assainissement des maisons fit des progrès rapides. L'installation dans les immeubles de canalisations d'eau de la ville permit de généraliser l'envoi direct à l'égout des vidanges et des eaux usées et une loi du 15 août 1894 put rendre ce mode de vidanges obligatoire dans toutes les maisons de Paris dans un délai de trois ans.

Malheureusement des considérations absolument étrangères à l'hygiène empêchèrent de réaliser complètement l'application intégrale de cette disposition de la loi et aujourd'hui, vingt-quatre ans après la promulgation de la loi, vingt et un ans après l'échéance du délai qu'elle avait fixé, il existe encore à Paris près de 30.000 fosses fixes ! Il faut cependant se féliciter du résultat obtenu et qui est déjà considérable. En effet, en 1881 il n'y avait encore que deux maisons pourvues du tout-à-l'égout. En 1892, il y en avait seulement encore 3.473. Mais en 1902 le nombre s'en élevait à 32.410 pour atteindre, à la fin de 1912, 50.686.

Cette transformation du mode de vidange des maisons, en permettant d'éloigner sans retard du voisinage des locaux habités toutes les matières et les eaux usées, fut un des plus puissants facteurs de l'amélioration de la santé publique. Grâce à elle, à la qualité et à l'abondance de l'eau d'alimentation, la fièvre typhoïde fut réduite dans une énorme proportion.

Alors qu'en 1877, sur une population de 1.988.806 habitants, cette maladie avait causé 2.092 décès, soit 59 pour 100.000 habitants, elle n'en avait plus tué en 1892, sur une population de 2.443.080 habitants, que 691, soit 29 pour 100.000 habitants, et enfin en 1913 pour une population de 2.897.027 habitants le nombre de décès typhoïdiques tombe à 281, soit 10 pour 100.000 habitants. La diminution de mortalité qui avait été pour la période de seize ans comprise entre 1876 et 1892 de 2/5, s'est montée pour la période suivante de vingt et un ans comprise entre 1892 et 1913 aux 2/3. On voit que le mouvement descendant de la mortalité typhoïdique a été beaucoup plus rapide depuis 1892, époque où fut établie la surveillance scientifique et raisonnée des eaux alimentaires et où fut étendu et généralisé le tout-à-l'égout, que pendant la période antérieure.

En 1893, l'Administration avait réuni en un seul service toutes les attributions municipales visant l'hygiène de l'habitation et le Conseil municipal, sur le rapport de M. Escudier, décida la création du Casier sanitaire des maisons de Paris. Bien qu'il ne me plaise guère, en général, de parler avec complaisance de mes travaux personnels, il me semble indispensable de m'étendre quelque peu sur l'organisation et le fonctionnement de ce nouvel organisme administratif, parce que son rôle a été considérable dans l'amélioration du logis parisien et que les documents et les indiactions qu'il a fournis depuis qu'il existe, ont exercé une action importante sur toutes les lois et les règlements sanitaires étudiés et adoptés depuis vingt-trois ans.

Depuis le 1er janvier 1894 chaque maison de Paris possède son dossier, son casier sanitaire.

Chaque dossier est composé de la manière suivante :

1º Une chemise portant l'indication de l'arrondissement du quartier, de la rue et du numéro de l'immeuble ;

2º Un plan par terre aux 2 millièmes de la maison, avec l'indication des canalisations, fosses, puits, puisards, fontaines, fosses à fumier, etc. ;

3º Une feuille de description de l'immeuble ;

4º Une feuille indiquant les décès par maladies transmissibles survenus, chaque jour, dans la maison ;

5º Une feuille relatant les désinfections opérées, leurs dates et leurs causes ;

6° Une ou plusieurs feuilles contenant l'indication des travaux prescrits par le bureau d'hygiène et la suite donnée à ces prescriptions.

Tous les dossiers des maisons d'une même rue sont contenus dans une chemise en carton.

Ces dossiers sont classés par ordre alphabétique dans des cases en bois facilement accessibles.

L'inscription des décès et des désinfections a commencé le 1er janvier 1894 et a continué depuis cette époque à être effectué au jour le jour sans aucune interruption ni lacune. La guerre actuelle elle-même n'a ni arrêté ni même suspendu momentanément ce travail. Quant aux plans et aux descriptions des maisons qui ont été relevés sur place, ils étaient terminés au 1er janvier 1900 et depuis cette époque ont été revisés sur place périodiquement. La révision totale est effectuée à peu près tous les quatre ans.

On comprend quelle mine extrêmement riche de renseignements sanitaires peut constituer un pareil organisme. Chaque maison est ainsi, en somme, suivie jour par jour et elle possède en réalité son journal sanitaire quotidien.

A dater de cette centralisation des services d'hygiène, nous voyons la lutte entreprise pour l'amélioration du logement parisien s'accentuer tous les jours.

Depuis longtemps déjà, la loi de 1850 sur l'assainissement des logements insalubres avait été reconnue insuffisante et les hygiénistes avertis en demandaient l'amélioration. La Commissiondes Logements insalubres, que prévoyait la loi, n'avait fonctionné d'une façon sérieuse qu'à Paris, et nous avons vu le rôle bienfaisant qu'elle y avait joué. Mais ce rôle même avait mis en évidence les multiples imperfections du texte de 1850 et montré ce qu'il convenait de faire pour permettre aux pouvoirs publics de défendre efficacement la santé publique contre les dangers que lui faisaient courir et les causes naturelles de maladie et la négligence, l'ignorance ou la rapacité des citoyens.

Après seize années de gestation laborieuse, le Parlement vota enfin le 15 février 1902 la loi sur la protection de la santé publique qui forme aujourd'hui le code hygiénique de notre pays.

C'est seulement à dater de cette loi que l'amélioration du logis parisien put être entreprise avec méthode et que l'autorité sanitaire put intervenir efficacement tant pour assainir les logis existants que pour fixer les conditions hygiéniques que devront remplir les constructions nouvelles.

La loi de 1850 avait eu pour objet exclusif, ainsi que son titre l'indique, l'assainissement des logements insalubres. Il fallait, pour qu'un local fût justiciable de la loi, qu'il fût mis en location pour être habité. Tout logis habité par son propriétaire échappait à l'action de la loi. Les causes d'insalubrité devaient menacer la santé des habitants eux-mêmes ; les dangers que pouvaient courir les voisins n'entraient pas en ligne de compte.

D'un autre côté, les enquêtes motivées par les plaintes reçues par l'administration municipale devaient être instruites par une commission qui indiquait les travaux à faire dans un rapport notifié aux intéressés qui pouvaient formuler leurs observations pendant un délai d'un mois. Puis c'était le Conseil municipal qui fixait définitivement les travaux à exécuter ou, dans le cas où le local était impossible à améliorer, en interdisait l'habitation. L'action du Maire se bornait à poursuivre l'exécution de la délibération du Conseil municipal.

La seule sanction contre les propriétaires récalcitrants était l'amende qui, en cas de récidive, pouvait s'élever au double du montant de l'estimation des travaux.

Le Maire, dans la législation ancienne, n'avait, en matière d'hygiène de l'habitation, aucun pouvoir propre. Nous avons vu dans quelles proportions restreintes il pouvait agir sur l'hygiène des maisons neuves. Il n'était admis à intervenir que dans les cas où il s'agissait de danger pour la salubrité publique, et la jurisprudence constante des tribunaux de tous ordres n'avait jamais admis que l'hygiène du logement pût avoir une influence quelconque sur la salubrité publique.

La loi de 1850 avait été une dérogation à cette doctrine fondamentale, dérogation considérée comme regrettable par beaucoup de jurisconsultes, en même temps qu'elle constituait une atteinte portée au droit de propriété jusque-là tenu par eux pour sacré.

Malgré tout, la vérité avait fini par se faire jour. Les travaux des savants, les enquêtes de la Commission des Logements insalubres de Paris, les recherches des médecins et des philanthropes avaient démontré l'influence énorme que le logement exerce sur ceux qui l'habitent. Nous avons vu que, peu à peu, pendant la seconde moitié du xixe siècle et surtout à partir de l'époque des découvertes de Pasteur, l'Administration parisienne s'était efforcée d'améliorer les conditions du logement. Elle avait à grands frais amené de l'eau de plus en plus pure et en quantité chaque année croissante. Elle avait étendu sans cesse et perfectionné son réseau d'égouts ; ouvert à coups de millions des percées lumineuses à travers maints vieux blocs compacts de masures séculaires, multiplié les ordonnances et les règlements pour assurer toujours mieux le nettoiement de la ville et des parties communes des maisons ; enfin, en 1894 elle avait obtenu du Parlement une loi rendant obligatoire l'envoi direct à l'égout des vidanges et des eaux usées des maisons particulières ; elle n'avait jamais pu imposer aux constructeurs de maisons neuves des mesures ayant pour objet d'assurer la salubrité des logements. Aussi tous les hygiénistes réclamaient-ils une loi qui portât remède à une situation aussi déplorable.

La loi de 1902 fut une véritable loi d'opinion publique. Quand elle fut promulguée, elle excita l'enthousiasme et fit naître les plus brillantes espérances. Dire qu'elle les a toutes réalisées serait excessif ; mais enfin, si elle est perfectible elle a déjà permis de réaliser en matière d'hygiène du logement des progrès que je ne crains pas de qualifier d'inespérés.

Son titre : « Loi sur la protection de la santé publique » est largement compréhensif. Il indique qu'elle n'a pas un objet restreint ; elle embrasse tout ce qui peut, à un degré quelconque, avoir une influence sur la santé et l'existence des citoyens. La place considérable qu'elle fait à l'hygiène du logement, hygiène préventive aussi bien que répressive, si je puis m'exprimer ainsi, montre l'importance du rôle que le législateur, emporté par l'unanimité de tous les savants et philanthropes, lui accorde dans la protection de la santé publique.

Désormais, dans toute commune, le Maire est tenu (ce n'est plus facultatif) de prendre un arrêté portant règlement sanitaire et comprenant, notamment : les prescriptions destinées à assurer la salubrité des maisons et de leurs dépendances, des voies privées closes ou non à leurs extrémités, des logements loués en garni et des autres agglomérations, quelle qu'en soit la nature, notamment les prescriptions relatives à l'alimentation en eau potable ou à l'évacuation des matières usées.

Dans les agglomérations de 20.000 habitants et au-dessus, aucune habitation ne peut être construite sans un permis du Maire constatant que, dans le projet qui lui a été soumis, les conditions de salubrité prescrites par le règlement sanitaire sont observées.

Désormais, nul ne peut plus construire à sa fantaisie, sans souci des règles de l'hygiène ; il existe dans chaque ville un règlement auquel il faut se soumettre.

Enfin, en matière d'assainissement des logements insalubres, la loi de 1902 constitue également un progrès considérable.

Aux termes de la loi, c'est le Maire, à Paris le Préfet de la Seine, qui a l'initiative des enquêtes et qui formule les prescriptions à imposer aux propriétaires pour assainir leurs immeubles. Il n'est plus nécessaire que l'immeuble soit mis en location. La loi vise expressément tout immeuble, bâti ou non, attenant ou non à la voie publique, s'il peut nuire à la santé des habitants et même des voisins. La Commission des Logements insalubres existe toujours ; son rôle est modifié et étendu. Elle est l'intermédiaire entre l'Administration sanitaire et les propriétaires. Elle les entend contradictoirement, va contrôler sur place leurs observations, et formule un avis motivé sur les propositions du Maire (à Paris, du Préfet de la Seine). Dans le cas où il y a désaccord entre l'Administration sanitaire et la Commission, c'est le Conseil départemental d'Hygiène qui est chargé de les départager. Outre les sanctions pénales prévues contre les propriétaires qui ne se sont pas conformés, dans le délai imparti aux injonctions du Préfet sanctionnées par la Commission des Logements insalubres, la loi autorise les tribunaux à ordonner l'exécution d'office des travaux d'assainissement aux frais, risques et périls des contrevenants.

Enfin la loi impose dans les villes de 20.000 habitants et au-dessus la création d'un service spécial qui recevra le nom de bureau d'hygiène et qui, sous l'autorité du Maire, sera chargé de l'application de la loi.

La loi nouvelle trouva Paris tout préparé à l'appliquer. Un simple travail de mise au point suffit pour constituer le bureau d'hygiène. Le 1er août 1902 un décret régla la hauteur des maisons et la dimension des cours et courettes et le 22 juin 1904 le Préfet de la Seine prenait un arrêté portant règlement sanitaire qui a été, en 1906, consacré, sauf sur quelques points de détail insignifiants, par un arrêt fortement motivé du Conseil d'État et constitue aujourd'hui le code de la construction et de l'aménagement du logement parisien.

Avant d'examiner les nouvelles dispositions du décret de 1902 et du règlement sanitaire de 1904, il nous semble intéressant de revenir un peu en arrière et d'exposer les résultats qu'avaient déjà donnés à cette époque le fonctionnement du casier sanitaire des maisons de Paris.

En 1892 on constatait déjà, ainsi que nous l'avons fait remarquer plus haut, les bons effets des efforts entrepris par l'Administration parisienne pour doter la population d'eau pure en abondance, pour éloigner rapidement des habitations toutes les matières usées, et nous avons vu que la fièvre typhoïde notamment avait baissé dans des proportions importantes. A partir de la mise en action du service de désinfection, les progrès furent encore plus rapides. Toutes les maladies contagieuses, que Brouardel avait si justement nommées les maladies évitables, subirent une baisse continue. Une seule, la plus redoutable de toutes, qui causait chaque année à Paris un quart du nombre total des décès, la tuberculose, s'était montrée irréductible. Bien plus, elle semblait plutôt en voie d'accroissement. L'étude du casier sanitaire permit de trouver la principale cause de cette persistance du mal et de l'imputer, pour la majeure partie, aux dispositions vicieuses du logement.

En 1900, l'étude d'un arrondissement m'avait montré que la fréquence des décès tuberculeux est proportionnelle à la hauteur des maisons et qu'elle est sous la dépendance directe des espaces libres qui les entourent. Elle me révélait également que la tuberculose est plus fréquente dans les étages inférieurs que dans les étages supérieurs des maisons et qu'il fallait attribuer cette situation au défaut d'éclairage des locaux des étages inférieurs.

C'est en se basant sur ces données que le règlement sanitaire de Paris fut élaboré.

Il fallait tenir compte, dans les prescriptions à formuler pour la construction des maisons, des dispositions du décret du 13 août 1902 sur la hauteur des bâtiments dans la ville de Paris.

Il est permis de regretter que ce décret ait précédé la confection du règlement sanitaire car il a retardé, peut-être pour longtemps encore, l'application complète des règles de l'hygiène.

Néanmoins il constitue un progrès marqué sur ce qui existait jusqu'alors et il a posé surtout d'une façon bien nette le principe du rapport qui doit mathématiquement exister entre la largeur des rues et la hauteur des maisons qui les bordent.

Il a, plus timidement cependant, admis ce rapport entre la largeur minimum des cours et la hauteur des bâtiments.

Il a enfin admis que les cuisines ne pouvaient être habitables qu'à la condition d'être aérées et éclairées et il a défendu de les ouvrir sur des courettes de 8 mètres de surface. Tel qu'il est, ce décret consacre des principes utiles, mais il est complètement à réformer dans l'application de ces principes.

Le règlement sanitaire de Paris est complet au point de vue de l'hygiène de l'habitation. On peut dire qu'une maison construite en en appliquant rigoureusement les dispositions, réalise tous les desiderata de l'hygiène moderne. Le seul point faible, et c'est une tare grave, est le décret de 1902 qui, en ayant autorisé la construction de maisons trop hautes pour la largeur des rues et surtout pour la largeur des cours intérieures, a condamné la moitié au moins des logis parisiens à une obscurité presque complète et en a, en tout cas, absolument banni l'entrée des rayons directs du soleil. Or, on ne discute plus aujourd'hui cet axiome que nous avons formulé en 1904 que la « tuberculose est la maladie de l'obscurité. »

Aujourd'hui, on ne peut construire une maison qui ne remplisse les conditions suivantes :

Les murs doivent être établis en matériaux durs et d'épaisseur suffisante.

Toutes les pièces, quelles qu'elles soient, doivent être éclairées et aérées directement sur rue ou sur cour par une baie dont la dimension est proportionnelle à la surface de la pièce.

L'eau potable doit exister dans chaque logement.

Toutes les maisons doivent être pourvues du tout-à-l'égout.

Les loges de concierge, comme les chambres de domestiques, doivent remplir les conditions d'habitabilité des autres pièces. Les loges de concierge doivent même avoir une surface d'un tiers plus grande que les pièces ordinaires. La surface minimum des chambres est fixée à 9 mètres.

Le chauffage, l'éclairage artificiel doivent être installés dans des conditions dont les principes sont explicitement formulés et qui ne puissent à aucun moment les rendre dangereux pour la santé des habitants.

L'entretien en bon état de toutes les parties de la maison est minutieusement prévu.

En un mot, le jour où les hygiénistes auront obtenu que la hauteur des maisons soit limitée à la largeur des rues dont elles sont riveraines, où les cours intérieures seront ouvertes sur deux de leurs côtés et auront une largeur calculée de la même façon que celle de la rue, le règlement sanitaire parisien permettra d'avoir des maisons aussi saines que possible.

Toutes ces dispositions sont applicables aux maisons neuves. Pour les maisons existantes, l'Administration, nous l'avons vu, est non moins sérieusement armée, et pour terminer ce déjà long entretien je vais vous exposer ce qu'elle a fait dans ce sens depuis la mise en vigueur de la loi de 1902.

Nous avons vu que le casier sanitaire des maisons de Paris avait pu dès 1900 et 1904 fournir des données extrêmement utiles qui ont puissamment contribué à l'orientation des règlements sanitaires.

En 1905 un dépouillement complet de tous les dossiers des maisons de Paris établit que la tuberculose se répartissait dans la capitale d'une façon très inégale.

Pendant la période de onze ans qui s'était écoulée entre le 1er janvier 1894, date de la création du casier sanitaire et le 1er janvier 1905, il avait été inscrit dans les dossiers 138.766 décès par maladies transmissibles répartis dans 50.394 maisons.

Dans ces chiffres, la tuberculose pulmonaire entrait pour 101.496 décès, répartis dans 39.477 maisons.

Dans le rapport que nous présentâmes à ce sujet à M. le Préfet de la Seine, nous avions essayé de disséquer ces chiffres et d'en tirer des conclusions utiles.

Nous classâmes les maisons frappées par la tuberculose en trois groupes :

Le premier comprenait les maisons dans lesquelles il avait été relevé un nombre de décès inférieur à cinq pendant la période considérée.

Ces maisons au nombre de 34.214 avaient eu un total de 63.487 décès, soit moins de deux décès en moyenne.

Le deuxième groupe comprenait les maisons ayant présenté 5 décès au moins et 9 au plus. Leur nombre s'élevait à 4.443 avec un total de 26.500 décès.

Enfin le troisième groupe se composait des maisons ayant compté 10 décès et au-dessus. Elles étaient au nombre de 820, présentant un total de 11.500 décès.

Il nous paraissait évident que les maisons des deux derniers groupes devaient présenter des tares particulières. Les 5.263 maisons qui les forment, avaient eu à elles seules à supporter près de 38 0/0 des décès par tuberculose, ce qui se traduisait pour leur population de 426.676 habitants par une mortalité tuberculeuse annuelle de 8,119 pour 1.000 habitants, plus du double de la mortalité de la ville entière.

M. de Selves, alors Préfet de la Seine, frappé de ces constatations si nettes, nomma une Commission spéciale, composée de savants, qui, après examen, décida qu'il y avait lieu de procéder à des enquêtes méthodiques dans les 5.263 maisons qui s'étaient ainsi révélées particulièrement meurtrières, et détermina le programme de ces enquêtes dont fut chargé le service de l'hygiène de l'habitation. Ces enquêtes, commencées au mois d'octobre 1905, furent suivies de prescriptions d'assainissement adressées aux propriétaires, en vertu des dispositions de la loi du 15 février 1902.

Les résultats de cette action sont des plus probants.

Au 31 décembre 1912, 3.322 maisons qui avaient présenté, lors du recensement de 1905 la plus forte mortalité tuberculeuse, avaient été visitées. Elles comportaient 269.663 chambres habitées par une population de 289.183 personnes.

L'enquête révéla que 12.795 de ces chambres étaient complètement privées d'air et de lumière. L'Administration poursuivit l'amélioration de ces chambres, soit en y prescrivant le percement de fenêtres ouvrant sur l'extérieur, soit en faisant supprimer les cloisons qui les séparaient des chambres voisines convenablement aérées et éclairées, soit en en interdisant l'habitation de jour et de nuit.

En même temps, toutes les autres mesures d'assainissement étaient prescrites et l'exécution en était poursuivie avec fermeté. La fourniture d'eau potable, la transformation des cabinets d'aisances, l'entretien des cours et courettes, le bon état des conduits de fumée et la bonne installation des appareils de chauffage étaient surveillés dans toutes les maisons signalées comme insalubres, soit par les particuliers, soit par les services eux-mêmes. De 1903 au 31 décembre 1913, le service d'hygiène visita ainsi 40.000 maisons où des travaux souvent importants furent reconnus nécessaires. La désinfection s'étendait chaque jour. La loi de 1902 l'avait rendue obligatoire et la population parisienne avait vite pris l'habitude d'y recourir. Chaque année près de 60.000 opérations de désinfection étaient effectuées par le service municipal.

Pendant cette période qui a suivi la loi du 15 février 1902, et même pendant la période précédente, qui a commencé en 1892 avec la création des services d'hygiène de l'habitation, le logement parisien a été sans cesse s'améliorant.

Depuis 1905, on a vu peu à peu disparaître ces chambres sans air et sans lumière qui étaient un des facteurs les plus puissants de la diffusion de la tuberculose.

Les résultats sont tangibles et certainement de nature à encourager les pouvoirs publics à persévérer dans la voie où ils se sont engagés.

En 1876, la mortalité générale parisienne était de 24,4 pour 1.000 habitants.

En 1892, elle n'était plus que de 23,3 pour 1.000 habitants.

En dix-huit ans, malgré les louables efforts qu'avait faits l'Administration parisienne, le gain n'avait été que de 1,1 pour 1.000 habitants.

Mais ce qui est à remarquer, c'est la persistance et même l'augmentation pendant cette période du taux de la mortalité par tuberculose pulmonaire.

De 4,04 pour 1.000 habitants en 1877, il était passé à 4,09 pour 1.000 habitants en 1892 et se maintint sensiblement au même chiffre jusqu'en 1908. A partir de cette époque, l'assainissement méthodique des logements, conséquence des travaux du casier sanitaire, joue son rôle bienfaisant.

En 1913 la mortalité tuberculeuse s'abaisse à 3,18, tandis que la mortalité générale était tombée à 15,5 pour 1.000 habitants.

Mais ce qui est particulièrement intéressant, c'est la diminution importante que la mortalité tuberculeuse a subie dans les maisons des deux groupes que le casier sanitaire avait révélés comme des foyers redoutables de maladie.

Du 1er janvier 1894 au 31 décembre 1904, ces deux groupes de maisons avaient eu à supporter une mortalité tuberculeuse moyenne de 8,12 pour 1.000 habitants.

En 1913, les mêmes maisons, après avoir vu fléchir leur mortalité tuberculeuse au fur et à mesure qu'y disparaissaient les chambres sans air et sans lumière, n'enregistraient plus qu'un chiffre de décès tuberculeux représentant 5,76 pour 1.000 habitants. Entre 1906 et 1913, soit en sept ans, le gain réalisé par l'assainissement méthodique des maisons avait donc été de 2,36 pour 1.000 habitants. Et l'amélioration persiste. Malgré les misères causées par l'effroyable catastrophe que la brutale et insatiable rapacité du peuple allemand a déchaînée sur le monde, la mortalité tuberculeuse à Paris, sauf pendant les dix-huit mois qui ont suivi la déclaration de guerre, a continué à décroître. En 1917 le chiffre des décès tuberculeux s'est élevé seulement à 8.237 alors qu'en 1913 il était encore de 8.931 et en 1908 de 10.262.

Entre 1908 et 1917 le gain réalisé par l'amélioration du logement, est donc de 2.025 vies humaines. La mortalité tuberculeuse est, en 1917, inférieure d'un cinquième à ce qu'elle était avant la campagne entreprise contre le logis obscur.

C'est que, malgré tout, les améliorations réalisées dans les logis, meurtriers hier encore, persistent. Les effets de ces améliorations continuent à se produire. Là où jadis, dans une chambre obscure, le bacille de Kock se conservait indéfiniment virulent, menaçant sans cesse de s'implanter dans l'organisme anémié des habitants, la lumière solaire aujourd'hui pénètre sans obstacle, détruisant sans merci le terrible microbe et sauvant ainsi maintes vies humaines.

C'est donc seulement à partir de 1892, époque où l'Administration de la Ville de Paris a commencé à organiser ses services d'hygiène, et surtout depuis la création du casier sanitaire des maisons, que l'amélioration du logement parisien a pu réellement faire des progrès sensibles.

Aujourd'hui, tous les errements funestes, hier encore suivis dans la construction du logement, semblent remonter à des époques antédiluviennes. Tout le monde connaît les grandes lignes de l'hygiène du logement. L'importance de l'habitation vraiment salubre pour la conservation de la santé des citoyens est admise par tous. La loi de 1902 sur la protection de la santé publique, la loi de 1912 sur les habitations à bon marché, celle de 1915 sur l'expropriation pour cause d'insalubrité sont dues en grande partie aux travaux du casier sanitaire, et aux données fournies pendant plus d'un demi-siècle par la Commission des Logements insalubres de la Ville de Paris.

Tous les sociologues, tous les hygiénistes sont unanimes à reconnaître que le logement sain, clair et gai est le meilleur garant de la santé morale et physique d'une nation. Tout le monde comprend que c'est seulement dans un logement spacieux, clair et gai que peut se développer et se conserver l'amour du foyer familial ; que l'homme qui travaille peut se plaire et éviter d'aller chercher au dehors des distractions malsaines, et que, là seulement, le travailleur pourra conserver, avec l'intégrité de son intelligence et de ses forces, la conscience de ses devoirs et le souci de sa dignité.

Il a fallu vingt siècles de tâtonnements et d'erreurs pour trouver enfin la vraie formule du logement salubre. Nous avons montré ce que, en vingt ans, l'Administration sanitaire parisienne a pu obtenir de progrès réels. Elle n'a qu'à continuer à marcher résolument dans la voie où elle s'est si heureusement engagée et dans un délai, plus proche peut-être que l'on n'oserait le prévoir, Paris ne possèdera plus de taudis et la mortalité y sera réduite aux chiffres que l'on relève dans les pays scandinaves où elle ne dépasse pas 10 pour 1.000 habitants. Nous serons loin alors des 30 pour 1.000 habitants que l'on relevait en 1820.

M. Paul GIRARDIN,

Professeur de Géographie à la Faculté des Sciences de l'Université de Fribourg (Suisse).

LE RHIN DANS LA GÉOGRAPHIE ET DANS L'HISTOIRE (1)

I. — LE RHIN

COUP-D'ŒIL SUR LA DESTINÉE HISTORIQUE DU FLEUVE
JUSQU'AU MOYEN AGE

MESDAMES, MESSIEURS,

La destinée du Rhin, de par la Géographie et de par l'Histoire, est d'être une frontière naturelle, et en un pareil sujet moins qu'en tout autre on ne peut dissocier les deux sciences sœurs. Ce sont les conditions physiques et hydrographiques qui ont fait du puissant fleuve, du « Vater Rhin », une limite naturelle et traditionnelle, et l'Histoire là-dessus doit forcement faire appel à la Géographie comme à un principe antérieur d'explication. L'Histoire à son tour a fixé ce caractère, lui a donné la force d'une tradition séculaire, l'a gravé sur le sol par des forteresses et des organisations défensives telles que le « Limes », par la différence des langues d'une rive à l'autre, par le même mot générique et imprécis donné à ce que César et Strabon appellent les

---

(1) Notre éminent collègue le professeur Paul Girardin, doyen de la Faculté des Sciences de Fribourg, a bien voulu nous communiquer le texte de la conférence qu'il devait faire, le 7 avril, à Paris, au nom de l'Association.

La fermeture de la frontière suisse ayant empêché M. Girardin de venir à Paris à l'époque où il se trouvait libre, nos collègues nous sauront certainement gré de publier ici cette éloquente démonstration de la doctrine des frontières naturelles, qui est, en même temps, la justification de nos revendications actuelles.

« barbares », c'est-à-dire les habitants de la rive droite, les Germains,
puis les Alamans, puis les Saxons (au temps de Charlemagne), puis
les Tiches (de « Deutsch »), puis, — et c'est une expression populaire
de dénigrement correspondant assez à « Boches », — les « Schwobs »,
c'est-à-dire les gens de la Souabe (Schwaben), enfin les Allemands,
du temps où l'on disait les Allemagnes et non l'Allemagne. Ce pays
de la rive droite, c'est le pays d'où sortent les invasions barbares, le
pays des forêts, des landes et des marécages, le pays des pièges et des
traîtres comme cet Arminius, cet Hermann qui, tribun de l'armée
romaine, attira dans le guet-apens les légions de Varus, le pays de
l'inconnu, du mystère et de la légende. Le Rhin est à travers les siècles
la dernière rue éclairée du côté de l'Orient germanique.

Cette preuve que le Rhin est une frontière naturelle, non seulement
parce qu'il l'a toujours été, mais parce qu'il est fait pour l'être, au
même titre que les trois mers, la Manche, l'Atlantique, la Méditerranée,
qui baignent le territoire de la France, et que les trois chaînes de montagnes, Pyrénées, Alpes, Jura, qui le circonscrivent, nous la demande-
rons donc, au cours des pages qui suivent, à la Géographie ; mais, dans
une introduction historique, nous montrerons que la France peut
faire remonter ses titres de propriété jusqu'aux origines de son histoire, et que ses droits de riveraineté se perdent dans le plus lointain
passé. Dans une troisième partie, nous indiquerons la tradition qui
se dégage au cours des trois derniers siècles, tradition en vertu de
laquelle la Monarchie et la Révolution qui fut son héritière, continuée
par Napoléon dont la politique extérieure se confond avec ses devanciers des Comités, trouva moyen d'adapter la vocation historique
de la France, la poussée vers le Rhin, avec l'état de fait, tel que le
faisaient les races, les langues, les nationalités, la géographie.

Les Celtes sur le Rhin

L'érudition moderne a pu depuis quelques années, grâce à Amédée
Thierry, d'Arbois de Jubainville, Longnon, reconstituer le domaine
et les migrations des peuples celtiques, qui ne sont autres que nos
aïeux les Gaulois ; ils n'ont pas laissé de monuments écrits de leurs
« Gestes » et c'est dommage, car cette histoire fut aussi glorieuse que
celle des Grecs et des Romains. Nous savons aujourd'hui qu'il y eut,
vers le viie siècle avant J.-C., un empire celte, comprenant, sans
compter les tributaires et les conquêtes passagères, la Gaule, qu'on
dénommait la Celtique, l'Espagne ou Ibérie, la Grande-Bretagne et
l'Italie du Nord. Ces vaillants guerriers remontèrent et descendirent
la vallée du Danube, prirent Rome (en 390), pillèrent le temple de
Delphes, passèrent les mers, la Manche et la mer Noire, s'établirent

en Asie Mineure sous le nom de Galates. A Rome, quand les Celtes a pprochaient, on proclamait qu'il y avait Tumulte « tumultus Gallicus », et tous couraient au rempart. Nous qui parlons avec admiration de l'Empire d'Alexandre, comment pouvons-nous ignorer la puissance, l'étendue, la durée, de l'empire celte, qui avait son siège en Gaule, car cet état fédératif avait son centre politique chez les Arvernes, en Auvergne, son centre religieux chez les Carnutes, dans ce pays de Chartres dont la fière cathédrale a pour origine le culte qui s'était perpétué en ce lieu sacré.

De même que le Danube joua dans l'empire celte le rôle d'une voie d'invasion, le Rhin, — mot d'origine celtique comme nous le verrons, — le Rhin fut pour eux à la fois une voie de circulation, au sens d'axe commercial, et un chemin de ronde, en face et le long des « barbares », des Germains, sujets des Celtes, mais sujets toujours prêts à la révolte. Par opposition aux Germains, nomades sans cesse en quête de terres fertiles et qui n'avaient même pas le sens de la propriété privée, les Celtes, d'une culture déjà avancée, étaient des bâtisseurs de villes, et c'est d'eux que datent la série de grandes villes qui s'égrènent le long du Rhin, en Suisse, en Germanie, en Hollande, cités florissantes, enviées ; car de longtemps les Germains n'en connurent point d'autres, et qui gardent encore leurs noms celtes comme preuve indiscutable de leur origine.

Telles furent Argentoratum (Strasbourg), Noviomagus (Spire), Borbetomagus (Worms), Moguntiacum (Mayence), Bingium (Bingen), Antunnacum (Andernach), Bonna (Bonn), Novaesium (Neuss), Noviomagus (Nimègue), Lugdunum Batavorum (Leyde). Si l'on tient compte que nombre de mots celtiques furent retraduits en latin, selon la loi linguistique des doublets, Condate par exemple en « confluentes », confluent, — tels les deux Koblentz — on reconnaît sans peine sous l'habillement latin de vieilles villes gauloises dans Constance (Constantiam), — notre Coutances, — Augst (Colonia Augusta), Cologne (Colonia Agrippina), qui fit l'objet d'une seconde fondation comme centre de la cité des Ubiens.

Donc le commerce animait déjà cette voie royale des peuples qu'est le Rhin. Le fleuve avait trouvé sa mission, celle d'être, en même temps qu'une limite et une défense, une grande voie de circulation nord-sud, entre pays différents et de production différente.

L'histoire écrite confirme cette possession séculaire de la rive gauche du fleuve par les Celtes. Le premier document historique, le plus célèbre texte relatif à la Gaule avec celui de Strabon, qui écrivait sous Tibère, c'est la page connue par laquelle César inaugure ses « Commentaires », qui ne sont autres que les « Communiqués » de l'époque. Il ne faut pas se lasser de la transcrire, parce qu'elle constitue le titre de propriété le plus ancien, titre incontestable de la Gaule, et de son héritière la France. à la possession de la frontière du Rhin. Voici la traduction de ce texte que confirme d'ailleurs celui de Tacite :

Gallia est omnis divisa in partes tres, quarum unam incolmet Belgœ, oliam Aquitani, tertiam qui ipsorum lingua Celat, nostra Galli appellantur... Gallos ab Aquitanis Gorumna flumen, a Belgis Matrona et Sequana dividit...

La Gaule dans son ensemble se divise en trois parties, dont l'une est habitée par les Belges, l'autre par les Aquitains, la troisième par ceux qui s'appellent euxmêmes les Celtes et que nous appelons les Gaulois... La Garonne sépare les Gaulois des Aquitains, la Marne et la Seine les séparent des Belges...

Eorum ana pars, quam Gallos... obtinere dictum est, initium capit a flumine Rhodano ; continetur Garumna flumine, Oceano, finibus Belgarum ; at tingit etiam ab Sequanis et Helvetus flumen Rhenum ; sergit ad septentriones.

La partie de la Gaule qui est occupée, comme je l'ai dit, par les Gaulois, commence au Rhône ; elle est bornée par la Garonne, l'Océan, le territoire des Belges; du côté des Séquanes et des Helvètes, elle touche même le Rhin ; elle regarde vers le Nord.

Belga ab extremis Gallia finibus oriuntur ; pertinent ad inferiorem partem fluminis Rheni ; spectant in septentrionem et orientem solem.

Les Belges commencent à l'extrémité du territoire de la Gaule ; ils s'étendent jusqu'au cours inférieur du Rhin ; ils regardent vers le Nord et le Levant.

Aquitania a Garumna flumine ad Pyrenaos montes et eam partem Oceani, quæ est ad Hispaniam, pertinet ; spectat inter occasum solis et septentriones.

L'Aquitaine s'étend depuis la Garonne jusqu'aux Pyrénées et à la partie de l'Océan qui est proche de l'Espagne ; elle regarde le Nord-Ouest.

(J. Cæsar, De Bello Gallico, lib. I., Cap. 1).

Ce texte est clair et ne prête à aucune équivoque : la Celtique comprend la Gaule, la Belgique, l'Alsace, l'Helvétie et s'étend jusqu'au Rhin ; au delà commencent la Germanie ou plutôt les Germains, car il s'agit de peuples sans lien et non d'un état cohérent.

La précision de ces textes et d'autres encore qui tous se confirment a gêné les Allemands, surtout depuis 1870, depuis qu'ils soutiennent que l'Alsace a toujours été allemande de population, et leurs philologues se sont ingéniés à prouver l'inanité de certains passages non moins concluants. Une des applications les plus imprévues de cette philologie mise au service du Pangermanisme, c'est le procès fait à un texte de J. César également et à un texte de Strabon, disant que le peuple des *Mediomatrices* (ce sont les habitants de Metz, et la filiation des deux noms est évidente), s'étendait jusqu'au Rhin. Cette affirmation chagrinait certains historiens, qui ont soutenu que le texte de César était « interpolé » tandis que celui de Strabon était copié dans Timogène. M. C. Jullian, reprenant la question, peu avant la guerre, n'a pas eu de peine à démontrer que le texte était authentique, que la cité de Metz s'étendait jusqu'au Rhin, et que le nom de la peuplade revivait sans doute dans celui de la Moder, rivière qui porterait ainsi un nom celtique.

LA DOCTRINE DES FRONTIÈRES NATURELLES

C'est sur les textes de Strabon, de César et des autres écrivains de l'antiquité, qu'a été fondée la doctrine, due à nos plus anciens écrivains politiques, ceux en particulier du xvi⁰ siècle, dite des « frontières naturelles » de la France, lesquelles doivent reproduire celles de la Gaule et coïncider avec des limites naturelles telles que la mer, les montagnes, les fleuves. A cette doctrine s'est conformée la tradition politique de l'ancien régime, d'elle est née la lutte séculaire contre la Maison d'Autriche, maîtresse des Pays-Bas, elle a été mise en pratique par la Révolution qui y a plié sa politique extérieure, ainsi que Napoléon. C'est elle que Richelieu formulait ainsi dans ses Mémoires : « partout où étaient les limites de la Gaule, là doivent s'étendre celles de la France ». Avant lui Henri IV, dont on se rappelle le « Grand projet », et tous les Capétiens, dans leur lutte patiente pour dégager les avenues de Paris, et pour ouvrir au domaine royal l'accès des mers extérieures, avaient appuyé leur politique sur cet idéal ; après lui, Mazarin, Louis XIV, Carnot, Bonaparte devaient le réaliser dans son intégrité et pousser la France jusqu'aux limites que lui avait fixées la nature, la Providence, disait Strabon. Or le premier article de cette charte de notre politique extérieure, c'était la libre possession du Rhin, limite qui devait être atteinte en dernier lieu seulement, alors que les Alpes (par le Dauphiné) avaient été atteintes sous Louis XI et les Pyrénées (par le Béarn et le Roussillon) dès le xvii⁰ siècle (Traité des Pyrénées, 1659).

LES ROMAINS ET LES GALLO-ROMAINS SUR LE RHIN

Les légions avaient essayé, sous Auguste, de franchir le Rhin : ces incursions aboutirent au désastre de la forêt de Teutbourg et au massacre des légions de Varus. Un habile général, qui dut à ses succès outre-Rhin le surnom de Germanicus, vengea cet échec, mais il eut soin, après chaque expédition, de retirer ses troupes en deçà du fleuve,

le long duquel, par la force des choses, se fixa peu à peu la limite traditionnelle de l'Empire. Le Rhin en constitua le fossé ; de puissants
camps retranchés, de ces camps permanents que l'on nommait « Castra
stativa » furent en arrière, parfois en avant, à titre de têtes de ponts,
les points d'appui de la défense mobile. Ces places fortes n'étaient autres
que les cités gauloises dont nous avons parlé et qui furent ainsi mises
à l'abri et agrandies. Cette défense fut confiée à huit légions, quatre
en Belgique (I, V, XX et XXI), formant l'armée de Germanie Inférieure, quatre dans la province rhénane (II, XIII, XIV, XVI), formant
l'armée de Germanie Supérieure. Sur les vingt-cinq légions qui constituaient en l'an 23 l'armée romaine, le tiers donc était affecté à la
défense du Rhin, contre quatre seulement à celle de l'Euphrate. Chaque
légion avait l'effectif d'une brigade en ne comptant que les citoyens,
d'une division avec les auxiliaires embrigadés qui doublaient les six
cohortes ; en y comprenant les troupes spéciales et contingents de tout
ordre, on dut arriver peu à peu à l'effectif d'un corps d'armée. Telles
furent les forces qui suffirent, pendant quatre siècles, à la protection
des Gallo-Romains contre les barbares, car la fusion entre les Romains
et les populations de race celtique avait été presque immédiate. Les
Celtes avaient renoncé à leur langage, qui tomba au rang de patois,
et qui n'était plus parlé que dans l'Argonne, vers le ve siècle. Lorsque les
Germains en armes parvinrent à forcer le passage du fleuve en 406,
— ce fut l'invasion des Suèves, Alains, Vandales, dite «la grande invasion », — ce n'est pas que les légions eussent failli à leur mission ni
perdu leur réputation d'invincibles, c'est qu'elles avaient été retirées
du Rhin pour faire face au centre, sur le Danube ou vers l'Euphrate, et qu'il n'y avait plus sur le Rhin que quatre légions
au ive siècle. Pourtant les Germains avaient pénétré, depuis des
années, et très nombreux dans l'Empire. Ils ne s'y présentaient
pas en conquérants, mais en amis, en cultivateurs soumis et
dociles, sollicitant la faveur de cultiver les terres vacantes et de
les défendre, à titre d'auxiliaires (*leti, faederati*), contre leurs
anciens compagnons d'armes qui seraient tentés de les suivre et
de pénétrer de force dans la « terre promise », dans les pays de la
rive gauche. Comme l'a prouvé Fustel de Coulange, aucune invasion violente n'a réussi à s'implanter en terre de Rome. Ces colonies
militaires se sont perpétuées, sous leurs noms de Taïfales, Marcomans,
Maures, Sarmates, jusque dans la nomenclature actuelle de nos villages. Cette pénétration pacifique explique les petites variations de
la frontière militaire autour du fleuve comme axe ; d'une part le Rhin
fut franchi par de petites colonies de Germains qui fondèrent, sous la
protection et la surveillance des légions, des colonies agricoles sur la
rive gauche, lesquelles devinrent peu à peu assez nombreuses et cohérentes pour donner lieu à un premier démembrement de la Gaule-
Belgique, tout le long du Rhin, sous le nom de Germanie Première et

Seconde ; elles correspondaient à ce qu'on appellerait aujourd'hui le territoire militaire, occupé par les légions. Les Germains immigrés, populations sédentaires et agricoles parfaitement tranquilles et prêts à prêter main-forte aux troupes régulières en cas d'incursion de leurs frères de race, y devinrent peu à peu la majorité ; on ne saurait mieux comprendre l'organisation de cette « marche » protectrice de l'Empire et de la Gaule qu'en la comparant à ces « Confins militaires » que l'Autriche devait organiser plus tard contre les Turcs. Si des populations germaniques pénétrèrent en Alsace, ce fut à ce moment-là, sans submerger pour cela l'élément indigène, et la preuve c'est qu'on parlait encore en, Alsace, comme d'ailleurs en Helvétie, vers le xe siècle, un dialecte dérivé du latin. Les Germains franchirent le Rhin, mais les Gallo-Romains le franchirent aussi, et s'établirent, entre Rhin et Danube, dans les Champs Décumates. A cette époque de leur histoire (fin de l'Empire) les Romains avaient cessé de donner comme frontière naturelle à leurs possessions la chaîne des Alpes, dont l'arc s'étend de Nice à Vienne ; ils avaient porté la ligne de défense, et la zone d'occupation, en avant de la chaîne, jusqu'aux grands fleuves qui en forment le fossé extérieur, le Rhin, le Danube, l'Euphrate, appuyés à de puissantes places fortes, Carnuntum, Vindobona (Vienne), Augusta Vindelicorum (Augsbourg). Il y eut dès lors, outre les huit légions de Germanie, sept légions sur le Danube, au lieu de quatre, et huit légions sur l'Euphrate, au lieu de six, ce qui faisait vingt-trois légions campées sur le fossé des grands fleuves, sur trente légions que comptait l'Empire en tout, sous Vespasien. Le point faible du système de défense était la soudure entre Rhin et Danube : les Romains y avaient pourvu au moyen d'une fortification continue, faite de murailles, de fossés et de tours, et dite le « Limes Germanicus » et « Rhœticus », couvrant les Champs Décumates et la Rhétie (la Suisse) entre le coude du Danube à Ratisbonne (Regina Castra) et le Rhin en aval de Koblentz. C'était, par anticipation, la muraille de Chine.

LES FRANCS SUR LE RHIN

A peine installés dans l'Empire, à la suite des vicissitudes que l'on sait, les Francs se considérèrent comme les héritiers des Romains, — nous dirions les Gallo-Romains — et d'instinct ils se retournèrent contre les Germains qui voulaient franchir le fleuve à leur suite. On a eu tort, d'ailleurs, à la suite des ethnographes allemands, qui ne perdent jamais de vue la propagande nationaliste sous le couvert de la science, de considérer les Francs comme de purs Germains ; ils étaient apparentés plutôt aux Bataves et aux populations côtières,

qui ont mis en valeur les « Marshen », et qui, aujourd'hui encore, sous
le noms de Frisons, gardent leur individualité ethnique. Ils reprirent
donc à leur compte, en particulier les Francs de l'Est, habitant l'Austrasie (ou Ostrasie, de *Ost*, l'Est), la garde sur le Rhin, qui resta dans
l'imagination populaire la limite traditionnelle entre les Francs roma-
nisés et les Germains restés barbares, nouveau ban de peuples rempla-
çant le lot de peuplades entrées dans l'Empire, et qu'on appelle dès
lors les Alamans, les Thuringiens, les Saxons. Ces trois peuples forment,
à l'est, au nord et au sud les bornes du territoire qui obéit aux fils de
Clovis, dont l'un, Thierry, possède un royaume à cheval sur le cours
du Rhin. A la mort de Charles-Martel (741), le royaume des Francs
déborde largement la ligne du Rhin, s'étend à toute l'Allemagne du
Sud actuelle, et touche à la Bohême. Ces Francs se reconnaissent-ils
au moins pour d'anciens Germains? nullement ; ils se prétendent descendants authentiques des anciens maîtres ; ils répudient leur cousi-
nage germanique, et pour prouver leurs dires, ils ont fabriqué à leur
usage une généalogie mensongère, où ils se prétendent les descendants
de Francus, le héros Troyen, fils de Priam. C'est le moment où Rome
cède le pas devant Byzance, et c'est pourquoi ils regardent vers l'Orient.
La filiation romaine, — on dirait presque l'affiliation — c'est aussi le
sens de la vie et de l'histoire à demi légendaire de Clovis, qu'il faut inter-
préter à la manière d'un symbole, à travers les embellissements des
« Récits des temps mérovingiens ». Lorsqu'il fut définitivement installé
en Gaule, Clovis se retourne contre les Germains, qui s'appellent alors
les « hommes de toute race », les Alamans. Grâce à l'appui du Dieu
de Clotilde, c'est-à-dire du Dieu des Gallo-Romains, invoqué à propos
dans la bataille, Clovis les défait à Tolbiac, dit la Chronique. Que ce
fût en réalité en Alsace, le sens de cette histoire est le même : Clovis
veut interdire à la confédération nouvellement formée le passage
du fleuve. Dès lors, il se met dans la main des évêques et de saint
Remi, héritiers de la tradition gallo-romaine et il contraint ses
compagnons, fiers Sicambres, à courber la tête devant l'autorité de
l'Église, personnifiant l'antique « majesté du peuple romain »; avec
lui, 3.000 de ses guerriers reçoivent le baptême (496), cérémonie
doublement symbolique, par laquelle non seulement l'Église chrétienne les recevait en masse parmi ses fidèles, mais surtout la société
gallo-romaine leur conférait ses lettres de grande naturalisation. Le
baptême, c'était alors le mode usuel de recevoir comme le droit de
cité dans la société issue du monde romain, et pour se représenter tout
le sens de l'immersion dans l'eau lustrale et de l'imposition des
mains, il faut penser à ce qui se passe encore de nos jours dans les
Balkans, où c'est la religion qui constitue le signe visible de la
nationalité.

LA LIGNE DU RHIN FRANCHIE SOUS CHARLEMAGNE

Les grands Mérovingiens avaient été perpétuellement en guerre contre les Germains, Alamans, Thuringiens et même contre les Slaves, Huns ou Avars ; ils avaient appliqué d'instinct ce principe de la stratégie moderne qu'une frontière se défend en avant de son tracé, par l'occupation des territoires extérieurs et non en arrière, par la défensive sur telle ou telle ligne de retraite. Charlemagne appliqua le même principe de porter la guerre chez l'ennemi, pendant les trente années qu'il guerroya contre les barbares d'outre-Rhin : Saxons campés dans la Westphalie actuelle, et divisés en Westphales et Ostphales, hordes slaves d'au delà de l'Elbe et de la Saale, Sorabes, qui de migration en migration sont allés en Serbie, Tchèques, Vendes ; en annexant à l'Empire franc cette vaste marche militaire, sur la rive droite du fleuve, c'était toujours la ligne du Rhin qu'il mettait à couvert, de même que pour couvrir les Pyrénées contre les Musulmans il avait occupé au delà des monts la « Marche d'Espagne », qui devint le comté de Barcelone, la Catalogne.

C'est cette création des Marches extérieures, sur toutes les frontières, qui caractérise la politique de Charlemagne et sa conception toute nouvelle de la défense de l'Empire, conception qui allait lui survivre, pour attester son génie, si bien que nombre d'Etats modernes ou de provinces ayant gardé depuis leur individualité ne sont autres que des Marches carolingiennes, Bretagne, Catalogne, Carinthie, Carniole, Frioul, Styrie, bientôt après marche orientale ou Autriche. On trouve de même aux origines de la hiérarchie féodale ses comtes « comites limitanei » et ses ducs affectés à la défense de la frontière, ses « marquis », « marchiones » ou commandants des marches. On conviendra qu'en se représentant ainsi le rôle de conquérant, il est un peu puéril de se demander, comme on le fait outre-Rhin, si Charlemagne est un Germain ou un Français. Il fut un Franc, héritier conscient de la tradition gallo-romaine, fier de relever le prestige du nom romain dont il se réclamait. Le jour de l'an 800 où il reçut à Rome, des mains du pape Léon III, la couronne impériale, il renouait la chaîne des temps, il abjurait, comme l'avait fait Clovis par son baptême, ses origines germaniques ; il se proclamait le descendant légitime des empereurs romains, légitime puisqu'il avait défendu contre les barbares la ligne du Rhin et reporté les frontières de l'Empire aussi loin qu'elles avaient jamais été, aussi bien en Germanie qu'en Pannonie, sur le Danube. L'Empire d'Occident était restauré en fait dans ses limites anciennes, dont on trouvera le détail dans la Chronique d'Éginard, et il n'était que juste que l'évêque de Rome, gardien de la tradition romaine, remît entre ses mains le globe d'or et la couronne, symbole de l'Imperium mundi.

Telle fut la fortune du descendant des maires du palais d'Austrasie.
C'est en tant que fils des leudes d'Austrasie que les historiens allemands revendiquent Charlemagne, et parce qu'il avait fixé sa résidence à Aix en sa Chapelle, comme dit la Chanson de Roland. Qu'était-
ce donc que cette Austrasie, ou *Austrie,* qui s'appelait jadis la Gaule-
Belgique, et qui va s'appeler désormais *Lothier* (Lotharingie)? Elle
était peuplée de Germains, aristocratie militaire qui s'était superposée
sans la submerger à l'ancienne population agricole gallo-romaine,
laquelle en vertu de la réaction habituelle était en train de conquérir
ses vainqueurs et de leur imposer sa langue. L'Austrasie par opposition à la Neustrie (non Austria), c'était le territoire militaire gardé
le long du Rhin par les Francs restés en armes, c'était déjà la Marche
avant que celle-ci fût reportée au delà du fleuve. La vraie traduction
serait «Les marches de l'Est», dans une région où la limite des peuples,
soumise à un flux et un reflux perpétuels, était indécise. Le sophisme
des historiens d'outre-Rhin consiste à confondre Austrasie et Germanie, sous prétexte que celle-ci fournissait parfois des guerriers à celle-là.
L'Austrasie était si peu la Germanie qu'on va l'appeler désormais
la *Francie* ou France de l'Est, « Francia Orientalis », par opposition à
la « Francia Occidentalis », la Neustrie, qui serait pour nous modernes
une sorte de territoire civil. Pourquoi d'autre part le grand empereur,
qui eut une intuition si claire des nécessités de la défense de l'Empire,
fixa-t-il sa capitale à Aix? Cette ville ne fut ni une de ces capitales
administratives, comme Madrid, qu'on place au centre, ni une « ville
Résidence » où l'on mène la vie de cour, comme Versailles ; mais une
capitale militaire, un poste d'observation établi à proximité de la
frontière, face à l'ennemi le plus menaçant, le Germain, le Saxon.
Ainsi jadis Trèves avait été la vraie capitale de la Gaule à la fin de
l'Empire, du temps où la préoccupation stratégique dominait toutes
les autres, où les Germains avaient commencé contre la Romanité
leur assaut séculaire, et parce que Trèves, au débouché du couloir
de la Moselle, route d'invasion souvent pratiquée, commandait les
routes qui mènent vers la vallée du Rhône, les Pays-Bas et le bassin
de Paris. Ravenne fut un instant, et pour les mêmes raisons, la capitale de l'Empire d'Occident menacé par les Wisigoths.

Saluons d'un dernier regard la glorieuse statue de Charlemagne
qui se dresse, au cœur de Paris, sur la place du parvis Notre-Dame.
Elle est là bien à sa place, et nous ferons en sorte qu'elle n'émigre jamais
vers la « Sieges-Allee ». Elle est de proportions plus qu'humaines ;
cette stature convient bien au chef de guerre « à la barbe chenue »,
qui a combattu toute sa vie sur le Rhin ou au delà, qui a soumis les
barbares, qui a contraint les Saxons de Witikind au baptême, les forçant à renier leur « vieux dieu » qui était déjà celui du pillage pour recevoir la loi nouvelle que les Gallo-Romains symbolisaient par la puri-

fication rituelle du baptême ; par là ils reconnurent la loi du plus fort,
la « Kraftprobe » ; ils s'avouèrent vaincus.

Son armure géante irait mal à nos tailles

a dit le poète, mais le souvenir de son œuvre doit faire partie intégrante de notre tradition.

A son tour l'Église reconnaissante pouvait-elle faire moins pour
son protecteur, son « avoué » laïque, que de le proclamer un saint?

L'apostolat de saint Boniface outre-Rhin

Le conquérant avait été précédé par le moine, Charles le Grand,
par saint Boniface. Comme cela se voit dans les offensives de la présente guerre, la catholicité et la romanité, unies dans l'assaut qu'elles
livraient à la barbarie, procédaient par infiltration. En ce premier
moyen âge, la tradition de la civilisation gallo-romaine était entièrement entre les mains des clercs, en particulier des réguliers, et le moine
convertisseur faisait part aux nouveaux adeptes du christianisme,
comme aujourd'hui le missionnaire aux indigènes d'Afrique, du précieux dépôt de la culture antique qui s'était conservé seulement dans
l'ombre tutélaire des cloîtres. L'apostolat chez les païens n'était donc
confessionnel qu'en partie ; convertir les Germains, c'était les civi-
liser au sens le plus large, et l'acte de foi, le baptême, qui les plaçait
sous le protectorat religieux du siège de l'apôtre Pierre les introdui-
sait du même coup dans ce que nous appellerions aujourd'hui la Société
des nations, si l'on ne donne pas à ce mot un sens utopique. L'apostolat de Boniface, secondant les entreprises militaires de Charles Martel,
fut donc une croisade avant la lettre, croisade chez les païens et non
chez les Musulmans. Lorsque les Croisades proprement dites auront
pris fin, après la 8e croisade, la conquête religieuse de la Germanie
reprendra, non plus en partant du Rhin comme base, mais de l'Elbe
et de la Marche de Brandebourg, non plus contre les Germains, mais
contre les Slaves, elle sera le fait d'ordres religieux nouveaux tels que
les Teutoniques et les Porte-Glaives, et les deux provinces qui seront
alors annexées à la chrétienté ne seront autres que la Prusse Occidentale et Orientale. Tel est le lien, lien dans le temps, lien de succession,
qui unit l'histoire de la région rhénane, l'évangélisation de la Germanie aux origines de la Prusse.

A Boniface, Germain converti, de son vrai nom Winrid, il fallait
pour l'investissement de la Germanie qu'il méditait une parallèle
de départ, et ce fut le Rhin, tandis que sa base d'opérations, place
offensive comme l'était Metz contre la France, ce fut le siège épis-
copal de Mayence, qui devint un archevêché.

A côté de Mayence furent créées deux autres métropoles ecclésiastiques: Trèves, l'ancienne capitale, et la colonie des Ubiens, Cologne,
autre tête de pont. Tout le long du Rhin, de Constance à Cologne,

et en aval, par Bâle, Strasbourg, Spire et Worms, jusqu'à Utrech
et à Leyde, s'égrenèrent les évêchés, les abbayes, les chapitres ; le
Rhin fut dès lors ce qu'il va rester dans l'histoire, la « Rue aux prêtres »,
le domaine des trois grands électorats ecclésiastiques, et toutes ces
villes rhénanes, que nous avons vues tour à tour cités celtiques et
« castra stativa » des Romains, nous les retrouvons agrandies,
enrichies, tranquilles et prospères, car « il fait bon vivre sous la crosse »,
joyeuses au bruit des cloches, dans leur nouveau rôle de « cités » archi-
épiscopales, épiscopales, abbatiales, collégiales et autres. Ce rôle qui
a duré dix siècles, qui dure encore puisqu'elles sont la forteresse du
parti du « Centre », elles le doivent à la prédication de Boniface, soutenue, suscitée sans doute par Charles Martel.

Le Rhin resta le rempart de la catholicité et de la « Chrétienté » —
ainsi s'appellera désormais la civilisation héritière de Rome, — d'abord
contre les Saxons, qui retournaient au Paganisme dès que s'éloignaient
les guerriers francs puis contre la Réforme. Tandis que les héritiers
des Chevaliers Teutoniques, les margraves de Brandebourg, passaient
en effet à la Réforme pour séculariser leurs domaines, les princes de
l'Église, en pays rhénan, restaient fidèles à Rome et à l'unité « catho-
lique ». Et ceci n'est pas un simple fait d'histoire religieuse, car, en
histoire, rien ne s'oublie ni rien ne se perd. Les populations rhénanes,
restées catholiques, se tournèrent désormais vers la France, comme
vers un pôle naturel d'attraction. Les armées de Kléber et de Hoche,
les soldats de l'an II arrivèrent sur le Rhin précédés de ces sympathies,
et quand ils s'enfermèrent dans Mayence pour y soutenir un siège
célèbre, ils avaient pour eux toute la population. Les idées libérales
qu'ils apportaient avec eux leur valurent l'appui des classes populaires ; plus tard le Code Napoléon fut indéracinable, et il fallut bien
que la Prusse elle-même s'en accommodât.

Voilà comment le présent tient au passé. Si les pays rhénans, entre
1815 et 1870, même jusque vers 1880, restèrent si obstinément
fidèles au souvenir de la France et s'ils attendirent, confiants dans les
réparations de l'histoire, l'effacement de la grande iniquité des traités
de 1815 et le retour à ce qu'ils considéraient comme la mère patrie,
s'il y eut, soixante années durant, une question des provinces rhénanes
aussi aiguë, aussi dramatique, au témoignage de E. Quinet, de V. Hugo,
de tous les Rhénans, d'historiens comme Goerres et des Prussiens
eux-mêmes, que le fut, depuis 1870, la question d'Alsace-Lorraine,
c'est à l'apostolat de Boniface qu'il faut remonter pour voir fructifier
plus de mille ans après les germes déposés dans cette terre rhénane
qui ressemble tant à la nôtre. Nous sommes trop ignorants de notre
propre histoire, trop oublieux et par conséquent ingrats à l'égard
des générations précédentes, trop portés à laisser dormir dans la
poussière des archives des titres, des parchemins et des chartes dont

les autres feraient état comme de lettres de gage et de titres de reven-
dication. Faisons retour parfois à cette conquête de la Germanie par
le christianisme, dans laquelle se retrouve la main habile des grands
chefs francs qui réalisèrent une première fois, et en moins d'un siècle,
l'œuvre patiente et séculaire de nos rois de la troisième race. Lorsque
Boniface couronna, en 752, Charles Martel « roi des Francs », c'était une
vue anticipée du couronnement de Charlemagne en l'an 800, c'était
aussi le témoignage de reconnaissance de l'archevêque de Mayence envers
le collaborateur qui lui avait préparé les voies et fourni les moyens.

LE TRAITÉ DE VERDUN (843). LA PERTE DE LA LIGNE DU RHIN

L'an 800 marque l'apogée de cette politique ; moins de cinquante
années après, c'est le renoncement à la ligne du Rhin, par une sorte
de coup de théâtre que n'explique aucun revers militaire, c'est le
traité de Verdun (843), que rien ne faisait prévoir, et qui au lieu
d'être un accident passager s'impose à toute notre histoire ultérieure
et pèse encore aujourd'hui sur notre politique. En un sens, le traité
de Francfort ne fut que la monnaie du traité de Verdun. Que s'est-il
donc passé? Pourquoi la limite de ce qu'on va bientôt appeler le
« royaume » ou le « domaine » fut-elle brusquement ramenée en arrière,
du Rhin sur la ligne fluviale presque continue formée par la Meuse,
la Saône, le Rhône? Pourquoi l'Empire va-t-il échapper aux occupants de l'ancienne Gaule, et commencer précisément, en dehors de
la France, contre la France, sur la rive gauche de ce fossé fluvial
dont il a été question? « Touche à l'Empire ! (à gauche), touche au
Royaume ! (à droite), » criaient encore récemment les bateliers de la
Saône et du Rhône, attestant la persistance populaire d'immémo-
riales traditions. Ce partage de l'Empire entre les petits-fils de Charlemagne, dont les mains débiles n'étaient pas de taille à en soutenir
le fardeau, ne fut pas un recul de la romanité, ce fut une accession
des Germains à la romanité, et de leur souverain, qui s'appela, pour
la première fois, « Louis le Germanique », tout en se réclamant de
la filiation de Charlemagne, empereur d'Occident, roi des Romains
d'abord. La « part de Lothaire », Lotharingie ou Lorraine, long
couloir découpé artificiellement entre les Etats de Charles le
Chauve et ceux de Louis, est une création inspirée de l'esprit
féodal, de la tradition germanique, qui considère les domaines et
les Etats comme la propriété du chef de guerre, comme une propriété
privée qu'on peut partager au gré des convenances personnelles.
Les peuples, les occupants n'ont rien à dire, ils sont partagés
avec les terres. Lothaire restait empereur, et comme l'Empire
avait deux têtes, deux capitales, l'une, religieuse et morale, Rome ;
l'autre, militaire, Aix, place forte et centre organisé de la défense
contre les Germains, il fallait bien permettre à l'Empereur de se

porter sans cesse de l'une à l'autre. Ainsi fut créé ce territoire tout en longueur, ce couloir, lorrain, séquanien, rhodanien, unissant la mer du Nord à la Méditerranée, auquel ne convenait aucun nom géographique d'ensemble, aucun nom commun de région, et qu'il fallut bien appeler la part de Lothaire, *Lotharli regnum*, la Lotharingie, qui donna dans la suite à la fois *Lorraine* et *Lothier* en Belgique. Mais cette part restait la terre des Francs, la Francie, la « Francia media », intermédiaire entre la « Francia Occidentalis », qui va rester la France « sensu stricto » et la « Francia Orientalis », tout entière désormais de l'autre côté du Rhin, coïncidant avec l'ancienne Germanie, et qui va devenir l'Allemagne, les Allemagnes, comme on disait alors.

Comment, par la force des choses, Louis le Germanique se germanisa de plus en plus et devint un prince selon le cœur de ses sujets, on le comprendra sans peine : pareille aventure arriva aux propres frères de Napoléon, Joseph en Espagne et surtout Louis en Hollande. Mais d'autre part il se souvenait qu'il était le petit-fils de Charlemagne, et ses sujets se dirent qu'ils participaient grâce à sa personne à la majesté impériale. Avant peu l'Empire sortira de la maison de Lothaire, de la Lotharingie, création de la politique que l'histoire n'a pas sanctionnée, et se transportera outre-Rhin, dans cette ancienn Germanie qu'il avait reçu pour mission de combattre et de refouler lors de sa résurrection (1) : le nouvel Empire restera « Romain » par ses origines, pour justifier sa légitimité, et tendra invinciblement vers « Rome capitale » ; comme il sera de fait un empire allemand, reconstitué sur le sol de l'antique Germanie, il s'intitulera, d'un titre complexe et presque contradictoire, « le Saint Empire Romain de nation germanique ». Il a duré, comme durent beaucoup de créations artificielles, comme l'Autriche par exemple, atteint par lui-même d'une incurable faiblesse, mais renaissant à la vie chaque fois que le chef d'une puissante maison féodale ceignait la couronne de Charlemagne, et appuyait sur le bloc de ses Etats héréditaires cet édifice vermoulu, dont Voltaire disait qu'il n'était ni saint, ni Romain... N'oublions pas du moins qu'en droit la couronne n'appartenait nullement à un prince allemand ; en 1519, François Ier se porta candidat contre Charles d'Espagne, duc d'Autriche, et s'il ne fut pas élu c'est que ses émissaires n'avaient pas su y mettre le prix.

Dans cette « Francia Orientalis », la langue populaire, dialecte issu des parlers germaniques, et évoluant vers le « Platt Deutsch » ou le « Hoch Deutsch », l'emportera facilement, dans le parler usuel, sur la langue des prêtres et de la société, la langue internationale

---

(1) Lothaire et son fils Louis II (855-875) furent les deux seuls empereurs « lotharingiens ». Charles-le-Chauve se fit proclamer empereur en 875 ; avec Henri Ier l'Oiseleur, de la maison de Saxe (919), succédant au dernier Carolingien Louis l'Enfant, la dignité impériale émigra en Allemagne.

qu'était le latin. La langue littéraire se défendit plus longtemps, le latin ne tomba en désuétude que pour céder la place au français, — Leibniz écrivait en français — et il fallut la croisade de Wener, Thomasius, Wolf et des nationalistes pour installer l'allemand dans la langue écrite.

Entre Rhin et Meuse la bande intermédiaire, la « Francia media » qui était une route, mais non un Etat, ne pouvait survivre à l'idée qui avait présidé à sa fondation. Elle alla en se démembrant, en donnant naissance à des États éphémères, Royaume de Bourgogne, Royaume de Provence, Royaume d'Arles. Là les éléments gallo-romains, ou les immigrants germains assimilés, furent assez nombreux pour défendre leur langue (c'était déjà le dialecte roman du Serment de Strasbourg) (842) et la limite traditionnelle, telle que l'a tracée Longnon entre autres, n'a que bien peu varié au cours des siècles. L'Alsace, de peuplement celtique, perdit sa langue vers le Xe siècle seulement et partiellement le parler tudesque gagna du terrain en Suisse, malgré la résistance des abbayes telles que Saint-Gall, centres influents de latinité, et en trois vagues successives submergea l'ancien pays des Helvètes jusqu'à l'actuelle limite des langues. La vérité est que la région intermédiaire, comme la Suisse actuelle, la Lorraine, l'Alsace, la Belgique, parlait, comprenait du moins à la fois les deux langues, le roman et le « tiche ». « Lotharingia bilingua », a dit un ancien chroniqueur et avec raison.

Au point de vue de la souveraineté politique, la France, recréée par les Capétiens autour de l'Ile-de-France comme noyau, et l'Allemagne, vont se disputer la région intermédiaire. La politique traditionnelle de la France va tendre vers le Rhin, y prendre pied d'abord, l'avoir comme limite ensuite, tandis que celle de l'Allemagne sera de l'en écarter. De siècle en siècle, par une poussée irrésistible, la France va se rapprocher du but, et la dernière phase de ce duel séculaire sera la lutte contre la maison d'Autriche, héritière de l'Empire, que les Bourbons rencontrent en Italie, en Espagne et sur le Rhin. Richelieu, Mazarin, Louis XIV abattent la maison d'Autriche et les vieilles bandes espagnoles, les « Tercios » ; les traités de Westphalie (1648) nous cèdent l'Alsace et la ligne du Rhin, Strasbourg se donne à la France. Sous Louis XV la monarchie oublie sa tâche traditionnelle, et Louis XVI paye la faute de sa tête ; la Révolution, d'abord par la main ferme des Comités, puis incarnée dans un homme, Bonaparte, se substitue à la dynastie défaillante et par les traités de Bâle (1795) et de Campo-Formio (1797), les plus grands peut-être qu'ait signés la France, l'Empire cède à la « République » toute la rive gauche du Rhin. C'était, pour le nouveau régime, son vrai titre de légitimité. En 1797 enfin le traité de Verdun était aboli; il avait fallu huit siècles et demi pour conquérir à la France ses frontières naturelles ou « légitimes ».

II. — LE RHIN

ASPECT GÉOGRAPHIQUE DU FLEUVE ET DE SES AFFLUENTS.

MESDAMES, MESSIEURS,

Si nous jetons les yeux sur une carte hydrographique où ne figurent que le Rhin et ses affluents, où apparaît par conséquent en blanc le pourtour du bassin, le premier caractère qui nous frappe c'est la dissymétrie, par contraste avec un fleuve tel que la Seine, par exemple, qui possède un centre, point déprimé de la cuvette topographique, point de convergence pour tous les cours d'eau. Le Rhin n'a aucun centre de symétrie de ce genre, et nous verrons que le bassin de Mayence s'est formé sur le tard. Ce caractère d'ensemble se traduit ainsi dans le détail : à des élargissements du bassin, où les limites et les lignes de partage s'écartent du cours du fleuve, succèdent des rétrécissements, voire des étranglements, que la Seine ou la Garonne ne connaissent pas. A la hauteur de Bâle, entre les affluents du Danube et du Doubs, il n'y a pas 100 kilomètres d'écart ; le bassin se rétrécit encore une fois lorsque le Rhin a reçu les deux faisceaux d'affluents qui se font équilibre, à gauche celui de la Moselle, à droite, celui du Neckar et celui du Main. A mesure que nous le connaîtrons mieux, il apparaîtra comme fait de pièces et de morceaux, lentement constitué au cours des âges par l'annexion de tel ou tel système fluvial jusque-là indépendant, ici la haute Moselle, là la plaine d'Alsace, qui a été jadis fond de mer.

Lorsque le Rhin rassemble toutes ses eaux sous les ponts de Bâle, le resserrement du cours correspond à un étranglement du bassin, dont la largeur n'excède pas 25 lieues ; à cet étroit couloir se réduit l'ample bassin du Rhin alpestre, dont toutes les eaux, celles du plateau et celles de la montagne, se rassemblent dans la région d'Aaran et de Koblentz (du latin Confluentes). La Suisse, dont la plus grande partie des eaux se réunit dans la coulière rhénane, une faible partie, allant au Rhône, forme un de ces systèmes hydrographiques fermés qui sont caractéristiques de l'Europe centrale et dont maint autre exemple nous est fourni, dans l'Europe Hercynienne, dans l'Europe moyenne, soit par le cours de l'Elbe qui rassemble au défilé de Teschen toutes les eaux de la Bohême, soit par le Danube lui-même qui écoule par les Portes de Fer toutes les eaux drainées par lui dans le bassin de Pannonie. Ce système de bassins presque fermés, de bassins intérieurs caractérise de même le bassin rhénan, dont les affluents aussi, tels que le Neckar, le Main, la Moselle, rassemblent leurs eaux dans une cuvette avant de s'ouvrir vers la mer une issue étroite, par ce qu'on appelle en Allemagne une Porte (exemple, la Porte de Westphalie, du Weser, la « Porta Hercynia », ou défilé de Pfortzheim, où revit le nom primitif.

Le Rhin est donc bien par là un fleuve de l'Europe centrale, comme le Danube et l'Elbe. Pourtant il fait non moins étroitement partie de la région française, non seulement par son rôle historique, qui est d'avoir servi de frontière naturelle et traditionnelle, dès l'antiquité, à la Gaule, puis à l'Empire romain, mais aussi du point de vue géographique. Si le Rhin fait pendant au Danube, il fait pendant aussi au Rhône, qui égoutte l'autre partie des glaciers de la Suisse, et qui sort comme lui du Saint-Gothard. Le Rhin enfin coupe en deux, presque par le milieu, cette vieille terre rhénane, cet ancien massif, jadis unique, Vosges-Forêt-Noire, qui s'est rompu sur son parcours, et du sommet duquel descendent vers l'Est et vers l'Ouest des auréoles symétriques, des couches qui réapparaissent dans le même ordre, des grès surtout et des calcaires, des terrains de Trias, qui font réapparaître les mêmes terres fortes, les mêmes paysages agricoles dans ces deux régions qui se correspondent et par suite se ressemblent, la Lorraine à l'Ouest, la Souabe et la Franconie à l'Est. Ce bassin de Souabe et de « Franconie », l'ancien pays des Francs orientaux (*Frankenland*), fait pendant au bassin de Paris, et en ce sens le Rhin rapproche et réunit autant qu'il divise. Le Rhin est français aussi par ses affluents, comme la Moselle, et par la Meuse qui mêle ses bouches aux siennes et forme avec lui un système conjugué. Il est français enfin par ses vignobles, par les « vins du Rhin », par ceux de Spire et du Rheingau (Johannisberg), qui sont frères de ceux de la Moselle et qui font des pays rhénans un « Midi allemand » où l'on se sent plus près de la France que de la Germanie.

Enfin le Rhin n'est pas un fleuve des Germains, c'est un fleuve des Celtes, nommé par les Celtes ; il a toujours été, ainsi que le Tibre, un père nourricier, d'où son nom (Vater Rhein), comme la Marne était une mère « Matrona ». « Rhin » est un mot celtique, et la preuve en est que quand les Celtes se sont établis en Italie, au ive siècle avant Jésus-Christ, et fondé Bologne (l'ancienne Felsina), ils ont attribué son nom au torrent voisin, le Reno, tandis que l'Apennin prenait le même nom que les Alpes Pennines (du dieu Penn) et la chaîne Pennine d'Angleterre. Le Danube (Danubius), est aussi un nom celtique, et il est à remarquer que les quatre fleuves issus du Saint-Gothard, et qui se rendent dans quatre mers opposées, le Rhin, le Rhône, le Danube par l'Inn, ou Enn (Engadine), le Pô, l'ancien Eridan, qui en provient par le Tessin, ont tous quatre des noms celtiques. Il en est de même des principaux affluents du Rhin, Meuse et Moselle, Neckar, Main, dont le nom se retrouve dans le mot celtique de « Moguntiacum », Mayence. César avait donc bien raison quand il assignait le Rhin comme frontière aux Gaulois sur tout son cours, non seulement aux Belges dans la Belgique actuelle, mais aux Helvètes, peuple celtique, en Suisse.

Le premier bassin rhénan. — Le Rhin en Suisse

Nous ne parlerons du Rhin en Suisse que pour signaler la convergence des eaux sous les ponts de Bâle, où il a près de 200 mètres de large, et où il est déjà constitué au point de vue hydrographique, celui du débit. En amont, au défilé des quatre «Villes forestières », le Rhin mord légèrement sur le granit de la Forêt-Noire, comme le Danube sur le massif de Bohême. C'est un peu en amont du défilé, à Koblentz, que se fait le confluent du Rhin et de l'Aar, celui-ci amenant, d'ailleurs, une masse d'eau bien plus considérable, malgré la présence du lac de Constance qui sert de régulateur au Rhin comme le Léman au Rhône. Un peu en aval de Brugg, l'Aar a collecté toutes les eaux du Plateau, et il fut un temps où le Rhin était son affluent, lorsque au lieu de faire tout le tour de la Suisse par le nord, par Constance et Schaffouse, il passait par le défilé de Sargans, empruntant le cours de la Linth, le lac de Zurich, la Limmat et dessinant ainsi l'axe médian de la Suisse.

Le Rhin, en Suisse, fait maintenant le tour de son domaine hydrographique, tandis que son maître affluent, l'Aar, coule à l'autre extrémité du Plateau, dans la rainure qui jalonne le pied du Jura ; les principaux affluents sont compris entre les deux coulières. Au sortir des montagnes, — on appelle « Rheintal » la haute vallée, — la pente s'amortit, et se renverse même en une contre-pente, derrière un barrage de moraines frontales : là, dans un palier que dessine jusqu'au rapide de Laufen, à Schaffouse, le lit superficiel, s'est logé un grand lac, lac de Constance ou Bodan, l'ancienne «mer de Souabe» à 398 mètres; cette stagnation des eaux, ce palier dans le profil en long, indique dans le tracé du cours du fleuve une hésitation, et en effet, dans une première époque de son histoire, le Rhin a coulé vers le Danube, il fut un affluent danubien, et ce haut bassin alpestre fut drainé par un tributaire de la mer Noire, par le fleuve d'Ulm.

Disons tout de suite qu'à une autre période de son histoire, le Rhin fut un affluent du Rhône, par l'intermédiaire du Doubs et de la Saône, et que le bassin intérieur constitué par la Suisse fut tributaire de la Méditerranée ; combien avions-nous raison d'affirmer que le Rhin faisait aussi partie de la région française ! On peut constater qu'entre le Rhin à Bâle (250 mètres d'altitude) et le Doubs à Montbéliard

(322 mètres) la différence d'altitude est faible, et que jamais le prétendu « col de Valdieu », large seuil bien ouvert à 345 mètres, n'a pu
former une barrière. Rien n'empêchait donc le Rhin de passer par là
quand il coulait à une altitude de 100 mètres supérieure, et l'on retrouve
sous forme de cailloux roulés les graviers de Sundgau, les alluvions
qu'il étalait alors sur la Haute-Alsace. Cet épisode est d'ailleurs très
rapproché de nous, puisqu'il est contemporain ou à peu près de la
glaciation quaternaire, et nous l'avons rapproché du précédent pour
montrer combien le tracé du cours d'un fleuve est relatif et variable,
comment le Rhin a pu couler tantôt vers la mer Noire et tantôt vers
la Méditerranée, tout à l'inverse du cours actuel. Un fleuve est formé
de pièces et de morceaux qui comme unités peuvent garder une continuité relative, mais dont l'assemblage, l'arrangement varie perpétuellement.

LE RHIN DANS LA PLAINE D'ALSACE

Nous savons déjà comment s'est formée la plaine d'Alsace, par
effondrement du dôme, un instant surélevé, que constituait la « Terre
Rhénane », peu avant les mouvements alpins, à l'époque oligocène.
Puis se produisit, venant du nord, par le détroit de la Hesse qui reste
un couloir déprimé à l'heure actuelle, l'invasion de la mer oligocène,
ce qu'on appelle en géologie une transgression, et ensuite, par un
processus de lente exondation, le comblement par des sédiments
d'abord marins, puis lacustres, enfin fluviatiles. Le Rhin s'est donc
installé en place d'un grand lac, qui fut l'analogue, sinon le contemporain des lacs de la Limagne et du Forez, comme le Danube, dans le
bassin de Pannonie et la Valachie, prenait peu à peu la place des lacs
Pontiens, à mesure qu'ils s'asséchaient.

Le Rhin a colmaté cette plaine et il continue à l'alluvionner ; on
peut dire d'elle ce qu'Hérodote disait de l'Égypte, qu'elle est un présent du Nil. Encore aujourd'hui, on ne voit que lui en Alsace, son
lit, ses faux bras et ses îles, qui jadis, avant la correction, s'étalaient
sur 7 à 8 kilomètres de large, constituant alors une vraie frontière
naturelle, difficilement franchissable, les forêts de plaine, à moitié
noyées, qui ont poussé sur ses cailloutis, bons tout au plus à cela,
telles la « Hardt » de Mulhouse et celle de « Haguenau », la « Forêt Sainte »,
les villes sur le fleuve qui n'ont joué d'autre rôle que d'être des têtes
de pont, là où le lit était guéable, telles que Huningue, Vieux et Neuf-
Brisach, Kehl. On ne voit que lui ou son affluent principal, l'Ill, qui
a donné son nom à l'Alsace (Elsass), nom qui s'est substitué peu à peu
à Rheingau, le long duquel s'alignent en sécurité maisons, moulins
villages et villes, parce que le Rhin, instable et non fixé, repoussait,
submergeait, anéantissait ou tout au moins déplaçait les lieux habités

tels que le fort de Brisach. L'Ill est vraiment l'axe de cette riche plaine ;
il s'allonge parallèlement au Rhin, ne pouvant s'unir à lui que vers
Strasbourg, parce que sans cesse les cailloutis et les sables mouvants
du Rhin le repoussent plus au nord, de sorte qu'il a rejoint la Bruche ;
en dépendance directe avec le fleuve sont aussi, sur la rive droite, les
marais qui remplissent la plaine de Fribourg-en-Brisgau, forçant cette
capitale à s'établir sur le cône de déjections du Dreisam, marais qui
stagnent derrière le barrage de laves du Kaiserstuhl, volcan minuscule
qui a surgi par la fente ouverte de l'écorce terrestre.

Pourquoi le Rhin éloigne-t-il de lui villes et villages, et en général
toute installation humaine ? Le noyau de Strasbourg s'est installé
sur l'Ill, non sur le Rhin. C'est que son cours est instable en Alsace,
représentant un élément sauvage encore et indompté, une nature
primitive où se cachent et nichent les oiseaux migrateurs, qui se dirigent
sur le ruban clair du fleuve, où s'abritent une flore et même une faune
originales ; il n'y a pas longtemps que le castor y vivait. Le cours du
Rhin n'était pas fixé, avant la correction, commencée sous la domination française, parce qu'il est très rapide, parce que le profil, en dessous de Bâle, redevient plus incliné qu'en amont. Cette considération
du profil en long devient ici prépondérante : le Rhin, en dessous de
Bâle, n'est, avec sa pente de plus de 1 p. 1000, qu'un torrent alpestre
à peine assagi. Retenu et ralenti par le barrage de granit des villes
forestières, il se précipite de plus belle en aval, dans cette plaine cail-
louteuse qu'il n'a pas fini d'exhausser. A Bâle, son altitude est de
243 mètres, à Lauterbourg, au confluent de la Lauter, à 240 kilomètres de là, avec les détours ; lorsqu'il va sortir d'Alsace, elle n'est
plus que de 100 mètres, de là ces déplacements, ces perpétuelles diva-
gations, qui ont fait passer par exemple Brisach sur la rive droite,
qui ont détruit l'ancienne ville d'Eltz, qui ont forcé Strasbourg, l'antique « ville du passage et de la route », à s'enfuir, à se défiler à quelque
distance, sur l'Ill, plus calme et plus hospitalier.

De là l'extrême difficulté de franchir le Rhin, à cause de son courant
rapide, de ses déplacements continuels, de son immense largeur avant
l'endiguement, de la rareté des gués et de celle des ponts, celui de
Kehl ayant été longtemps le passage unique sur la route traditionnelle ; cette « Strasse », d'où vient le nom actuel de Strasbourg, l'ancienne « ville du gué », Argentoritum. On comprend que le Rhin, en
particulier le Rhin d'Alsace, ait servi de toute antiquité de limite aux
Gaulois et aux Germains, et jamais limite ne fut plus naturelle ; rarement la théorie des « frontières naturelles » s'est appuyée sur un
exemple plus concret.

Cette pente qui fait du Rhin presque un torrent explique les obstacles
qu'oppose le fleuve à la navigation entre Strasbourg et Bâle et la difficulté qu'on aura à en tirer parti. Aussi avait-on établi sous la domina-

tion française un système de canaux longeant le Rhin, celui du Rhône
au Rhin qui rejoignait à Strasbourg celui de la Marne au Rhin. On
parle aujourd'hui d'utiliser le fleuve lui-même, dont on diminuerait
la pente au moyen d'un système d'écluses, — mais ce fleuve barré
d'écluses, soumis à des taxes de navigation ne serait guère « le Rhin
libre » dont la Suisse a un si pressant besoin.

A Lauterbourg, à 100 mètres juste d'altitude, le fleuve se calme ;
cette limite de l'Alsace n'en est pas la limite traditionnelle ; la vraie
limite de l'Alsace, c'est la Queich, et sa vraie défense, c'est la forteresse
de Landau. L'Alsace fut victime, en 1815, du fait de la Prusse, d'un
premier démembrement, et lorsque cette puissance fut installée sur
le Rhin, sans y avoir aucun droit, par les traités de Vienne en 1815,
grâce à la faiblesse de la diplomatie européenne qui, ne voulant pas
donner à la Prusse la Saxe, lui cherchait à l'ouest une « compensation »,
elle s'adjugea un morceau de la province, dont elle avait réclamé la
totalité, c'est-à-dire le bassin houiller de la Sarre et Landau, avec la
Lauter comme limite.

LE BASSIN DE MAYENCE

La caractéristique du fleuve, entre Strasbourg, qui n'est pas sur le
Rhin, et Mayence, c'est que les villes ne craignent plus de s'établir
sur son cours moins impétueux ; il n'y en avait aucune depuis Bâle,
où le Rhin se resserre à cause du tournant. Ces villes sont Wœrth,
Germersheim, Spire, Mannheim et Ludwigshaven, Worms, Oppenheim,
toutes places fortes gardant, ainsi que Frankenthal, à quelques kilomètres sur la gauche, un pont ou un passage, déchues de leur importance sauf Mannheim, grande place de commerce assise là où la pente
s'amortit tout à fait (85 mètres), où commence par suite la grande navigation. Le Rhin change de physionomie, il se fixe entre des rives plus
stables, et c'est cela que nous devons expliquer, bien qu'il subsiste
de nombreux faux bras, encore représentés, avant la correction du
XIXe siècle, sur les anciennes cartes, à échelle plus ou moins grande,
de ce théâtre privilégié d'opérations militaires.

Ce sont les conditions générales de la région qui en rendent compte.
Nous sommes là dans une nouvelle unité naturelle, dénommée avec
raison le bassin de Mayence, et où les sondages ont révélé une profondeur d'une centaine de mètres au moins d'alluvions fluviales,
témoignant de l'existence d'un ancien lac. Donc le fleuve a remblayé,
et il continue de remblayer une région en voie d'affaissement. Tandis
que le massif schisteux rhénan, en aval, s'élevait peu à peu comme nous
le verrons, le bassin de Mayence s'enfonçait, par contre-partie. Le Rhin
a donc été attiré par la dépression, et il fut même un temps où il s'échappait, non pas vers les Pays-Bas, comme aujourd'hui, mais en suivant

la dépression hessoise et le cours de la Weser, vers le golfe actuel de la Weser. Ce sont les volcans, le Rhœn et le Vogelsberg, qui ont intercepté la vallée et fait rebrousser chemin au fleuve.

A mesure que le bassin de Mayence se dessinait et s'enfonçait, il a dû se former là un lac, dont on retrouve les traces, sous forme de terrasses, en aval de Mayence ; elles atteignent, à Bingen, 80 mètres au-dessus du fleuve ; ce lac fut rapidement comblé par des sédiments de toute sorte, alpestres et volcaniques, et c'est l'attraction exercée sur son cours par cette dépression qui explique la forte pente du fleuve en amont, en Alsace, le creusement se propageant par érosion régressive. Avec les progrès du comblement, l'alluvion, la plaine alluvionnaire constituée par les sables et argiles de Mayence, se propage vers l'amont, et en ce point le profil du fleuve subit une brisure, la pente s'amortit rapidement. Alors le Rhin, plus encore que des faux bras, décrit des méandres, qu'on a coupés, tandis qu'il n'en fait pas en Alsace, où il précipite son cours vers la dépression. Entre Mannheim, à 85 mètres et Mayence, à 83 mètres, le Rhin, avec ses circonflexions, est encore tout voisin de l'Etat lacustre. La pente redevient plus forte de Mayence à Blingen (78 mètres), à cause du recreusement des terrasses de cailloutis.

LA TRAVERSÉE DU MASSIF SCHISTEUX RHÉNAN

Le Rhin a forcé jusqu'à présent bien des obstacles ; il a mordu sur la Forêt-Noire dans les villes forestières, parcouru le plateau du Jura tabulaire où il s'est approfondi et enfoncé jusqu'à descendre au-dessous de 300 mètres, traversé le dôme rompu de la terre rhénane ; une fois passé Mayence, il vient butter contre le plus important de tous, le plus continu, sinon le plus élevé, haut en moyenne de 700 mètres, mais dont la façade relevée vers le sud s'élève à 800 et même à 900 mètres (Feld Berg, 880 mètres). Ce bord redressé s'appelle le Taunus, entre le Main et la Lahn, auquel fait suite, sur la rive gauche du fleuve, le Hunsruck entre la Nahe et la Moselle ; c'est ensuite le Westerwald (r. d.) et l'Eifel (r. g.) par lequel on rejoint l'Ardenne. Le Rhin se heurte à lui vers Mayence, il est dévié vers l'ouest, comme la Seine en amont de Montereau, et il le traverse enfin entre Bingen et Bonn.

Ce cours, que Michelet appelle « le cours héroïque », et qu'a célébré Victor Hugo (rappelons-nous que Michelet, V. Hugo, E. Quinet écrivaient du temps où la rive gauche du Rhin aspirait à redevenir française pour échapper à la Prusse), cours étranglé, semé d'écueils et de rapides, touchant à d'innombrables châteaux, burgs, abbayes, est un des problèmes troublants de la géographie physique. Pourquoi le

Rhin n'a-t-il pas contourné l'obstacle, pourquoi ne s'est-il pas détourné vers le sud et l'ouest, vers la porte du Sundgau par exemple?

Il faut faire appel ici à ce que nous savons de la pénéplaine, à la formation d'une surface unie et nivelée à mesure que les cours d'eau ont usé les aspérités du sol. A un moment donné le massif, tout entier, composé surtout de roches tendres, de schistes dévoniens et autres, fut réduit à l'état de pénéplaine, à la surface de laquelle les cours d'eau s'attardaient, se déroulant en méandres ; la surface du sol était de plain-pied avec le pays au N. et au S., et les fleuves et rivières venant du sud, par conséquent le Rhin, la Meuse, la Moselle, passaient sans obstacle d'une surface sur l'autre, que distingueraient seules de la précédente les teintes de la carte géologique, à supposer qu'elle existât.

Cette pénéplaine se trouvait nivelée dès la fin de l'époque primaire ; dans la suite elle se souleva lentement, et le relief fut rajeuni ; un nouveau « cycle » d'érosion commença, tandis que des roches plus dures, des quartzites, restées en saillie, dessinaient à la surface du plateau soulevé des rides alignées, telles que le Soon Wald, l'Idar Wald.

Ces soulèvements en masse (les géographes les qualifient « d'Epeirogéniques »), sont très lents, assez lents pour que les rivières aient le temps de maintenir leur cours à la même place et leur courant dans le même sens, de scier le massif en même temps qu'il se surélève. C'est ainsi que le Colorado s'est enfoncé de 2.000 mètres dans le désert de l'Ouest américain, et que tant de cours d'eau traversent en cluse des chaînes de montagnes qui sont moins âgées qu'eux. Le Rhin, à travers ce « gauchissement » de la surface terrestre, resta lui-même, garda ses affluents tels que la Moselle, laquelle demeura aussi en place et même la Meuse, à l'extrémité occidentale du massif, garda sa direction vers le nord, vers la mer du Nord, au lieu de se replier vers le centre de la cuvette parisienne.

Voilà comment s'explique « le cours héroïque » du fleuve à partir de Bingen, de ce trou de Bingen, le « Bingen Loch », creux et remous entourant un écueil, et si redouté des bateliers, non loin du monument triomphal de la Germania, dressé pour commémorer les victoires de 1870 sur la France, mais que les Germains n'ont pas osé pourtant installer sur la rive gauche : on était trop près des souvenirs de 1815! Alors défilent d'amont en aval les sites fameux de l'histoire et de la légende, vieux « burgs » élevés à l'origine contre les pirates scandinaves, habités ensuite par des barons pillards, burgraves et « Rhingraves » qui rançonnaient les mariniers et détroussaient les voyageurs ; îlots rocheux, qui ne sont autres que des pointements de basaltes à travers les schistes, non encore rabotés par l'eau courante, et qui ont été des siècles la terreur des matelots ; vignes descendant en étage jusqu'au lit du fleuve, et rappelant les « Côtes » du Rhône ; tours qui se répondent

d'une rive à l'autre, chacune portant son cycle de légendes, exploitées
par V. Hugo et par Richard Wagner, « la Lorelei », « le chat et la souris ».
Recouvrant ces souvenirs du Rhin d'autrefois, une activité économique débordante, dont les points d'attache sont entre autres Mannheim, Cologne, Dusseldorf, Duisbourg, Ruhrort, des chalands de
600 tonnes qui remontent le fleuve, une ligne de chemins de fer à
deux voies qui en sillonne l'une et l'autre rive, des routes, des chemins
de halage, des gares d'eau, des ports qui profitent d'un bassin ou d'un
confluent pour s'y installer. L' « or du Rhin », ce ne sont plus les sables
roulant des pépites du précieux métal jaune ; ce sont les chalands de
2.000 tonnes qui remontent à Cologne, ceux de 600 tonnes qui vont
jusqu'à Mannheim, jusqu'à Strasbourg, en attendant de circuler jusqu'à Bâle. Cette percée s'étend de Bingen à Bonn, interrompue en
son milieu par un petit bassin qui correspond à un effondrement, et
où débouche, en face de la Lahn, la Moselle, à la « ville du confluent »,
Koblentz, à 58 mètres. Outre ces effondrements qui ont donné naissance à des bassins, ceux de Limbourg et de Bonn par exemple, il s'est
produit des cassures par lesquelles se sont épanchées les roches volcaniques de la profondeur et ainsi ont pris naissance les sept pitons
qui se succèdent sur la rive droite, les « Sieben Gebirge » et qui sont
autant de cratères, tandis que sur la rive gauche dorment dans leurs
coupes circulaires les fameuses « Maare » de l'Eifel, petits cratères
d'explosion.

C'est au pied des « Sept Montagnes » que le Rhin pénètre, non loin
de Bonn, à 44 mètres, dans la plaine de Westphalie, ancien golfe de
la mer tertiaire.

Le cours inférieur du Rhin. — Pays-Bas

Le Rhin chemine désormais à travers ses propres dépôts, dans une
plaine alluviale, qui fait partie des Pays-Bas de l'Europe septentrionale, et qu'il a édifiée lui-même. Dans cette partie de son cours il
est moitié allemand et moitié hollandais : il entre en Hollande en dessous d'Emmerich ; en amont d'Arnhem ; c'est par là que le franchit
Louis XIV. En Westphalie il arrose Cologne, métropole romaine,
l'ancienne Colonia Agrippina, ou colonie des Ubiens, avant de devenir
la cité demi-millionnaire qu'elle est maintenant et traverse le bassin
houiller, métallurgique et textile, de la Westphalie, dit bassin de la
Ruhr quand on ne pense qu'au charbon, un des pays les plus riches,
les plus peuplés du monde, cité continue du fer et de l'acier, de la soie
et du coton, des produits chimiques et des couleurs. Le confluent de
la Ruhr et du Rhin marque le centre de cette ruche, où l'agglomération de Duisbourg-Ruhrort, non loin d'Essen atteint et dépasse 1 million d'habitants. A Wesel débouche la Lippe, au nom celtique, car nous

sommes encore ici en pays celtique, du moins sur la rive gauche, avant d'être en pays romanisé, car toutes les villes de la région ne sont autres que des camps romains ; de ces camps permanents dits Castra Stativa (Xanten, c'est Castra vetera) et pour la plupart elles en gardent fidèlement le nom, attestant par dessous la couche récente de germanisme, leur originelle latinité.

Peu après son entrée en Hollande, le Rhin se divise en plusieurs branches (les anciens, par esprit de symétrie, en comptaient jusqu'à sept), mêlant ses eaux les plus méridionales avec celles de la Meuse, et à défaut de ses bouches principales, envoyant des bras dans la mer du Nord et le Zuidersée. Cette division des eaux est l'œuvre, non seulement de la nature, comme pour le Rhône et le Nil, mais de l'homme qui l'a soigneusement maintenue et fixée à travers les âges. Le Rhin est à la fois l'ami qui porte les bateaux et l'ennemi qui inonde, et parce qu'il a des crues redoutables, et parce qu'il risque d'ouvrir aux eaux marines, par les brèches qu'il fait dans les digues, cette étendue de pays au-dessous du niveau de l'Océan. Aussi les habitants ont-ils tout mis en œuvre pour le diviser, en bras de plus en plus menus, plus faciles à endiguer et à contenir qu'un fleuve unique. C'est ainsi que le vieux « père Rhin » finit sans gloire et parfois même sans nom, mêlant ses bras dans la « Zélande » ou pays des îles et de la mer à ceux de la Meuse et de l'Escaut ; la Meuse usurpe même son nom, puisqu'on appelle « Nouvelle Meuse » le bras, mêlé au Lech, qui passe à Rotterdam, et « Vieille Meuse » la branche, conjointe avec le Wahal, qui passe à Dordrecht. L'un même de ses lits est une branche artificielle, comme cela se voit en ce pays où cours d'eau et canaux se confondent, c'est l'Ijsel qui aboutit dans le Zuidersée et qui n'est autre que la « Fossa Drusiana » ou canal de Drusus, ancien Issala dont les Francs « Saliens » tirent leur nom.

Le maigre cours d'eau qui continue à porter le nom glorieux de Rhin passe à Utrecht (ad Rheni trajectum), et là se dédouble lui-même en deux, le Vecht, canalicule qui finit dans le Zuidersée comme l'Ijsel, le « vieux Rhin » (out Rjin), ou Rhin courbe (Krum Rjin), canal et presque fossé qui baigne Leyde et force la chaîne des dunes au nord de La Haye. Les deux branches maîtresses, qui se sont dédoublées sitôt leur entrée en Hollande, à 14 mètres d'altitude, sont le Lech, d'Arnhem et le Wahal, de Nimègue, encore une cité des Celtes (Noviomagus), dont le nom rappelle un traité glorieux pour nous (1678). Le Wahal et la Meuse se rapprochent au fort Saint-André à 2 ou 3 kilomètres seulement l'un de l'autre. Tandis que les bouches méridionales de la Meuse, issues du Hollandsch-Diep, sont envahies par les sables après s'être épanouies dans le Biesbosch, près de l'ancienne « Ile des Bataves » (dont le nom subsiste dans Betaw), et dessinent, mêlées aux eaux de l'Escaut, les gigantesques estuaires de la Zélande, où l'eau de

mer a plus de part que l'eau de rivière, les eaux propres du Rhin,
même sous le nom de Meuse, restent fluviales jusqu'au bout, et servent
à la grande navigation de Rotterdam, isolées qu'elles sont de la mer
par les fortes écluses de Brielle et de Maasluis, qui tiennent entre leurs
saas le sort de tous ces « Pays Bas », en contre-bas de leur eau comme
du flot de la mer, situés assez généralement à 5 et 5 m. 50 au-dessous
de l'Océan.

CONCLUSION

En unissant par la pensée ces deux côtés de la question, historique
et géographique, il se dégage l'idée, au point de vue historique, que
le Rhin sépare plutôt qu'il unit. Il n'a joué le rôle d'un axe médian,
comme l'est aujourd'hui le Danube, comme l'est depuis longtemps
le Rhône, il n'a servi de lien à une domination territoriale unique que
lors de la puissance des Francs (il formait alors l'axe de symétrie du
Regnum Francorum) et, au temps de Charlemagne, qui maintient
pour cette unité politique le nom d'Austrasie. Plus tard l'unité de
la région rhénane ne fut plus faite que de pièces et de morceaux,
comme au temps des Cercles, ou lorsque se forma la Confédération
des princes du Rhin, réalisée une première fois sous Mazarin, et dont
Napoléon se déclara le protecteur. Depuis que la Prusse a été introduite dans la région rhénane par les traités de 1815, cette unité
politique a été maintenue par la coercition. Le Rhin a été limite de
races, de langues, d'empires ; il le redeviendra.

Au point de vue géographique, au contraire, il ne sépare pas, il unit.
Le Rhin a toujours été une route, comme le Danube, comme la voie
fluviale du Rhône et de la Saône, et encore aujourd'hui les oiseaux
migrateurs, les cigognes, raconte Charles Grad, se guident d'après son
fil d'argent pour ne pas s'égarer. Cette route du nord au sud, de la mer
du Nord vers la Méditerranée, se continuait jadis par celle de la Saône
et du Rhône; aujourd'hui elle a été déviée et prolongée artificiellement
à travers la Suisse par un tunnel, le Saint-Gothard. Le Danube est
la diagonale de l'Europe, le Rhin en est la coupure méridienne ; ce
ne fut pas comme pour les Celtes qui remontaient le Danube une voie
d'invasion, mais il dessina la direction de la descente des Romains,
et de la civilisation issue de Rome, vers la mer septentrionale, et
plus tard celle de la croix prenant la place des idoles de bois et des

troncs d'arbres où l'on plantait des clous. Aujourd'hui le Rhin est la plus grande artère navigable de l'Europe, sillonnée par une flottille marchande plus importante que les bateaux du Lloyd sur le Danube ; lorsqu'il sera uni au Danube par les travaux en cours ou en projet, cette grande artère à son tour coupera l'Europe en écharpe, par une série de courants d'eau douce qui, semblables à un canal maritime ou au « Canal Calédonien » entre le nord et le sud de l'Écosse, formeront, en se faisant suite l'un à l'autre, quelque chose comme des détroits en miniature qui couperont l'Europe en deux moitiés.

Ce rôle, il le joue par lui-même, il le jouera en liaison avec le Danube.

En lui-même, c'est une voie navigable toute faite, parce que c'est un fleuve large et profond ; il a 250 mètres de large sous les ponts de Bâle, 500 mètres sous le pont de bateaux de Mayence, 1.000 mètres à son entrée en Hollande ; il roule juste 1.000 mètres cubes d'eau en moyenne à sa sortie de Suisse, où l'Aar fait plus que doubler son volume. En ce qui touche son utilisation comme voie de transport, les grandes étapes en sont la création de Ludwigshafen, en face de Mannheim, par le roi de Bavière, en 1831, celle d'un grand port à Mayence en 1887, celle du port de Strasbourg, en 1900, dont le mouvement dépassait 2 millions de tonnes avant la guerre, l'aménagement du port de Bâle par la Suisse, dont on connaît les vastes espoirs en fait de navigation fluviale. Le groupe des trois ports de Duisbourg, Ruhrort, Hochfeld, au confluent de la Rhur, au centre du bassin houiller de Westphalie est un des groupes de ports sur rivière les plus importants du monde, avec Paris et Lyon, ne l'oublions pas.

La liaison avec le Rhône est assurée par les canaux français construits du temps que l'Alsace était française (Rhône au Rhin, Marne au Rhin, etc.). Elle le sera en des proportions plus grandes lorsqu'aura abouti le projet de liaison directe, à travers la Suisse, entre le Rhin et le Léman, rattaché lui-même à Lyon par une grande artère praticable, selon le plan hardi du sénateur Herriot.

La liaison avec le Danube n'est autre que la réalisation matérialisée, le lien visible, concret de la Mittel-Europa ; en vue de son exécution pratique et immédiate s'est réunie à Budapest, en 1917, pendant l'agonie de la Roumanie, la Conférence du Danube. Que la France ouvre les yeux, attentive à tout ce qui vient de ce côté !

Pourquoi ce rôle national et international? ce rôle de fil d'argent le long duquel s'ordonnent les relations, les transports, les influences? La raison en est d'ordre géographique : le Rhin est comme le Rhône, comme le Danube, il a de l'eau et de l'eau en tout temps ; il ne connaît ni la gelée, ni les maigres, ni la sécheresse. Il est fils des glaciers et des neiges éternelles, comme notre Rhône, qui a autant d'eau à lui seul que tous les fleuves de France réunis. C'est aux Alpes, qui pourtant ne profitent en rien du Rhin, non plus que du Rhône, c'est à ce château d'eau de l'Europe qu'est le Gothard, que le grand fleuve doit tout, son existence, son débit, son rôle historique, politique, économique et commercial, sa destinée et sa puissance : par elles il est et restera le « Père » (le Vater Rhein) pour les Français comme pour tous les autres.

M. LE Dr LÉON BERNARD

Professeur agrégé à la Faculté de Médecine,
Médecin des Hôpitaux de Paris.

LA LUTTE ANTITUBERCULEUSE PENDANT ET APRÈS LA GUERRE
(Résumé)

Avant la guerre, aucun programme d'ensemble n'avait été tracé, encore moins réalisé par les Pouvoirs publics, et l'opinion restait indifférente aux appels lancés par les médecins, les hygiénistes, ou les philanthropes, effrayés des ravages exercés en France par le fléau tuberculeux.

Emue par le rejet pur et simple dans la vie civile de milliers de réformés tuberculeux, et entraînée par le professeur Landouzy, la Commission permanente de préservation contre la tuberculose, étudia le problème, et tout un plan d'action fut conçu et réalisé par M. J. Brisac, directeur de l'Assistance et de l'Hygiène publiques.

Avec le concours des départements, le ministère de l'Intérieur ouvrirait des établissements spéciaux, sanatoriums de fortune, afin de recueillir d'abord les anciens militaires déjà réformés, puis les militaires en instance de réforme, et de leur donner l'éducation hygiénique destinée à les rendre moins dangereux une fois rentrés dans leurs foyers. L'action législative fut mise en mouvement ; la loi Honnorat en sortit, qui apportait un crédit spécial pour « l'assistance aux militaires tuberculeux ». Après des recherches et des travaux vivement menés, le ministère de l'Intérieur, aidé par l'initiative des préfets, trouvait, installait et inaugurait en quelques mois, une trentaine d'établissements ; ce furent les *stations sanitaires*.

Plus tard, M. Justin Godart, Sous-secrétaire d'État du Service de Santé, conçut la nécessité de grouper dans des formations spéciales les militaires tuberculeux, afin de les isoler, de les trier, de les soigner : une ou deux de ces formations durent être aménagées par région ; ce furent les *hôpitaux sanitaires*.

Enfin il sembla indispensable de continuer aux tuberculeux rentrés dans leurs foyers l'assistance hygiénique commencée aux stations sanitaires. C'est la tâche assignée aux *Comités départementaux d'assistance aux anciens militaires tuberculeux*, qui furent alors créés dans tous les départements par le ministère de l'Intérieur.

Afin de coordonner leur action, de seconder leurs efforts, de grouper tous les concours, fut institué un *Comité national d'assistance aux anciens militaires tuberculeux*, sous la présidence de M. Léon Bourgeois.

Telle est la charpente de l'œuvre antituberculeuse de guerre, appelée à servir de fondement à l'organisation future du temps de paix.

En créant hôpitaux et stations sanitaires, on n'avait pas la prétention d'ouvrir des sanatoriums types. Les conditions nées de la guerre ne le permettaient pas. D'une part, il fallait parer à un besoin urgent, et la construction de vrais sanatoriums aurait demandé un temps et des crédits dont on ne disposait pas ; la nécessité d'un personnel médical spécial pour assurer le traitement sanatorial des tuberculeux n'eût pu être obéie. Enfin le nombre des tuberculeux réformés (86.000 au 1er juillet 1916) imposait d'ouvrir rapidement des établissements où les malades ne fissent que passer, afin que le bénéfice de ce passage pût être imparti au plus grand nombre possible de tuberculeux. Bénéfice moral, bénéfice social : éduquer les malades, afin de les rendre moins nocifs à leur retour dans leurs foyers, tel était le but assigné aux stations, leur raison d'être initiale, leur programme de réalisation et de fonctionnement. Enfin, c'était la prise en charge par les Pouvoirs publics de toute une catégorie de victimes de la guerre, redevenus civils.

Mais les idées évoluèrent ultérieurement tant à l'Administration centrale qu'au Parlement et dans les Assemblées départementales : une série d'initiatives se produisirent qui, sollicitant et obtenant le concours de l'État, aboutirent à la création de sanatoriums définitifs. Onze de ces établissements sont actuellement achevés ou en voie d'achèvement, représentant 1.200 à 1.500 lits.

Ceux-ci s'ajoutent aux 3 ou 4.000 lits représentant les disponibilités de vingt-cinq à trente hôpitaux ou stations sanitaires qui, parmi l'ensemble de ces établissements, pourront être conservés après la guerre comme sanatoriums définitifs. D'autres projets de sanatoriums sont actuellement à l'étude.

La floraison de l'institution sanatoriale en France ne peut que s'affermir désormais, car elle va prochainement être dotée de son statut légal, grâce à la proposition de loi présentée à la Chambre par MM. Honnorat et Merlin, pour laquelle on est en droit d'escompter l'accueil le plus favorable du Parlement.

L'œuvre des Comités départementaux d'assistance aux anciens militaires tuberculeux a été considérable : non seulement les réformés tuberculeux trouvent dans tous les départements l'aide et les soins qui leur étaient promis par le Gouvernement lorsqu'il créait les Comités, mais encore les organes d'assistance et de prophylaxie dus aux initiatives des Comités sont éclos en tel nombre sur toute l'étendue du territoire, que l'ensemble de ces institutions s'identifie presque exactement avec l'organisation antituberculeuse du pays. La statistique des réformés tuberculeux assistés par les Comités départementaux donne un total de 23.681, dont 8.216 pour le département de la Seine, et 15.465 pour l'ensemble des autres départements.

Les Comités ont exercé leur action par l'emploi de visiteurs d'hygiène. Beaucoup ont créé des dispensaires : quatre-vingt-neuf de ces établissements se sont fondés depuis l'existence des Comités, la plupart sur l'initiative de ceux-ci, tous avec eux et utilisés par eux. Une centaine d'autres sont en projet.

On peut donc être assuré aujourd'hui qu'à l'inverse de tant de lois sanitaires, la loi du 15 avril 1916, dite loi Léon Bourgeois, recevra une large et méthodique application, dotant le pays de l'instrument de prophylaxie antituberculeux essentiel.

Les Comités départementaux ont joué un rôle décisif dans l'instauration des sanatoriums ; ils se sont également préoccupés de réaliser avec les Commissions administratives d'hospices l'isolement des tuberculeux dans les hôpitaux. La Ville de Paris a donné l'exemple en créant des pavillons spéciaux.

Quelques Comités se sont également efforcés de préserver les enfants par le placement familial ou l'hospitalisation dans des maisons spéciales. D'autres ont tâché d'organiser le placement de travail pour leurs assistés.

Rien ne met en plus vive lumière l'autorité gagnée par les Comités départementaux que le rôle que leur font jouer la Croix-Rouge américaine et la Commission Rockefeller. Partout où nos amis américains ont voulu donner leur généreux et puissant appui à l'organisation antituberculeuse, c'est avec le Comité départemental qu'ils ont noué leur entente, c'est lui qu'ils ont pris comme support de leur entreprise.

Le Comité national d'assistance aux anciens militaires tuberculeux, sous l'impulsion éclairée et puissante de M. Léon Bourgeois, a stimulé, orienté et aidé toutes ces initiatives : subventions aux Comités départementaux, aux dispensaires, aux sanatoriums et installations hospitalières ; — organisation de la journée des tuberculeux ; — propagande par la presse, composition de tracts, films, d'affiches, d'un bulletin trimestriel ; — relations avec les administrations publiques et les autres œuvres s'intéressant à la lutte antituberculeuse, les engageant vers des réalisations nouvelles ou des réformes pressantes ; — enfin, création par ses soins, d'établissements nouveaux.

L'ensemble de cette œuvre antituberculeuse de guerre contient en germe tous les éléments d'une organisation antituberculeuse durable, applicable au temps de paix. Il fallait envisager le passage d'une étape à l'autre, le travail a été fait par MM. Jules Brisac et Léon Bernard et ses conclusions adoptées par la Commission permanente.

Grâce aux réalisations déjà acquises, au mouvement d'opinion qui en est résulté, la lutte contre la tuberculose est définitivement entrée dans l'ère des réalisations pratiques.

Celles-ci en effet comprennent les dispensaires, les sanatoriums, et les installations hospitalières d'isolement.

Dans cette voie le plus difficile est fait : commencer. Il suffira de poursuivre l'œuvre entreprise en l'assujettissant à des règles méthodiques. Les dispensaires et les sanatoriums doivent remplir, tant dans leur installation que dans leur fonctionnement, des conditions bien définies, hors desquelles ils ne méritent pas leur nom et ne justifient pas leur existence ; il en est de même de l'isolement hospitalier.

Mais en dehors de cette voie même, bien des questions devront être abordées dans le même esprit pratique : celle de l'éducation ; celle du logement ; celle de l'alcoolisme ; enfin, comme couronnement de l'édifice, celle de la déclaration obligatoire.

Mais si l'on veut aboutir et réaliser, il faut sérier les problèmes. La guerre, en dotant certains d'entre eux d'une acuité douloureuse, a forcé d'apporter des solutions partielles et imprimé un mouvement fécond. La paix devra poursuivre la tâche entamée et la mener au but : préserver la race, fortifier la France.

TABLE DES MATIÈRES

Pages

Conférence faite a Nantes

Conférences qui devaient se faire a Paris

PARIS. — IMPRIMERIE CHAIX (SUCCURSALE B), 11, BOULEVARD SAINT-MICHEL. — 75-18.